普通高等教育"十三五"应用型规划教材

建筑工程图样表示法

主　审　密新武

主　编　何桥敏　张城芳

副主编　徐亚琪　余　醒　柳　斌

U0379816

东南大学出版社

·南京·

内 容 提 要

本书为高等学校土建类专业应用型本科教材,是根据国家教育部高等学校工科制图课程教学指导委员会所制定的"工程制图课程教学基本要求"及最新的国家制图标准,秉着适应当前高等学校合理调整专业设置、拓宽专业面、优化课程结构、精选教学内容等发展趋势,总结多年的教学改革经验编写而成。全书共分 15 章,在编写上力求理论联系实际,密切结合专业,主要内容包括:绪论,制图基本知识,投影基本知识,点、线、面的投影,立体的投影,轴测投影,标高投影,组合体,工程形体的图样表达方法,建筑施工图,结构施工图,路桥施工图,正投影图中的阴影,透视投影,AutoCAD绘图基础。

本书可作为高等学校土木工程专业及相近专业的教材,也可供其他类型的学校,如职业大学、函授大学等有关专业选用,还可作为工程技术人员的参考书。

图书在版编目(CIP)数据

建筑工程图样表示法 / 何桥敏,张城芳主编. — 南京:
东南大学出版社,2017.11
　ISBN 978-7-5641-7327-2

　Ⅰ.①建… Ⅱ.①何… ②张… Ⅲ.①建筑制图—教材　Ⅳ.①TU204

中国版本图书馆 CIP 数据核字(2017)第 171948 号

建筑工程图样表示法

出版发行:东南大学出版社
社　　址:南京市四牌楼 2 号　邮编:210096
出 版 人:江建中
责任编辑:史建农　戴坚敏
网　　址:http://www.seupress.com
电子邮箱:press@seupress.com
经　　销:全国各地新华书店
印　　刷:大丰科星印刷有限责任公司
开　　本:787mm×1092mm　1/16
印　　张:17
字　　数:438 千字
版　　次:2017 年 11 月第 1 版
印　　次:2017 年 11 月第 1 次印刷
书　　号:ISBN 978-7-5641-7327-2
印　　数:1—3000 册
定　　价:49.00 元

本社图书若有印装质量问题,请直接与营销部联系。电话:025—83791830

前　言

　　《建筑工程图样表示法》是根据国家教育部高等学校工科制图课程教学指导委员会所制定的"工程制图课程教学基本要求"及最新的国家制图标准,通过多年的教学内容与方法的改革实践,在总结教学经验的基础上编写而成。为了便于教学,同时编写出版了与本书相配套的《建筑工程图样表示法习题集》。

　　本书在内容上主要包含画法几何、制图基础、土木建筑制图、道桥工程制图、AutoCAD绘图基础几个部分。为方便学生和教师使用,并结合应用转型土建学院的实际情况,在不增加教师和学生负担的前提下,内容有所精简,难度适当进行了降低。画法几何部分的理论介绍通俗易懂;在土木建筑制图和道桥工程图部分,注重理论与工程实际相结合,以介绍工程实例为基础来展示专业图的特点;AutoCAD绘图基础旨在介绍该绘图软件的基本操作。

　　本书由武汉大学密新武教授主审,武汉华夏理工学院何桥敏、张城芳主编,武汉华夏理工学院徐亚琪、湖北文理学院余醒、西藏农牧学院柳斌副主编。具体分工如下:何桥敏编写了第3章、第4章、第5章、第8章、第15章,张城芳编写了第1章、第2章、第6章、第7章、第9章,徐亚琪编写了第13章、第14章,余醒编写了第10章、第11章,柳斌编写了第12章。在本书的编写过程中,密新武教授提出了许多宝贵的编写意见,对提高本书质量起着非常重要的作用,在此表示衷心的感谢。全书由何桥敏统稿。

　　对于书中的不妥或疏漏之处,热忱欢迎读者批评指正。

编者

2017 年 10 月

目 录

1

绪 论

1.1 学习目的

在建筑工程中,无论是建造巍峨壮丽的高楼大厦,还是简单房屋,都需根据设计完善的图纸进行施工。这是因为,建筑物的形状、大小、结构、设备、装修等,只用语言或文字无法描述清楚,而图纸可以借助一系列图样和必要的文字说明,将建筑物的艺术造型、外表形状、内部布置、结构构造、各种设备、施工要求以及周围地理环境等准确而详尽地表达出来,作为施工的根据。图纸是建筑工程不可缺少的重要技术资料,所有从事工程技术的人员,都必须掌握绘(制)图和读图技能。不会绘图,就无法表达自己的构思;不会读图,就无法理解别人的设计意图。因此,工程图一直被称为工程界的共同语言。

为使工程技术人员或建筑技术工人能看懂建筑工程图,或用图纸来交流表达技术思想,就必须对建筑工程图的内容、画法、格式等做一个统一的规定。因此,国家计委从 1987 年开始就颁布了有关房屋建筑制图的相关国家标准共 6 种;并且随着时代的推进,相关国家标准也在不断地进行修订,以便更好更合理地指导设计和施工。而参与设计或施工的所有工程技术人员,也都应采用现行的国家标准来进行设计和施工。

为了培养获得工程师初步训练的高级工程技术应用型人才,在高等学校土建专业的教学计划中都开设了学习和认知建筑工程图样这类课程,很多院校又称为建筑工程制图。表示建筑物及其构配件的位置、大小、构造和功能的图称为图样。在绘图纸上绘出图样,并加上图标和必要的技术说明,用以指导施工的称为图纸。"建筑工程图样表示法"这门课程主要研究绘制和阅读工程图样的理论和方法,并培养学生基本的制图技能和空间想象能力,使其达到能正确绘制工程图纸的基本要求。同时,认知和掌握建筑工程图样又是学生学习后续课程和完成课程设计必不可少的基础,因此,工程类的学生必须重视对这门课程的学习和掌握。

学完本课程后,学生应达到如下学习目的:

(1)掌握各种投影法(主要是正投影法)的基本理论和作图方法。

(2)能正确使用绘图工具,绘制符合国家制图标准的图样。

(3)培养一定的空间思维能力、空间分析能力和空间几何问题的图解能力。

(4)培养绘制和阅读建筑工程图的能力。

(5)培养认真负责的工作态度和严谨细致的工作作风。

1.2　学习内容

建筑物都是空间的形体,形式各样,造型多变,为了表达清楚设计者的设计意图或方便交流,经常将设计的建筑物外观、大小、方位等详细地绘制出来,为了方便度量,通常将空间的形体通过多个二维的平面图表达出来。例如,我们需要在纸上画出房屋或建筑物的图样,以便根据这些图样施工建造。但是平面是二维的,而空间形体是三维的,为了使三维形体能在二维的平面上得到正确的显示,就必须规定和采用一些方法,这些方法就是画法几何所要研究的。

另外,工程实践中不仅要在平面上表示空间形体,而且还需要应用这些表达在平面上的图形来解决空间的几何问题。例如,我们往往需要根据由测量结果而绘制的地形图来设计居住区的详细方案,建筑坐落的位置,以及计算土方等。这些根据形体在平面上的图形来图解空间几何问题,也是画法几何所要研究的。

所以,我们需要了解第一个概念,就是画法几何,它是研究在平面上用图形表示形体和解决空间几何问题的理论和方法的学科。它的内容包含两方面:(1)研究在二维平面上表达三维空间形体的方法,也就是图示法;(2)研究在平面上利用图形来解决空间几何问题的方法,也就是图解法。

其次,我们需要掌握建筑工程图(又称为专业图)的绘制方法。建筑工程包含的专业领域非常广,涉及所有的土木工程领域,因此在绘制各领域专业图的过程中,除满足国家的总图制图标准外,也应满足不同行业相应的行业标准。本书对房屋建筑工程图和道桥工程图进行了绘制方法的介绍,包括各类专业图样的图示内容、比例、线条等图示特点的内容介绍。

此外,本书对阴影和透视也进行了介绍。阴影是介绍正投影图的阴影,画上阴影的正投影图,不仅丰富图形的表现力,同时也增加了画面的美感,在一定程度上反映出该建筑立面的第三尺度。透视(perspective)是一个绘画理论术语,源于拉丁文"perspclre"(看透),指在平面或曲面上描绘物体的空间关系的方法或技术。通过阴影和透视的手法,可以很形象地表达各种形体以及建筑物乃至城市的空间印象。阴影和透视是建筑学专业和城市规划专业学生必修的课程内容,土木建筑类的学生可以进行选择性的学习。

1.3　学习方法及要求

由于本书研究的是空间形体与其在平面上的图形之间的关系,因而在培养和发展学生对三维形状和相关位置的空间逻辑思维和形象思维能力方面起着极其重要的作用。学习本门课程主要有以下一些方法及要求。

1) 学习方法

(1) 画法几何是学习的基础,教授的内容是按点、线、面、体,由简及繁、由易到难的顺序编排的,前后联系十分紧密。学习时必须对前面的基本内容真正理解,基本作图方法熟练掌握后,才能往下做进一步的学习。

(2) 由于画法几何研究的是图示法和图解法,涉及的是空间形体与平面图形之间的对应关系,所以,学习时必须经常注意空间几何关系的分析以及空间几何元素与平面图形的联系。对于每一个概念、每一个原理、每一条规律、每一种方法都要弄清楚它们的意义和空间关系,以便掌握这些基本内容并善于运用它们。对于专业图部分,以了解和掌握各专业图的图示内容和贯穿国家标准为目的,达到能准确绘制出专业图的水准。

(3) 阴影与透视是本门课程的又一难点,学习时需要大量练习。解题时,首先要弄清哪些是已知条件,哪些是需要求作的。然后利用已学过的内容进行分析,研究怎样从已知条件获得所要求作的结果,要通过哪些步骤才能达到最后的结果。

2) 学习要求

(1) 严谨性:本课程有完整的理论体系和严格的制图标准,通过投影理论和制图基础的学习,循序渐进地培养空间想象能力;养成正确使用绘图仪器和工具,按照制图标准有关规定正确地循序制图和准确作图的习惯;培养认真负责的工作态度和严谨细致的工作作风。

(2) 标准化:图样是工程技术语言,是重要的技术文件。学习时要严格遵守制图标准或有关规定,要有负责任的态度。在自我严格要求中,才能培养认真细致的工作作风。

(3) 高难度:画法几何也叫投影几何,素有"头疼几何"之称,充分说明了它的难度,空间想象能力(包括形象思维能力和逻辑思维能力)的建立有一个循序渐进的过程,必须由空间到平面、平面到空间不断反复训练才能逐步建立,因此要求学生必须通过一定数量的练习,并且勤于和善于思考才能取得好的效果。同样,绘图技能的提高也需要大量的动手实践(绘图)并且严格要求才能练就。所以,总的要求就是多画、多问、多思考。

(4) 每次上课必须要求带课本、习题集、绘图仪器等,每节课的内容必须消化巩固,以保证下节课的学习效果。

1.4 本课程的发展

工程图样的绘制,从古到今都受到了人们的重视。公元前四世纪的文物,战国初期中山王墓出土的用青铜板镶金银线条,是按正投影法用1:500比例绘制并注写了439个文字的建筑平面图,为世界上罕见的早期工程图样。公元1100年宋代李诚(明仲)所著《营造法式》这一巨著,三十六卷中就有六卷是当时世界上极为先进的工程图绘制方法。南朝宋炳绘制的透视图是采用先进的中心投影法。

画法几何曾经作为一个军事秘密被小心翼翼地保守了15年之久,到1794年法国数学家迦斯帕拉·蒙日才得到允许在巴黎师范学院将之公之于世,1799年发表《画法几何》一书,汇集众多的图样绘制方法,提出用多面正投影图表达空间形体,为画法几何奠定了理论基础。以后各国学者又在投影变换、轴测图以及其他方面不断提出新的理论和方法,使这门学科日趋完善。透视最初的研究是在画者和被画物体之间假想一面玻璃,固定住眼睛的位置(用一只眼睛看),连接物体的关键点与眼睛形成视线,再相交于假想的玻璃,在玻璃上呈现的各个点的位置就是要画的三维物体在二维平面上的点的位置。这是西方古典绘画透视学的应用方法。

两个多世纪间,该门学科与工程专业结合,产生了多个学科。跟随工程制图标准的制定,使工程图样成为工程中重要的技术文件,成为国际上科技界通用的"工程技术语言"。

上个世纪下半叶,计算机绘图、计算机辅助设计、数字城市、数字水利等现代技术的不断推进,形数结合的研究得以发展,开拓了计算机几何学、计算机图形学以及分数维几何学等图学研究领域,产生计算机工程可视化、计算机工程仿真等现代学科。科学技术的发展和国民素质的提高,无纸化生产成为现实。

2 制图基本知识

2.1 制图的基本规定

2.1.1 制图标准简介

图样是工程界的技术语言,是设计的技术文件、施工的依据,为了便于技术信息交流,对工程图样必须进行统一的规定。为此,国家指定专门机构制定和颁布了一系列全国范围内通用的"国家标准"(简称"国标"),用"GB"表示。国标包含的标准类型多样,"技术制图"是其中一种。此外,各行业、各地区为满足需要,制定有范围较小或局部区域使用的行业标准和企业标准,如"房屋建筑制图统一标准""道路工程制图标准"。在世界范围内,有"国际标准化组织"(ISO)等制定的许多国际标准。建设部会同有关部门对相应的国家标准会定期进行修改,并经由相关部门会审、批准,按颁布的时间节点通行、实施。因此,标准是不断更新、不断改进的。

本教材所涉及的国家和行业标准有:总图制图标准、建筑制图标准、房屋建筑制图统一标准、建筑结构制图标准、道路工程制图标准,本节将介绍制图标准中一些最基本的规定,并要求在今后绘图时严格遵守。

2.1.2 图纸幅面及格式

1) 图纸幅面尺寸

绘制图样时,应优先采用基本幅面,其幅面代号及尺寸见表 2-1。当基本幅面不能满足视图的布置时,可加长幅面,加长幅面是由基本幅面的短边成整数倍增长。

表 2-1 图纸幅面 (mm)

尺寸代号＼图幅代号	A0	A1	A2	A3	A4
$b \times l$	841×1 189	594×841	420×594	297×420	210×297
c			10		5
a			25		

2) 图框格式

无论图纸是否装订，都应画出图框。留装订边的图纸其尺寸见图 2-1。

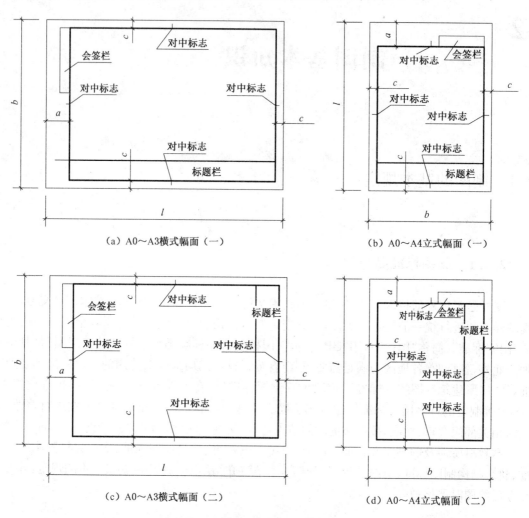

（a）A0～A3横式幅面（一）　　　　　　（b）A0～A4立式幅面（一）

（c）A0～A3横式幅面（二）　　　　　　（d）A0～A4立式幅面（二）

图 2-1　图纸幅面及图框格式

3) 标题栏

在每张图纸上必须画出标题栏，标题栏的内容及格式按 GB 中的规定执行。标题栏可以根据工程的需要选择确定其尺寸、格式及分区。签字栏应包括实名列和签名列。一般各设计院都根据自己的习惯，采用各种不同的样式，但基本内容都应包含。

标题栏的内容如表 2-2 所示。

表 2-2　标题栏的内容

设计单位名称	注册师签章	项目经理	修改记录	工程名称区	图号区	签字区	会签栏

本课程的作业中，建议采用图 2-2 所示的格式。

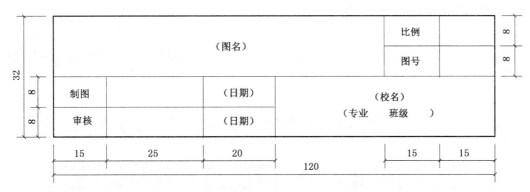

图 2-2　制图作业标题栏建议格式

2.1.3　字体

在《建筑制图标准》中,对图样中书写的汉字、数字、字母的规格标准做了规定,在书写时均应做到笔画清晰,字体端正,排列整齐,间隔均匀,书写的字迹不得潦草,标点符号应清楚、正确,避免发生误认而造成工程损失。

图样的字体大小由字号区分,字号即字体的高度,用 h 表示。字体高度 h 的大小有:3.5 mm、5 mm、7 mm、10 mm、14 mm、20 mm,需书写大于 20 mm 的字体,其高度尺寸按 $\sqrt{2}$ 的倍数递增。

1）汉字

图样及说明中的汉字宜采用长仿宋体或黑体。同一图纸字体种类不应超过两种,宜选用一种形式的字体。长仿宋体的字高与字宽的比例大约为1∶0.7,如表 2-3 所示。黑体字的高度与宽度应相同。汉字的高度 h 不宜小于 3.5 mm。

表 2-3　长仿宋体字高与字宽关系　　　　　　　　　　　　　　(mm)

字高	20	14	10	7	5	3.5
字宽	14	10	7	5	3.5	2.5

书写长仿宋体字的要领是:横平竖直,起落有锋,布局均匀,填满方格。如图 2-3 所示。

字体端正　笔画清晰　间隔均匀　排列整齐
(a) 10号字

土木建筑制图　画法几何　班级　姓名　比例
(b) 7号字

墙身大样图　混凝土结构层　土工布　水泥砂浆找平层　节点详图
(c) 5号字

图 2-3　长仿宋体示例

2) 字母和数字

在图样中,拉丁字母、阿拉伯数字与罗马数字,宜采用单线简体或 ROMAN 字体,可写成斜体或直体。如需写成斜体字,斜体字头向右,与水平成 75°,斜体字的高度和宽度应与相应的直体字相等。字体示例见图 2-4。

斜体

直体

（a）大写拉丁字母

（b）小写拉丁字母

（c）罗马数字

（d）阿拉伯数字

图 2-4　字母和数字示例

2.1.4　比例

图样的比例,应为图形与实物相对应的线性尺寸之比。土建工程图样的比例应按表 2-4 的规定选用,并应优先选用表中的常用比例。

当整张图纸中只用一种比例时,应统一注写在标题栏内,否则应按如下形式注写比例:

$$平面图\ 1：100$$

按以上形式注写时,比例的字高应比图名的字高小 1 号或 2 号。

特殊情况下,允许在同一视图中的铅直和水平两个方向上采用不同的比例。

表 2-4　比例

常用比例	1：1,1：10,1：20,1：50,1：100,1：150,1：200,1：500,1：1000,1：2000
可用比例	1：3,1：4,1：6,1：15,1：25,1：40,1：60,1：300,1：400,1：2500,1：10000

2.1.5　图线

1) 线宽、线型

图样中的图线宽度用 b 表示,分为粗、中粗、中、细四种,其宽度比例为 1：0.7：0.5：

0.25。图线宽度宜从下列宽度中选取：0.13 mm、0.18 mm、0.25 mm、0.35 mm、0.5 mm、0.7 mm、1.0 mm、1.4 mm。每个图样，根据形体的复杂程度先选定基本线宽 b，再选用表 2-5 中相应的线宽组。

表 2-5　线宽组

线宽比	线宽组（mm）			
b	1.4	1.0	0.7	0.5
$0.7b$	1.0	0.7	0.5	0.35
$0.5b$	0.7	0.5	0.35	0.25
$0.25b$	0.35	0.25	0.18	0.13

注：(1) 需要缩微的图纸，不宜采用 0.18 mm 及更细的线宽。
　　(2) 同一张图纸内，各不同线宽中的细线，可统一采用较细的线宽组的细线。

表 2-6　图宽线、标题栏线的宽度　　　　　　　　　　　　　　　　　　（mm）

幅面代号	图框线	标题栏外框线	标题栏分隔线
A0、A1	b	$0.5b$	$0.25b$
A2、A3、A4	b	$0.7b$	$0.35b$

国标规定，工程建设制图应选用表 2-7 所示的图线。

表 2-7　图线线型、线宽及用途

图线名称		线型	主要用途	线宽
实线	粗		主要可见轮廓线	b
	中粗		可见轮廓线	$0.7b$
	中		可见轮廓线、尺寸线、变更云线	$0.5b$
	细		图例填充线、家具线	$0.25b$
虚线	粗		见各有关专业制图标准	b
	中粗		不可见轮廓线	$0.7b$
	中		不可见轮廓线、图例线	$0.5b$
	细		图例填充线、家具线	$0.25b$
单点长画线	粗		见有关专业制图标准	b
	中		见有关专业制图标准	$0.5b$
	细		中心线、对称线、轴线	$0.25b$
双点长画线	粗		见各有关专业制图标准	b
	中		见各有关专业制图标准	$0.5b$
	细		假想轮廓线、成型前原始轮廓线	$0.25b$
折断线			断开线	$0.25b$
波浪线			断开线	$0.25b$

2）图线的画法

（1）同一图样中同类图线的宽度应基本一致。虚线、点画线和双点画线的线段长度和间隔应分别大致相等。

（2）相互平行的图例线，其净间隙或线中间隙不宜小于 0.2 mm。

（3）圆的对称中心线交点应为圆心，如图 2-5（a）所示。点画线和双点画线的首末两端应是线段，不是点。

（4）在较小的图形上绘制点画线或双点画线有困难时，可用细实线代替，如图 2-5（b）所示。

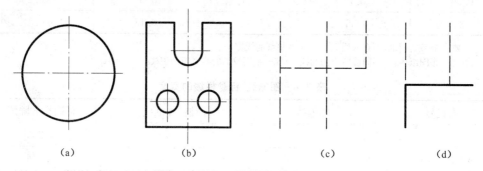

（a）　　　　　　　（b）　　　　　　　（c）　　　　　　　（d）

图 2-5　图线交接

（5）虚线与虚线交接，或虚线与其他图线交接时，应是线段交接，如图 2-5（c）所示。虚线为实线的延长线时，不得与实线相接，如图 2-5（d）所示。

2.1.6　尺寸标注

图样中的图形只能表达物体的形状，图样上物体的大小和各部分相对位置必须靠标注尺寸来确定，所以，尺寸是施工的重要依据。在标注尺寸时必须认真细致，一丝不苟，严格遵守国标执行。

1）标注尺寸的基本规则

（1）建筑物、构筑物的真实大小应以图样上所注的尺寸数值为依据，与图形的大小及绘图的准确度无关，更不能从图上直接量取尺寸。

（2）图样中标注的尺寸除标高、总布置图、桩号、规划图以米为单位外，其余均以毫米为单位，因此，建筑工程图上的尺寸数字无须标注单位符号。

（3）每一尺寸在图样中一般只标注一次，并应在最能清晰反映该结构的图样上标注。

2）尺寸的组成

图样上的尺寸由尺寸界线、尺寸线、尺寸起止符号和尺寸数字四部分组成。

（1）尺寸界线

尺寸界线应用细实线绘制，为被注长度的界限线，尺寸界线一般应垂直于尺寸线，其一端应离开图样轮廓线不少于 2 mm，另一端宜超出尺寸线 2～3 mm，如图 2-6（a）所示。半径、直径、角度与弧长的尺寸起止符号，宜用箭头表示，如图 2-6（b）下图所示。

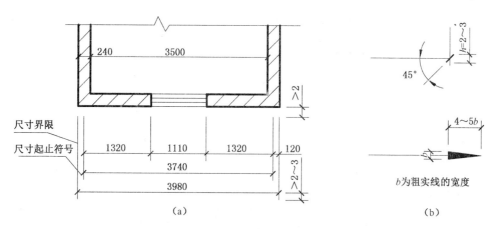

图 2-6　尺寸标注法

（2）尺寸线和尺寸起止符号

尺寸线应用细实线绘制，与被标注的线段平行，不能用图样中的其他图线及延长线代替。标注相互平行的尺寸时，小尺寸在内，大尺寸在外。如图 2-6（a）所示。

尺寸起止符号一般用中粗斜短线绘制，其倾斜方向应与尺寸界线呈顺时针 45°角，长度宜为 2～3 mm。标注圆弧、半径、直径、角度、弧长时，一律采用箭头。其形式如图 2-6（b）所示。

（3）尺寸数字

尺寸数字一般注写在尺寸线上方中部，不要贴靠在尺寸线上，一般应离开 0.5 mm。当尺寸界线之间的距离较小时，尺寸数字可按图 2-7 所示的形式注写。

尺寸数字一般按图 2-8（a）所示的规定注写，并尽可能避免在如图所示的 30°范围内标注尺寸，当无法避免时，可按图 2-8（b）的形式标注。

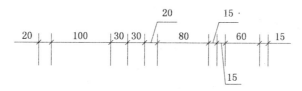

图 2-7　拥挤尺寸的注写

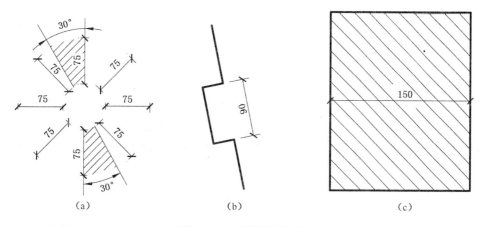

图 2-8　尺寸数字的注写

尺寸数字不能被任何图线所通过,否则必须将该图线断开,如图 2-8(c)所示。尺寸数字一般采用 3.5 号(或 2.5 号)字,其大小全图应一致。

2.1.7 圆、圆弧尺寸及角度尺寸的注法

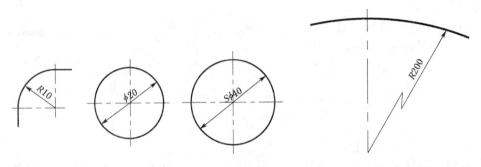

图 2-9 半径、直径的注写　　　　图 2-10 大圆弧的注写

半圆或小于半圆的圆弧应标注其半径,大于半圆的圆应标直径,其尺寸线必须通过圆心,标注直径时应在尺寸数字前加注符号"ϕ";标注半径时应在尺寸数字前加注符号"R";标注球面直径或半径时,应在符号"ϕ"或"R"前再加注符号"S",如图 2-9 所示。圆弧半径很大时,可按图 2-10 所示的形式标注,圆弧较小时,可按图 2-11 所示的形式标注。

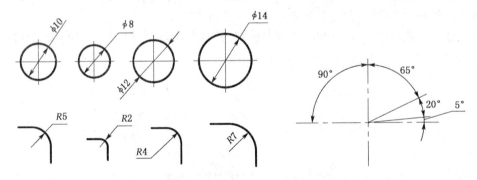

图 2-11 小圆和小圆弧的注写　　　　图 2-12 角度的注写

标注角度的尺寸界线应沿径向引出,尺寸线是以角顶点为圆的圆弧,角度数字一律水平书写在尺寸线的中断处,必要时也可注在尺寸线的上方或引出标注,如图 2-12 所示。

2.1.8 坡度的注法

坡度是指直线上任意两点的高差与其水平距离之比,坡度的标注形式一般采用 $1:m$,m 一般取整数。当坡度较缓时,也可用百分数表示,并用箭头表示下坡方向,如图 2-13 所示。

2.1.9 标高的注法

立面图和铅垂方向的剖面图中,标高符号一般采用如图 2-14(a)所示的符号(即 45° 等腰

三角形)用细实线画出,高度约为数字高的 2/3,标高符号的尖端向下指,也可以向上指,并应与引出的水平线接触。平面图中的标高符号如图 2-14(b)所示。

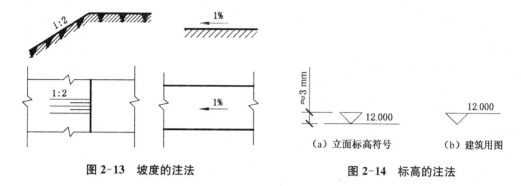

图 2-13　坡度的注法　　　　　　　图 2-14　标高的注法

标高数字均以米为单位,注写到小数点后第三位,在总布置图中,可注写到小数点后第二位。

2.2　绘图工具和仪器的使用

制图所需的工具和仪器有图板、丁字尺、三角板、铅笔、圆规等。在制图前,应了解它们的性能,并熟练掌握它们的正确使用方法,同时,还应注意维护和保养,为提高绘图质量、加快绘图速度提供保证。

2.2.1　图板

图板是用于安放图纸进行画图的工具,其大小一般与图纸规格相配套,一般有 0 号图板(900 mm×1 200 mm)、1 号图板(600 mm×900 mm)及 2 号图板(450 mm×600 mm)等。

图板均采用木质材料制成,板面光滑平整,硬度合适。使用时,将图纸的四个角用胶带固定在图板合适的位置,如图 2-15 所示,图板的两个短边一般作为工作边,且必须平直,这样才能保证与丁字尺配合使用时所画的线条平直。平时应注意保护好短边不受磨损。

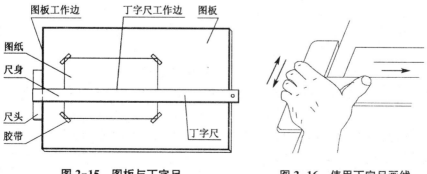

图 2-15　图板与丁字尺　　　　　　图 2-16　使用丁字尺画线

2.2.2 丁字尺

丁字尺主要用来和图板配合绘制水平线,或者与三角板配合绘制竖直线以及30°、45°、60°等角度的斜线。丁字尺由尺头和尺身两部分组成,尺头与尺身的工作边是垂直的,使用时,尺头需与图板的工作边靠紧,在图板上上下滑移,再利用尺身带刻度的一侧,右手执笔从左到右绘制一系列的水平线。若绘制一组水平线时,应由上到下逐条绘制。如图2-16所示。

特别需注意的是,勿用丁字尺的尺头贴住图板的上下边画垂直线条,也不能用丁字尺的非工作边画线。

2.2.3 三角板

三角板是制图的主要工具之一,由一块30°、60°角及一块45°角,共两块直角三角板组成。三角板与丁字尺配合,除可以画出竖直线及30°、45°、60°等角度的斜线外,还可以绘制出与水平方向成15°或75°的斜线。如图2-17和图2-18所示。

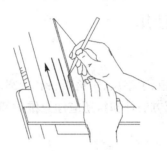

图 2-17   使用丁字尺和三角板画竖直线

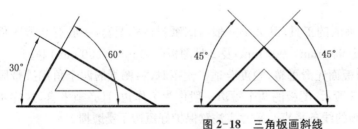
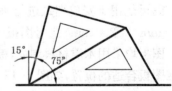

图 2-18   三角板画斜线

2.2.4 铅笔

绘图使用的铅笔种类很多,其型号以铅芯的软硬程度来区分,H表示硬,B表示软,H或B前面的数字越大表示铅芯越硬或越软。绘制工程图时,经常采用H的笔打底稿,再用HB、B的笔加深图线。

削铅笔的时候要注意保留有标号的一端,以便在使用时容易区分铅笔的型号。打底稿用的铅笔尖应削成锥形,铅芯露出长度为6～8 mm(如图2-19(a)上),使用铅笔绘图时,用力要均匀,画长线时要边画边转动铅笔,使线条粗细一致。加深描粗的铅笔尖宜削成扁平状,宽度与加深的线宽一致(如图 2-19(a)下)。

画线时持笔姿势要自然,要使笔尖与尺边距离保持一致,使笔与图纸呈垂直状。

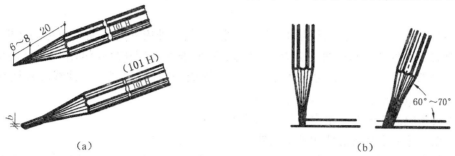

图 2-19 铅笔的用法

2.2.5 圆规与分规

圆规是绘图仪器中的主要工具之一,用来绘制圆和圆弧。使用时,圆规略向前进方向倾斜,铅芯应磨削成 65°左右的斜面(图 2-18(a)),将带针的插脚轻轻插入圆心处,使带铅芯的插脚垂直接触图纸,然后转动圆规手柄沿顺时针方向画圆,如图 2-20(b)所示。画较大直径的圆时,可用加长杆来增大所画圆的半径,并且使圆规两脚都与纸面垂直,如图 2-20(c)所示。

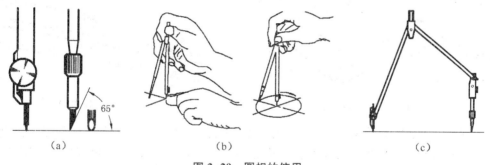

图 2-20 圆规的使用

圆规的两个脚都是针尖的便是分规,分规是用来等分线段和移置已知尺寸于图纸上的一种仪器。使用分规时,要检查两针脚高度是否一致,如果不一致则需要旋松螺丝进行调整。分规的用法见图 2-21。

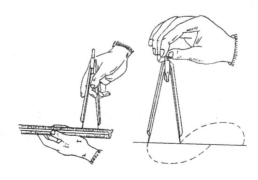

图 2-21 分规的用法

2.2.6 曲线板和比例尺

曲线板也称云形尺,也是常见的绘图工具之一,是一种内外均为曲线边缘的薄板,用来绘制曲率半径不同的非圆自由曲线。为保证线条流畅、准确,应先按相应的作图方法定出所需画的曲线上足够数量的点,然后用曲线板连接各点而成,并且要注意采用曲线段首尾重叠的方法,这样绘制的曲线比较光滑。一般的步骤为:

(1) 按相应的作图方法定出曲线上的若干点。

(2) 用铅笔徒手将各点依次连成曲线。

(3) 从曲线一端开始,选择曲线板与曲线相吻合的四个连续点,找出曲线板与曲线相吻合的线段,用铅笔沿其轮廓画出前三点之间的曲线,留下第三点与第四点之间的曲线不画。

(4) 继续从第三点开始,包括第四点,又选择四个点,绘制第二段曲线,从而使相邻曲线段之间存在过渡。然后如此重复,直至绘完整段曲线。

曲线板的用法见图 2-22 所示。

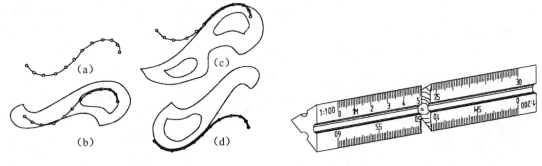

图 2-22 曲线板的用法　　　　　　　　　　图 2-23 比例尺

比例尺主要是用来量取不同比例时的长度,一般为三棱柱状,如图 2-23 所示。比例尺上共有六种不同比例的刻度,画图时可按所需比例,用比例尺上相应的刻度直接量取距离,不需再做换算。

2.3 平面图形的画法

2.3.1 几何作图

任何土木工程图都是由若干个平面图形所组成。一般的平面图形都是由直线、圆弧、曲线等围成的几何图形,要正确绘制一个平面图形,首先要掌握基本几何图形的作法。

1) 等分线段

如图 2-24 所示,将已知线段 AB 五等分。先过某一端点 A 作任意射线 AC,并在 AC 上任意作五个等分的线段 1、2、3、4、5，再将 B5 点连线，然后过 AC 射线上的 1、2、3、4 四个等分点作 B5 的平行线，交于 AB 上的四个等分点，即为所求。

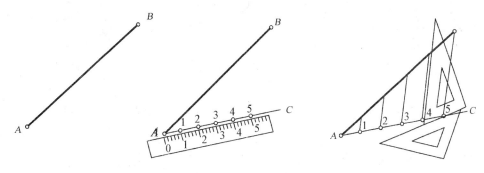

图 2-24　等分线段

2）圆弧连接

工程图样中经常用到圆弧连接。圆弧连接是指用已知半径的圆弧光滑地连接两直线或圆弧，或者连接一直线与一圆弧，这种起连接作用的圆弧称为连接弧。其作图的原理是相切，作图的关键是准确求出连接弧的圆心和连接点（切点）。圆心的求作如图 2-25。

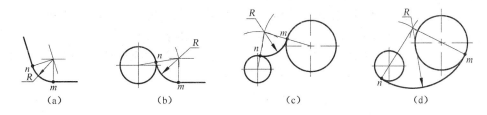

图 2-25　圆弧连接

圆弧连接作图步骤如下：①确定圆心 O；②确定切点 m、n；③画连接弧。

用圆弧连接两已知直线如图 2-25(a)；连接已知直线和已知圆弧如图 2-25(b)；外接两已知圆弧如图 2-25(c)；内接两已知圆弧如图 2-25(d)。

3）圆内接多边形

(1) 作圆的内接正六边形：如图 2 26 所示，分别以 1、4 为圆心，外接圆半径 R 为半径作弧在圆周上交于 2、3、5、6 四点，依次相连即为所求。

(2) 作圆的内接正五边形：如图 2-27 所示，找出外接圆半径 O1 的中点 2，以 2 为圆心、23 为半径作弧交于半径点 4，34 即为正五边形的边长，在圆周上以 34 为半径作弧得出五边形各顶点，顺序相连即为所求。

(3) 作圆的内接 n 边形（以七边形为例）：如图 2-28 所示，将直径 AB 七等分。以 B 点为圆心、AB 为半径画弧交水平中心线 K、M 两点。分别过 K、M 两点与各分隔点相连，交圆周于点 Ⅰ、Ⅱ、Ⅲ、Ⅳ、Ⅴ、Ⅵ 六个点，并依次连接各点，即 A - Ⅰ - Ⅱ - Ⅲ - Ⅳ - Ⅴ - Ⅵ - A，即为所求正七边形。

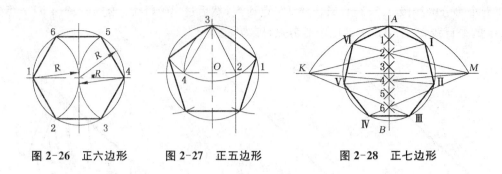

图 2-26 正六边形　　图 2-27 正五边形　　图 2-28 正七边形

2.3.2 平面图形分析

绘制平面图形前,要对平面图形进行尺寸分析和线段分析。通过分析,从而得知哪些线段可以直接画出,哪些线段需要根据相切的几何条件作图,这样便可确定绘制平面图形的步骤。

1) 平面图形的尺寸分析

平面图形的尺寸按其作用,可分为两类:

(1) 定形尺寸:用以确定图形中各组成部分的形状和大小的尺寸,称为定形尺寸。如线段的长度、各圆弧的半径、角度的大小等尺寸,如图 2-29 中的 $\phi20$、$\phi50$、100、170。

(2) 定位尺寸:用以确定图形中各组成部分(线框及图线)之间相对位置尺寸的尺寸,如图 2-29 中的 25、50、40、90。

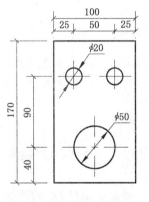

图 2-29 尺寸分析

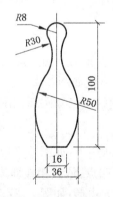

图 2-30 线段分析

通常,图形的定位尺寸包含两个方向(水平方向和垂直方向)的定位,且都是从某个点或线的位置出发,这种作为标注尺寸起始位置的点或线称为尺寸基准。一般常选择图形的对称线、主要轮廓线、圆的中心线作为尺寸基准。

2) 平面图形的线段分析

平面图形中的线段(直线或圆弧),根据尺寸的完整程度可分为三类:已知线段、中间线段和连接线段。

(1) 已知线段:定形尺寸、定位尺寸均完整,作图时能直接画出的线段,称为已知线段,如

图 2-30 中的长 16 的线段、R8 的圆弧。

（2）中间线段：只有定形尺寸，而定位尺寸不完整的线段，称为中间线段，此类线段必须依靠与之一端相邻的已知线段的连接关系（相切）画出，如图 2-30 中 R50 的圆弧。

（3）连接线段：只有定形尺寸而没有定位尺寸的线段称为连接线段，此类线段必须靠两端的连接关系才能画出，如图 2-30 中 R30 的圆弧。

3）平面图形的画图步骤

绘制平面图形时，应根据尺寸分析各类线段，先画出已知线段，再画出中间线段，最后画出连接线段。

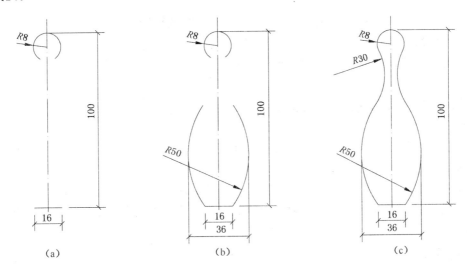

图 2-31　平面图形的绘图步骤

如绘制图 2-31 所示的平面图形，分析出各类线段，画出长为 16 的已知线段及 R8 的圆弧如图 2-31(a)。根据 R50 的圆弧与直线 16 的直线段相交的关系及尺寸 36 画出中间线段 R50，如图 2-31(b)。最后根据 R50 和 R8 圆弧相切的关系画出 R30 的连接圆弧，如图 2-31(c)。

2.3.3　绘图方法和步骤

为提高绘图效率、保证绘图质量，除了熟悉和遵守制图标准、正确使用绘图工具及仪器外，还必须掌握正确的绘图方法和步骤。

1）准备

备好图板、丁字尺、圆规、三角板、铅笔（按要求削好）等绘图工具和仪器，将上面的浮灰擦掉，将手洗净。

用橡皮擦拭图纸，确定图纸的正反面（易起毛的为反面），然后用胶带纸将图纸固定在图板的左下方。

2）打底稿（H 或者 2H 铅笔）

根据图形的大小和比例选择合适的图纸幅面，画出图框与标题栏。

布图：用点画线、细实线作为基准，将所画图形匀称地布置在图纸上，根据基准线，先画主要轮廓线,再画细节,依次完成所有图线。

3)检查

认真检查图形及尺寸,一旦发现错误,立即改正,并擦去多余的作图线。

4)描深(B 或 2B 铅笔)

描深顺序:先描图形,后标尺寸、写字。

描图形时,先描细线型,后描粗线型;描粗线型时,先描圆弧,后描直线;描直线时,先从上到下描所有的水平线,然后从左至右描所有的垂直线,最后描斜线。描细线型的顺序同描粗线型。

描深时还应注意:

(1)将 H 或 2H 的铅笔削成锥形,B 或 2B 的铅笔削成铲型。

(2)加深圆弧用 2B 铅笔,加深直线用 B 铅笔。

(3)同类线型的粗细要分明,色彩浓淡一致,线型的粗细比例应符合制图标准。

2.3.4 徒手绘草图的方法步骤

徒手绘草图是指以目测估计比例,用一支笔徒手绘制的图样。绘徒手图是工程技术人员必须掌握的一种画图技能。

画草图的要求是,遵守制图标准,图形工整、正确,各部分比例匀称,尽量接近实物尺寸。初学者一般将草图用 HB 或 B 铅笔画在方格纸上,经一定训练后要在空白纸上画出正确、清晰的草图。

1)徒手画直线

画水平线:可将图纸斜放,顺着手势从左向右画直线,然后将图纸还原成水平线,图 2-32(a)。

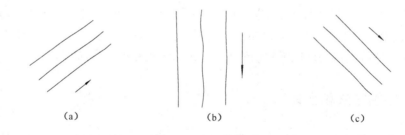

     (a)   (b)   (c)

图 2-32 徒手画直线

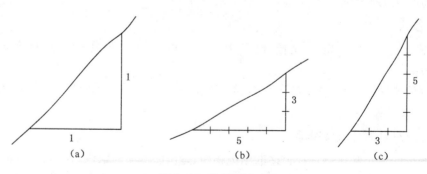

     (a)   (b)   (c)

图 2-33 徒手画角度

画垂直线:自上而下画线,如图 2-32(b)。

画斜线:自左向右画线,如图 2-32(c)。

画特殊角度线:画 45°、30°及 60°直线时,可按图 2-33(a)、(b)、(c)所示方法画出。

2)圆的画法

小圆可按图 2-34(a)所示方法画;大圆则按图 2-34(b)所示方法作出。

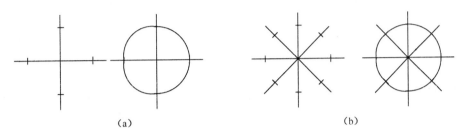

(a)   (b)

图 2-34 徒手画圆

3

投影基本知识

3.1 投影方法

3.1.1 投影的形成

人们在生产和生活过程中,有时需要将空间中物体的形状等特征通过一定的方式清楚地表达出来,而借助于平面图形来表达形状则很好地满足了这种需求。

在自然现象中,我们对影子一点都不陌生。在光线的照射下,物体在地面或墙面上会产生影子。这些影子在一定程度上能够反映出物体的形状和大小,但不能清楚地反映物体各部分的真实形状。如图 3-1(a)所示,这个影子只反映出物体底部的轮廓,上部的轮廓则被黑色的阴影代替而不能反映出来。再看图 3-1(b),这个影子只反映出房子的大致轮廓,房屋的墙面、门窗等轮廓被黑色的阴影替代,不能反映出来。

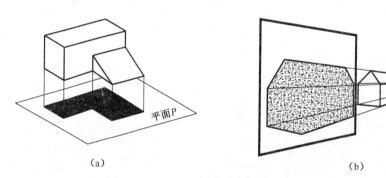

|（a）| （b）|

图 3-1 影子

为了将物体各部分的形状清楚地反映出来,人们对自然现象中的影子进行科学的抽象:假若光线能够透过形体(即物体),将形体上的点、线都在平面上投落,得到它们的影,则得到一个由这些点和线组成的图形,这个图形则称为该形体的投影。如图 3-2 所示。

显然,投影的形成离不开三要素:投射中心(光源或光线)、空间形体、投影面。

3.1.2 投影法的分类

根据投射中心与投影面之间位置关系的不同,投影法分为中心投影法和平行投影法两类。

当投射中心处于投影面有限远位置时,所有投射线均从同一点发出,这种投影的方法称为中心投影法,所作出的投影称为中心投影。如图 3-2。当投射中心移至投影面无穷远处时,所有投射线将互相平行,这种投影的方法称为平行投影法,该方法作出的投影称为平行投影。根据投射线与投影面夹角的不同,平行投影又分为斜投影和正投影。如图 3-3。

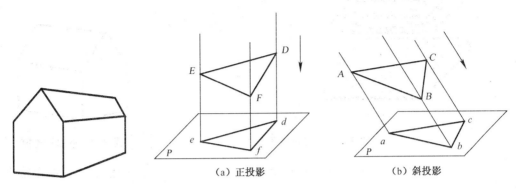

图 3-2　投影(中心投影法)　　　　　　　　　图 3-3　平行投影

（a）正投影　　　　　（b）斜投影

3.1.3　投影法在工程中的应用

不同的投影法,根据其投影特性,在工程中有着不同的应用。

中心投影法的投影类似人眼看外界实物,得到的形体投影大小与形体的位置有关:在投影中心与投影面不变的情况下,当形体靠近或远离投影面时,它的投影就会变大或变小,且一般不能反映形体的实际大小,如图 3-4 所示。这种投影法主要用于绘制建筑物的透视图,表达建筑方案的立体效果。在一般的工程图样中,不采用中心投影法绘图。

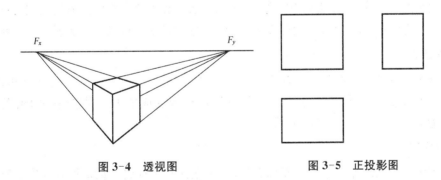

图 3-4　透视图　　　　　　　　　图 3-5　正投影图

平行正投影法通常用于绘制正投影图和标高投影图。

通常,一个空间形体的正投影图由两个或两个以上正投影图形组合而成,用以确定该形体在空间中的唯一形状,如图 3-5 所示。和其他投影图相比而言,正投影图作图简便、便于度量,因此,在工程中得以广泛应用。但是,正投影图缺乏立体感,需经过一定的训练才能读懂图形。

标高投影图是一种带有数字标记的单面正投影图。它用正投影反映物体的长度和宽度,其高度用数字标注。这种图在工程中常用来表达地面的形状,即地形图。如图 3-6 所示。

平行斜投影法通常用于绘制轴测投影图,轴测投影图是一种能在一个投影面上反映出形体的长、宽、高三个方向尺度的图形,立体感较强,直观性好。但不能准确表达形体的尺寸,也

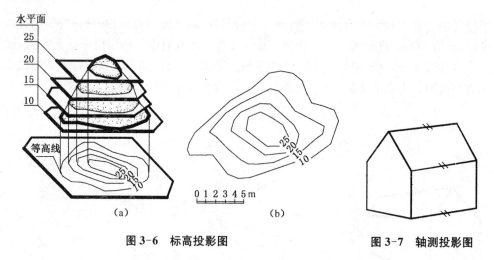

图 3-6　标高投影图　　　　　　图 3-7　轴测投影图

不能完整地表达形体的形状,作图相对也较复杂,如图 3-7 所示。因此,在工程中经常作为辅助图样。

3.2　平行投影特性

在土木工程建筑制图中,经常采用平行投影法(特别是正投影法)来绘制工程图样,因此,了解平行投影法的投影特性,对绘制和分析形体的投影非常重要。

1) 实形性

当空间中的直线平行于投影面时,则直线在投影面上的投影反映空间直线的实长;当空间中的平面平行于投影面时,该平面在投影面上的投影反映空间平面的实形。如图 3-8(a)所示。

2) 类似性

当空间中的直线或平面倾斜于投影面时,则在投影面上得到的投影形状与空间直线或平面相类似,但直线的投影长度变短了,而平面图形的投影变成了小于原空间平面的类似形,这种性质称为类似性。如图 3-8(b)所示。

3) 积聚性

当空间中的直线或平面垂直于投影面时,则在投影面上得到的投影形状发生了改变,直线的投影积聚为一点,而平面图形的投影积聚为一条直线,这种形状发生改变的性质称为积聚性。如图 3-8(c)所示。

4) 平行性

空间中相互平行的两直线,在同一投影面上的投影仍然保持平行。如图 3-8(d)所示,空间直线 $AB /\!/ CD$,则同在 H 面上的投影 $ab /\!/ cd$。

5) 从属性

在空间中,一点在某直线(或平面)上,则该点的投影一定落在直线(或平面)的同面投影面上。同理,空间中一直线位于某平面上,则该直线的投影也必落在平面的同面投影上。如图 3-8(e)所示,直线 AD 在平面 △ABC 内,故在 H 面投影中,ad 在 △abc 上;而 K 在直线 AD 上、在平面 △ABC 内,故在 H 面投影中,k 在 ad 上、△abc 内。

6）定比性

空间点将线段分成几段,分得的各段长度之比,在投影后保持不变;空间两平行线段长度的比值,在投影后也保持不变。在图 3-8(f)上,$ak : kb = AK : KB$;$ab : cd = AB : CD$。

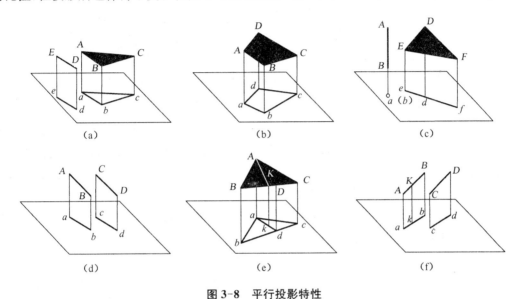

图 3-8 平行投影特性

3.3 正投影图的形成及投影规律

正投影图作图简便,便于度量,在工程中得以广泛使用。那么如何应用正投影图来表达具有长、宽、高三个方向尺度的形体真实形状和大小,又如何将正投影图还原出形体的立体形状,这是制图时首要解决的问题。

3.3.1 正投影图的形成

假设在空间中放置一形体 M(见图 3-9),如何完整准确地用投影图表达它的形状和大小?可以通过引入合适的投影面,并向引入的投影面作正投影的方法来得到形体的投影图。

首先,在形体的下方设置一个平行于形体底面的水平投影面(简称水平面或 H 面),并在水平面上作出形体 M 的正投影,称为水平投影。如图 3-10(a)。这个单面的正投影图反映出形体 M 的二维特征,却没有反映出形体高度方面的特征。因此,单面的正投影图不能唯一确定形体的空间形状。

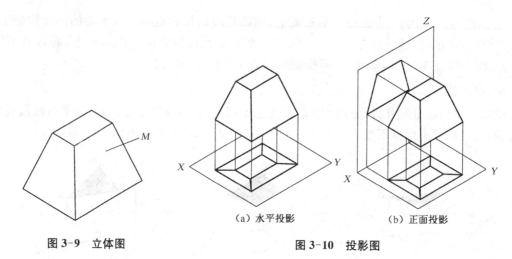

图 3-9 立体图

（a）水平投影　　　　　　（b）正面投影

图 3-10 投影图

为了清楚地表达形体 M 的高度特征，可以在空间中再放置一个投影面，该投影面应与水平投影面相互垂直，处于正立位置，称为正立投影面（简称正面或 V 面），并在该投影面上得到形体 M 的正投影，称为正面投影。如图 3-10(b)。而水平面与正面的交线 OX 称为投影轴。这样，形体 M 的三维特征在水平投影面和正立投影面组成的两投影面体系中的投影均反映出来，并且是唯一的。但在读图时，需要将两个投影联系起来看，才能准确完整地反映出形体的形状。这种以形体两个投影组成的投影图称为两面投影图。

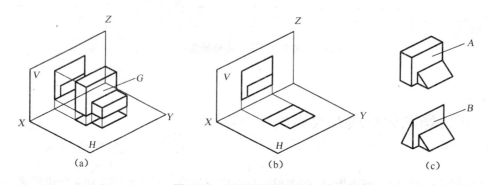

图 3-11 三面投影的必要性

实际情况中，有些形体用两个投影还不能唯一确定其形状。如图 3-11(a) 中的形体 G，它的水平投影和正面投影均与图 3-11(c) 中的形体 A 和 B 的水平投影、正面投影相同。因此，为了唯一确定形体 G 的形状，还需再增加一个与水平面（H 面）和正面（V 面）均垂直的投影面，称为侧立投影面，简称侧面或 W 面，并在该投影面（W 面）上得到形体 G 的正投影，称为侧面投影。这样，形体 G 的三维特征在 H 面、V 面、W 面共同组成的三投影面体系的投影中唯一确定出来。这种以形体三面投影组成的投影图，称为三面投影图。如图 3-12 所示。读图时，需将三个投影联系起来看，才能准确完整地反映出形体的形状。

在 H 面、V 面和 W 面共同组成的三投影面体系中，三个投影面分别两两相交于三个投影轴，H 面与 V 面的交线称为 OX 轴，H 面与 W 面的交线称为 OY 轴，V 面与 W 面的交线称为 OZ 轴。三个轴均称为投影轴，分别代表长、宽、高三个方向尺度。三轴线的交点 O 称为原点。同时，三投影面体系将空间分成了八个区域，称为八个分角。国家标准规定，优先采用第一分

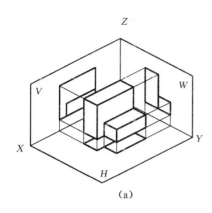
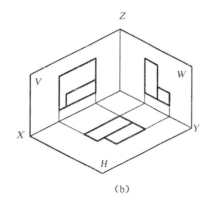

(a)　　　　　　　　　　　　　　(b)

图 3-12　三视图的形成

角画法,如图 3-13(a)所示,第一分角三个投影面的分布如图 3-13(b)所示。

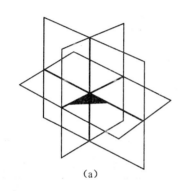
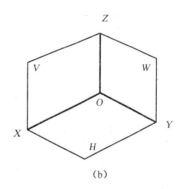

(a)　　　　　　　　　　　　　　(b)

图 3-13　投影面相互位置

　　三投影面体系中的三个投影面是相互垂直的,即 $H \perp V \perp W$。为了方便绘图,通常会将三个投影图呈现在同一个平面上,也就是将投影面展开。在展开过程中,规定 V 面固定不动,将 H 面绕 OX 轴向下旋转 $90°$,W 面绕 OZ 轴向右旋转 $90°$,如图 3-14(a)所示。展开之后,三个投影处于同一平面上,三个投影面的分布如图 3-14(b)所示。寻迹展开过程,发现 OY 轴一分为二:随着 H 面旋转的标为 OY_H,随着 W 面旋转的标为 OY_W。为了更简便地绘图,可将投影轴和投影面边框都去除,不用画出,如图 3-14(c)所示。

　　进行展开之后的投影图即为正投影图。正投影图可以由两个视图组成,也可以由三个或更多视图组成,视图的个数由形体本身的形状特征决定。对于一般形体来说,三个投影已足够确定其形状和大小。因此,常用 H 面、V 面、W 面三个投影来表达空间形体,称为三视图。后面章节的正投影图均为三视图进行介绍。

3.3.2　正投影图的投影规律

　　一般来说,形体的形状和大小由形体的三面投影就能确定出来。在三面投影中,H 面投影反映形体的长度、宽度方向特征,V 面投影表达了形体的长度、高度两个方向特征,W 面投影表达了形体宽度、高度两个方向特征。但要注意的是,H、V 面均反映了形体的长度、

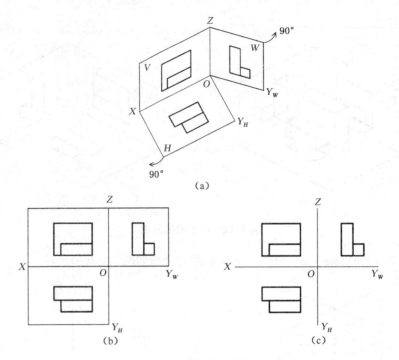

图 3-14　投影图的展开

V、W 面均反映了形体的高度,而 H、W 面又均反映了形体的宽度。因此,要在平面投影中表达该空间形体的形状、大小及位置关系,在将投影图展开后,要让各投影严格满足长度、宽度、高度的对应关系。即 H 面、V 面两个投影要左右对齐,称为长对正;V 面、W 面两个投影要上下对齐,称为高平齐;H 面、V 面两个投影要前后对齐,称为宽相等。如图 3-15 所示。

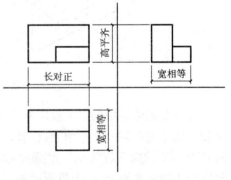

图 3-15　三面投影的对应关系

在三投影面体系中,三个投影面是两两相互垂直相交的,交线分别为 OX 轴、OY 轴、OZ 轴。在对形体进行投影时,为了更形象、直观地表达形体,应考虑形体在三投影面上的摆放位置。不同的摆放位置所对应的正投影图不同,表达形体的效果也有所区别。因此,在放置时,一般会使 OX 轴、OY 轴、OZ 轴分别平行于形体的长、宽、高三个方向尺度,这样得到的正投影图就尽可能将形体各边、各平面的实形反映出来,方便理解、读图。

另外,三视图反映了形体左右、上下、前后的方位关系。需要注意的是,在投影面展开后,由于水平投影向下旋转 90°,侧面投影向右旋转 90°,因此,水平投影图的下方代表形体的前方,水平投影图的上方代表形体的后方;侧面投影的右方代表形体的前方,侧面投影的左方代表形体的后方,如图 3-16 所示。显然,在投影图中,水平投影、正面投影能完整反映形体的左方、右方;正面投影、侧面投影能完整反映形体的上方、下方;水平投影、侧面投影能完整反映形体的前方、后方。而投影中不能完整反映形体的投影方向是:水平投影只能反映上方而不能反映下方,正面投影只能反映前方而不能反映后方,侧面投影只能反映左方而不能反映右方。

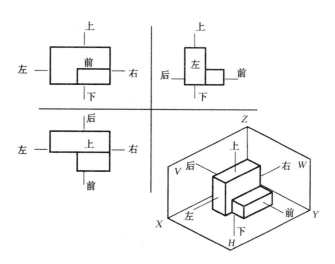

图 3-16 投影图上形体方向的反映

通过以上综合,可以得出正投影图的投影规律:

(1) 三面投影之间的关系需满足:长对正,高平齐,宽相等。

(2) 三面投影反映形体的投影方向:水平投影能反映形体的左方、右方、前方、后方、上方;正面投影能反映形体的上方、下方、左方、右方、前方;侧面投影能反映形体的前方、后方、左方、上方、下方。

3.3.3 正投影图的作法

长对正、高平齐、宽相等是正投影图重要的投影对应关系。作图时,依照"长对正",将 H 面、V 面投影左右对齐,投影线垂直于 OX 轴。依照"高平齐",将 V 面、W 面投影上下对齐,投影线垂直于 OZ 轴。依照"宽相等",利用原点 O 为圆心作圆弧,将 H 面投影的宽度与 W 面投影的宽度相互转移,保证两投影的宽度相等,如图 3-17(a);也可以利用从原点 O 引出的 45° 线,将宽度在 H 投影与 W 投影之间相互转移,如图 3-17(b)。当然,还可以利用分规或圆规直接量取宽度再转移。

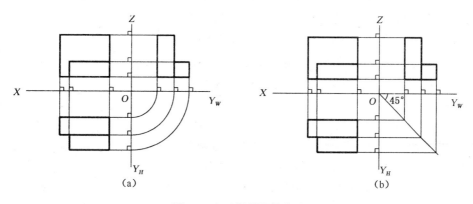

图 3-17 正投影图的作法

4 点、线、面的投影

4.1 点的投影

空间中的任何形体都是由点、线、面这些基本几何元素组成,建筑形体也不例外。而在点、线、面中,点又是最基本的几何元素。因此,学习用投影准确地表达形体之前,必须掌握点的投影。

4.1.1 点的正投影及投影规律

一个点在空间中的位置是三维的,通常用坐标的形式表示它,如 $A(x,y,z)$。而一个单面正投影图是二维的,因此,点的一个单面投影不能确定它在空间的位置,至少需要两个投影。现在,已建立了三投影面体系,因此来研究点在三投影面体系中的投影及投影特性。

引入一个空间点 A,将点 A 在三投影面体系中作正投影,如图 4-1 所示,过 A 点分别向 H 面、V 面、W 面作垂线,得到垂足 a、a'、a'',则 a、a'、a'' 就为点 A 在 H 面、V 面、W 面上的投影,分别称为水平投影、正面投影和侧面投影。

在点 A 向三投影面进行投影时,利用几何关系可以发现平面的垂直相交。例如,由 Aa'、Aa 两相交直线决定的平面,与 H 面和 V 面均垂直相交,交线分别为 aa_x、$a'a_x$;由 Aa'、Aa'' 两相交直线决定的平面,与 V 面和 W 面均垂直相交,交线分别为 $a'a_z$、$a''a_z$;由 Aa、Aa'' 两相交直线决定的平面,与 H 面和 W 面均垂直相交,交线分别为 aa_y、$a''a_y$。点 a_x、a_y、a_z 即为各平面与 OX 轴、OY 轴、OZ 轴的交点。

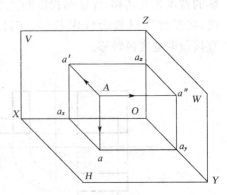

图 4-1 点的三面体系的建立

将点 A 与各投影 a、a'、a'' 及 a_x、a_z、a_y 依次连接,构成了点 A 的"投影方箱",如图 4-1 所示。该"投影方箱"为长方体,长方体的对边平行且相等。因此,可得出点 A 到各投影面的距离、投影、坐标之间的关系:$A \rightarrow H = Aa = a'a_x = a''a_y = z$;$A \rightarrow V = Aa' = aa_x = a''a_z = y$;$A \rightarrow W = Aa'' = a'a_z = aa_y = x$($x$、$y$、$z$ 为点 A 的坐标)。此外,还可用坐标表示点 A 的三面投影:$a(x,y)$,$a'(x,z)$,$a''(y,z)$。且任选点 A 的两个投影坐标,都包含了确定它空间

位置的三个坐标值。

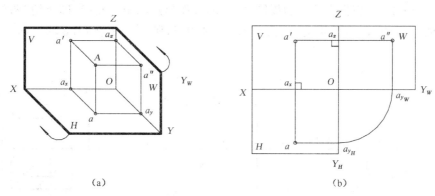

(a)　　　　　　　　　　　　(b)

图 4-2　点的三面投影

确定了点 A 的三面投影后,按照正投影图形成方法,将点的投影图进行展开。如图 4-2(a)所示,H 面向下、W 面向右旋转展开,与 V 面同一个平面,如图 4-2(b)所示。根据阐述的点 A 在三投影面体系中的几何关系,可以得出点的三面投影规律:

(1) 点的三面投影之间的关系:$a'a \perp OX$,$a'a'' \perp OZ$,$aa_x = a''a_z$。

(2) 点的投影到投影轴的距离,反映了空间点到相应投影面的距离。

$$A \to H = Aa = a'a_x = a''a_y = z$$
$$A \to V = Aa' = aa_x = a''a_z = y$$
$$A \to W = Aa'' = a'a_z = aa_y = x$$

在点的三面投影规律中得知:任选点的两个投影坐标,都包含了确定它空间位置的三个坐标值。因此,只要给出点的任意两面投影,就能确定其三维坐标,也就可以确定它的第三面投影,通常称为"两补三"。

【例 4-1】　作出图 4-3(a)所示 A 点的三面投影图。

【解】　(1) 分析:根据点的三面投影规律,得知:$a'a \perp OX$,$a'a'' \perp OZ$,$aa_x = a''a_z$。

(2) 作图

① 绘出坐标轴,并标注出 OX、OY_H、OY_W、OZ 和原点 O,如图 4-3(b)所示。

② 利用 Oa_x 确定 a_x,过 a_x 作 OX 轴的垂线,自 a_x 向上量取 aA 确定 a',向下量取 $a'A$ 确定 a,如图 4-3(b)所示。

③ 再过 a' 作 OZ 轴垂线得 a_z,自 a_z 向右量取 $a''a_z$ 确定 a'',如图 4-3(c)所示,完成作图。

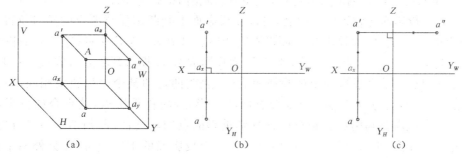

(a)　　　　　　　　　(b)　　　　　　　　　(c)

图 4-3　由立体图画点的三面投影

【例 4-2】 如图 4-4(a)，已知点 A、B、C 的两面投影，求作第三面投影。

【解】 （1）分析：根据点的三面投影规律，即可作出点的第三投影，即所谓"两补三"。这里需明确的是 C 点、B 点分别为 H 面与 W 面内的点，则 c'' 一定在 OY_W 轴上，b' 一定在 OZ 轴上。

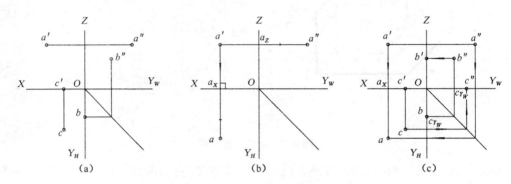

图 4-4　已知点的两面投影求第三投影

（2）作图

① 求作点 A 的 H 面投影 a。过 a' 作 OX 轴垂线得 a_x，从 a_x 向 OX 轴下量取 $aa_x = a''a_z$ 从而求得 a，如图 4-4(b) 所示；或通过 45°辅助线作图，由 a'' 作投影线求得 a，作图过程如图 4-4(c) 所示。

② 求作点 B 的 V 面投影 b'。过 b'' 作 OZ 轴的垂线，与过 b 作 OX 轴的垂线 OZ 交于 b'，即为所求，如图 4-4(c) 所示。

③ 求作点 C 的 W 面投影 c''。过 c 作 OY_H 轴的垂线，与 45°辅助线相交，再经由该交点向 OY_W 作垂线，与过 c' 作 OZ 轴的垂线交于 c''，即为所求，如图 4-4(c) 所示。

4.1.2　点的相对位置

点的相对位置是指空间两点的左右、前后、上下的位置关系。在投影图中，判别两点的相对位置是读图要解决的重要问题。

如图 4-5(a) 所示，观察者面对 V 面，则 OX 轴的正向指向为左方，OY 轴的正向指向为前方，OZ 轴的正向指向为上方。展开形成投影图后，如图 4-5(b) 所示，水平投影中，OX 轴正向指向为左方，OY_H 轴正向指向为前方；正面投影图中，OX 轴正向指向为左方，OZ 轴正向指向为上方；侧面投影中，OZ 轴正向指向为上方，OY_W 轴正向指向为前方。

有了三个投影面的轴正向指向后，可以在投影面上判断出任意两点的相对位置。如图 4-5(b) 所示，可通过 H 面投影或 V 面投影判断出点 A 在左，点 B 在右；通过 V 面投影或 W 面投影判断出点 A 在下，点 B 在上；通过 H 面投影或 W 面投影判断点 A 在前，点 B 在后。

当空间两点在某个投影面上的投影重合时，表明两点的某个坐标数值相同，而处于同一投影射线上，我们称这两点是对某投影面的重影点，简称重影点，其重合的投影称为重影。有重影点就需要利用点的相对位置判别重影的点的可见性，即判别哪一点可见，哪一点不可见。并注意，重影点是两个点相对于某一个投影面的重影，它们在另外两个投影面上不是重影点。

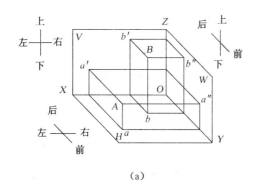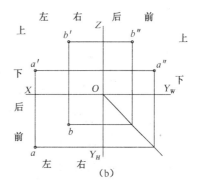

(a)

(b)

图 4-5 点的相对位置

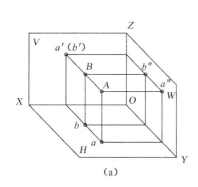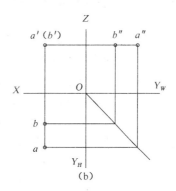

(a)

(b)

图 4-6 重影点及其可见性判别

如图 4-6(a)所示,A、B 两点处于 OY 轴方向的同一投影射线上,其正面投影 a'、b' 重合,且点 A 在前,点 B 在后。在看两点的正面投影时,点 A 的投影可见,点 B 的投影则被点 A 的投影遮住而不可见。为了在投影图中表示出重影点的可见性,对不可见的投影需加注括号,如图 4-6(b)所示,两点的正面投影应表示为 $a'(b')$。

4.2 直线的投影

空间中的直线是可无限延伸的。一般情况下,直线的投影仍然是直线,并小于实长,如图 4-7 所示,直线 AB 在 H 面上的投影为直线 ab;特殊情况下,直线的投影积聚成一点或反映实长,如图 4-7,直线 CD 垂直于 H 面,它在 H 面上的投影积聚为一点 $c(d)$;而平行于 H 面的直线 EF,它在 H 面上的投影反映实长。

一条直线是由无数的点组成,但确定出一条直线只需两点就可以。因此,要确定一直线的投影,只需将这一直线上任意两点的三面投影确定,并将这两点的同面投影连线,即可得出直线的三面投影,如图 4-8 所示直线 AB 的三面投影。

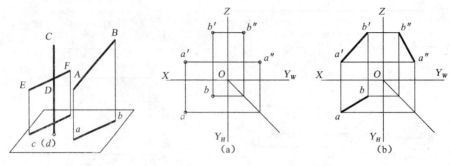

图 4-7 直线的投影情况　　　　　图 4-8 直线投影的确定

4.2.1 不同位置的直线投影

在三投影面体系中,根据空间直线与投影面的相对位置不同,可将直线分为特殊位置直线和一般位置直线。特殊位置直线是指直线相对于某一个投影面处于平行或垂直的位置,因此,特殊位置直线又可分为投影面的平行线和投影面的垂直线两种。而一般位置直线则为相对各投影面既不平行又不垂直的倾斜直线。

空间直线与三个投影面的夹角称为直线对投影面的倾角。直线对 H 面、V 面、W 面的倾角分别用 α、β、γ 标记,如图 4-9 所示,倾角 α 等于直线 AB 与其 H 面投影 ab 的夹角,倾角 β 等于直线 AB 与其 V 面投影 $a'b'$ 的夹角,倾角 γ 等于直线 AB 与其 W 面投影 $a''b''$ 的夹角。

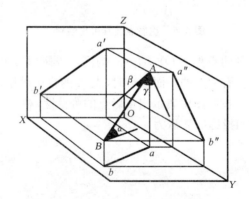

图 4-9 直线对投影面的倾角

1)特殊位置直线

(1)投影面平行线

只与一个投影面平行,而与其余两个投影面倾斜的直线称为投影面平行线。与水平面平行的直线称为水平线,与正面平行的直线称为正平线,与侧面平行的直线称为侧平线。

下面以正平线为例,研究投影面平行线的投影特点。如图 4-10(a)所示,由于 $AB/\!/V$ 面,则 AB 对 V 面的倾角 $\beta=0°$,在 V 面投影中,$a'b'$ 反映 AB 实长(即 $a'b'=AB$),$a'b'$ 与 OX 轴的夹角反映 AB 对 H 面的倾角 α,$a'b'$ 与 OZ 轴的夹角反映 AB 对 W 面的倾角 γ;在 H 面投影和 W 面投影中,如图 4-10(b)所示,由于 $AB/\!/V$ 面,则 AB 直线上任一点到 V 面的距离相等,因此,水平投影 $ab/\!/OX$ 轴,侧面投影 $a''b''/\!/OY_W$。由此可以得出正平线的投影特性:正面投影

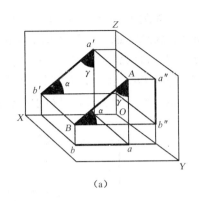 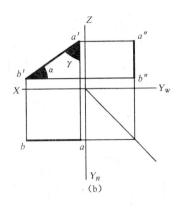

(a)
(b)

图 4-10 正平线的投影

反映实长,并且反映出直线对另外两个投影面(H 面、W 面)的倾角 α、γ 实形,另外两个投影分别平行于相应的投影轴 OX 轴、OZ 轴。

水平线和侧平线的投影特性详见表 4-1。由表 4-1 可归纳出投影面平行线的投影特性:

① 在直线平行的投影面上,投影反映线段的实长,也反映直线对另外两个投影面的倾角。

② 其余两个投影面上的投影平行于相应的投影轴,且小于线段实长。

表 4-1 投影面平行线

直线	立体图	投影图	投影特性
水平线			(1) 水平投影 ab 反映实长和倾角 β、γ; (2) 正面投影 $a'b'$ // OX 轴,侧面投影 $a''b''$ // OY_W 轴
正平线			(1) 正面投影 $c'd'$ 反映实长和倾角 α、γ; (2) 正面投影 cd' // OX 轴,侧面投影 $c''d''$ // OZ 轴
侧平线			(1) 侧面投影 $e''f''$ 反映实长和倾角 α、β; (2) 正面投影 $e'f'$ // OZ,水平投影 ef // OY_H 轴

(2) 投影面垂直线

与一个投影面垂直,而同时平行于其余两投影面的直线称为投影面垂直线。其中,与水平面垂直的直线称为铅垂线,与正面垂直的直线称为正垂线,与侧面垂直的直线称为侧垂线。

下面以铅垂线为例,研究投影面垂直线的投影特点。如图 4-11(a)所示,由于 $AB \perp H$ 面,则在 H 面投影中,AB 积聚为一点 $a(b)$,在 V 面投影、W 面投影中,如图 4-11(b)所示,由于 $AB // V$ 且 $AB // W$,则 $a'b'$、$a''b''$ 均反映 AB 实长(即 $a'b' = AB = a''b''$),且 AB 直线上任一点到 V 面、W 面的距离都相等,因此,正面投影 $a'b' // OZ$ 轴,侧面投影 $a''b'' // OZ$。由此,可以得出铅垂线的投影特性:水平投影积聚为一点,另外两投影(H 面投影、W 面投影)反映实长且平行于 OZ 轴。

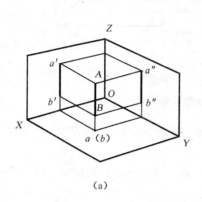
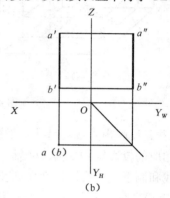

(a)   (b)

图 4-11 铅垂线的投影

正垂线、侧垂线的投影特性详见表 4-2。

由表 4-2 可以归纳出投影面垂直线的投影特性:

① 在所垂直的投影面上的投影积聚成一点。

② 其余两个投影面上的投影均反映线段实长且垂直于相应的投影轴,也可以说平行于同一投影轴。

表 4-2 投影面垂直线

直线	直 观 图	投 影 图	投 影 特 性
铅垂线			(1) 水平投影积聚成一点 $a(b)$; (2) 正面投影 $a'b' \perp OX$ 轴,侧面投影 $a''b''$ $\perp OY_W$ 轴,并且都反映实长
正垂线			(1) 正面投影积聚成一点 $c'(d')$; (2) 水平投影 $cd \perp OX$ 轴,侧面投影 $c''d'' \perp OZ$ 轴,并且反映实长
侧垂线			(1) 侧面投影积聚成一点 $e''(f'')$; (2) 正面投影 $e'f' \perp OZ$,水平投影 $ef \perp OY_H$ 轴,并且都反映实长

2）一般位置直线

对三个投影面均倾斜的直线称为一般位置直线。如图 4-12(a)、(b)所示,由于直线相对于各投影面均呈倾斜状态,因此,三面投影 ab、$a'b'$、$a''b''$ 的长度均短于直线 AB 的实长。又因为 ab、$a'b'$、$a''b''$ 与各投影轴也呈倾斜状态,故三面投影均不能反映 α、β、γ 倾角的实形。由此可得出一般位置直线的投影特性:

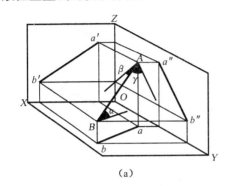

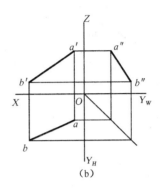

（a）　　　　　　　　　　　　　　　　　（b）

图 4-12　一般位置直线的投影

① 三面投影反映直线的类似形,长度缩短。

② 三面投影不反映 α、β、γ 的实形。

虽然一般位置直线的三面投影都不能反映直线的实长,也不能反映直线对投影面倾角的实形。但在实际应用中,经常遇到根据线段的投影求作它的实长和对投影面的倾角,以解决某些度量问题。下面通过分析线段与其投影之间的几何关系,采用作一直角三角形的方法,求解直线段的实长和它对投影面的倾角。

如图 4-13(a)所示,AB 为一般位置直线。在垂直于 H 面的投射平面 $ABba$ 内过点 A 作 $AB_1 // ab$,即得直角三角形 AB_1B,其斜边 AB 是直线段的实长,直角边 $AB_1 = ab$,是该线段水平投影的长度,另一直角边 $BB_1 = z_B - z_A$,即线段 AB 两个端点 A 和 B 到 H 面的距离差,而 $\angle BAB_1$ 就是线段 AB 对 H 面的倾角 α。由此可见,求线段 AB 的实长及倾角 α,可归结为作出直角 $\triangle AB_1B$ 的实形问题。具体作图如图 4-13(b)、(c)所示,图 4-13(b)为利用水平投影 ab 作直角三角形,图 4-13(c)为利用 z 坐标差作直角三角形。

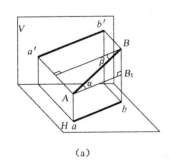

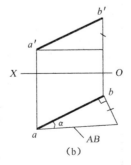

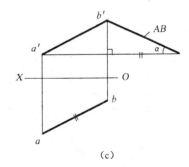

（a）　　　　　　　　　　（b）　　　　　　　　　　（c）

图 4-13　求实长和倾角 α

同理,还可利用直角三角形法求出一般位置直线对 V 面的倾角 β。即在所作直角三角形中,斜边是线段实长,一直角边反映正面投影长度,另一直角边应是线段两端点到 V 面的距离差,实长与正面投影的夹角就是线段对 V 面的倾角 β。

【例 4-3】 如图 4-14(a),已知线段 AB 的投影 $a'b'$ 及 a,又知 AB 实长为 25 mm,求作 ab 及倾角 α。

【解】 (1) 分析:已知 AB 的实长和正面投影 $a'b'$,就可作出直角三角形,并利用它来求作 ab 及倾角 β。

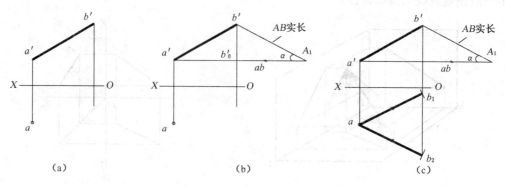

图 4-14 求一般位置直线的实长及倾角

(2) 作图:如图 4-14(b)、(c)所示。

① 由 $a'b'$ 获得 AB 两端点的 z 坐标差,即 $b'b_0'$。

② 以 $b'b_0'$ 为一直角边,以 $AB=25$ mm 为斜边,作出直角三角形 $A_1b'b_0'$,即得 $bb_0'A_1=ab$,$\angle b'A_1b_0'=\alpha$。

③ 以点 a 为圆心、以 ab 长为半径画弧交 $b'b_0'$ 的延长线于点 b_1 及 b_2,连接 ab_1、$a'b_2$,即为所求 AB 水平投影的两个解。

4.2.2 直线上的点

直线是点的集合,因此,直线上的点的投影特性有:

(1) 从属性。如果一个点在直线上,则该点的各个投影必在该直线的同面投影上,并满足点的三面投影特性;反之,如果点的各个投影都在直线的同面投影上,则该点一定在该直线上。如图 4-15 所示,点 K 在直线 AB 上,则 k 在 ab 上,k' 在 $a'b'$ 上,k'' 在 $a''b''$ 上。

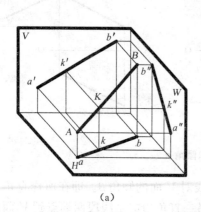

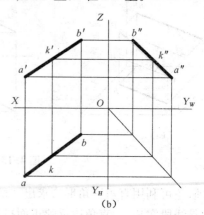

图 4-15 直线上的点

（2）定比性。如果一个点在直线上，分割直线成两段，则该直线上的两线段长度之比，等于它们的投影长度之比。如图 4-15，线段 AB 上有一点 K，将线段分为 AK 和 KB 两部分，则 $AK:KB=a'k':k'b'=ak:kb=a''k'':k''b''$。

一般情况下，确定点是否在直线上，只需依据两面投影图，利用从属性就可以判断出来。如图 4-16 所示，m' 在 $a'b'$ 上，m 在 ab 上，故点 N 满足从属性条件，则点 M 在直线 AB 上；n' 在 $a'b'$ 上，n 却不在 ab 上，故点 N 不满足从属性条件，则点 N 不在 AB 上。

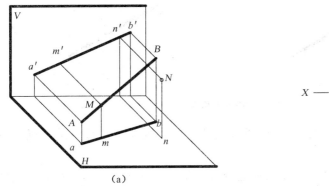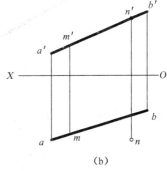

图 4-16　点与直线的相对位置

但是，对于投影面平行线上的点则还需增加定比性来判断。如图 4-17(a)所示的侧平线 AB，仅凭点 c 在 ab 上，c' 在 $a'b'$ 上，还不能完全确定点 C 是否在 AB 上，而需采用定比性判别，即 $a'c':c'b'=ac:cd$ 是否成立，成立则说明点 C 在直线 AB 上，否则不在。其判别过程为：如图 4-17(b)所示，在 a' 一端引射线，令 $a'm'=ac$，$m'n'=cb$，将 n'、b' 两点连直线，得线段 $n'b'$，再过 m' 点作 $n'b'$ 的平行线，与 $a'b'$ 交点为 c_0'，c_0' 与 c' 不重合，则得出结论，其不满足定比性条件，故点 C 不在侧平线 AB 上。

除了采用定比性条件判别外，还可以通过采用增加侧面投影的方法来判别，如图 4-17(c)。补绘直线及点的侧面投影 $a''b''$、c''，得 c'' 不在 $a''b''$ 上，即不满足定比性条件，故点 C 不在侧平线 AB 上。

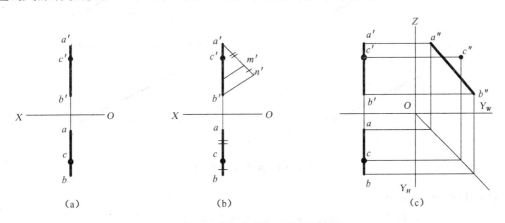

图 4-17　点与直线相对位置的判别

【例 4-4】　如图 4-18(a)所示，在直线 AB 上取一点 C，使 $AC:CB=3:2$，求作 C 点的两面投影。

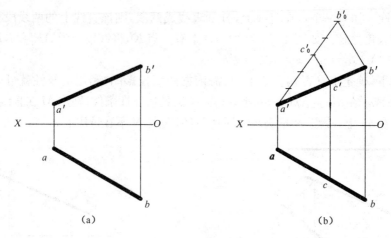

图 4-18 求点 C 的投影

【解】 (1) 分析:根据 AB 上的点 C 分割线段成定比 3∶2,则可利用定比性求出点 C 的投影。

(2) 作图

① 过 $a'b'$ 的端点 a' 作辅助射线 $a'b_0'$,使之分成五等份,并使 $a'c_0'/c_0'b_0'=3/2$。也可以过 ab 的端点 a 作辅助射线求作。

② 连 $b_0'b'$,再过点 c_0' 作 $c_0'c'\,//\,b_0'b'$ 并交 $a'b'$ 于 c',即为所求点 C 的正面投影。

③ 依据"长对正"的投影特性,过点 c' 作 OX 轴的垂线与 ab 交于点 c,即为所求点 C 的水平投影。

【例 4-5】 试在 AB 上定出一点 K,使 $AK=15$ mm,如图 4-19(a)求作点 K 的投影。

【解】 (1) 分析:因 AB 是一般位置直线,其 H、V 面投影均不反映 AB 实长,要使 $AK=15$ mm,必须先求出 AB 实长,再在实长上量取 $AK=15$ mm,然后完成其投影图。

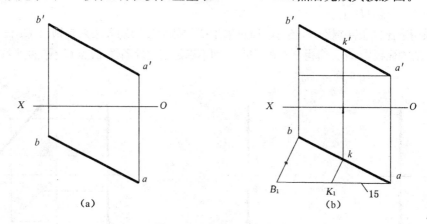

图 4-19 求点 K 的投影

(2) 作图:如图 4-19(b)。

① 作 H 面上直角三角形 $\triangle B_1ba$,求得 AB 的实长为 aB_1。

② 自点 a 在 aB_1 上量取 $aK_1=15$ mm 得点 K_1,再由 K_1 作 $K_1k\,//\,B_1b$,交 ab 于 k,即为 K 点的水平投影。

③ 由点 k 在 $a'b'$ 上定出点 k',即为 K 点的正面投影。

4.2.3 两直线的相对位置

空间两直线的相对位置有平行、相交和交叉(异面)三种情况。

1) 两直线平行

若空间两直线相互平行,则其同面投影必定相互平行。反之,两直线的各同面投影均相互平行,那么,这两直线在空间也一定相互平行。

图 4-20(a)中,直线 $AB//CD$,通过 AB 和 CD 向同一投影面 H 面作正投影,得到的投射平面 $AabB$ 与 $CcdD$ 必定相互平行,它们与 H 面的交线 ab、cd 满足关系式 $ab//cd$。由此得出,空间两直线平行,它们的同面投影一定相互平行。反之,如图 4-20(b)所示,$ab//cd$,$a'b'//c'd$,则 $AB//CD$。

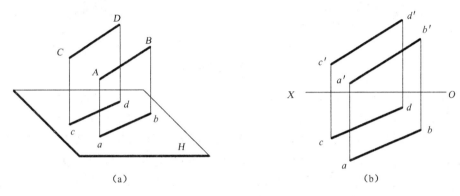

图 4-20　两直线平行

一般情况下,要判别两直线是否平行,只要看它们的两个同面投影是否平行就可以了。特殊情况下,如果两直线都是同一投影面的平行线时,要判别两直线是否平行则要看其反映实长的同面投影是否平行,若平行,则为平行两直线,否则为交叉两直线。

如要判别图 4-21(a)中两侧平线 AB、CD 是否平行,可以看它们的侧面投影是否平行,图 4-21(b)表明 $a''b''$ 与 $c''d''$ 不平行,故两侧平线 AB、CD 不平行。图 4-21(a)中两侧平线 AB、CD 方向趋势一致时,也可以看它们正面投影的比例与水平投影的比例是否相等而定,图 4-21(a)

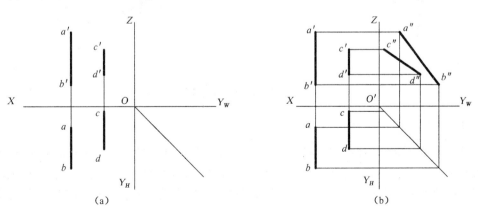

图 4-21　判断两直线是否平行

中,两侧平线 AB、CD 是不平行的。

2)两直线相交

若空间两直线相交,则其同面投影必定相交,且其交点符合点的投影规律。反之,如果两直线的各同面投影都相交,且交点的投影都符合点的投影规律,那么两直线在空间也一定相交。

一般情况下,要判别两直线是否相交,只需任意两面投影即可确定,如图 4-22 所示。

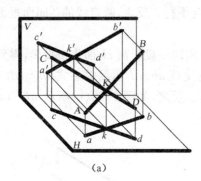 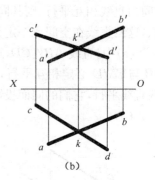

(a)　　　　　　　　　　　(b)

图 4-22　两相交直线的投影

但若两条直线中有一条直线是某投影面平行线时,要判别两直线是否相交,则必须看与其平行的投影面上的投影是否满足相交的条件。如图 4-23(a)中,AB、CD 两直线中,CD 是侧平线,它们的正面投影和水平投影都相交,而且交点的连线总是垂直于 OX 轴的,因此,要判别此两直线是否相交,还需作出它们的侧面投影,如果侧面投影也相交,且侧面投影的交点和正面投影的交点连线垂直于 OZ 轴,则两直线相交,否则是两直线交叉。从图 4-23(b)可以看出,侧面投影说明两直线是不相交的。

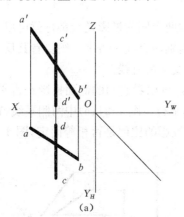 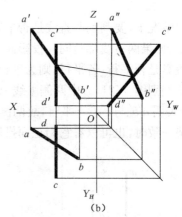

(a)　　　　　　　　　　　(b)

图 4-23　判断两直线是否相交

3)两直线交叉

既不平行又不相交的两直线称为交叉两直线,也称异面直线。交叉两直线的同面投影一般也都相交,但同面投影的交点并不是空间一个点的投影,因此,各投影面上交点的投影连线后不垂直于投影轴,即交点的投影连线不满足投影规律,这是交叉直线投影与相交直线投影的不同之处。

事实上,交叉两直线投影的交点,是空间两个点的投影重合,是位于同一条投射线上而又分别属于两条直线上的一对重影点。如图 4-24 所示,水平投影的交点是直线 AB 上的点 I 和直线 CD 上的点 II 在 H 面上的投影重合,从正面投影可以看出点 I 在点 II 的上方,因此,1 可见,2 不可见,表示为(2);而正面投影的交点是直线 AB 上的点 III 和直线 CD 上的点 IV 在 V 面上的投影重合,从水平投影可以看出点 III 在点 IV 的后方,因此,3′不可见,表示为(3′),4′可见。

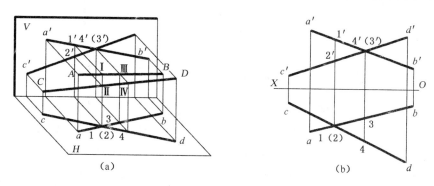

图 4-24　两交叉直线的投影

4)一边平行于投影面的直角的投影

如图 4-25(a)所示,$\angle ABC=90°$,AB、BC 都平行于 H 面,则 $ab // AB$,$bc // BC$,$\angle abc = \angle ABC = 90°$。即当两直角边都平行于投影面时,直角的投影仍是直角。将 A 移至 A_1,由于 $BC \perp$ 平面 $ABba$,故两边 A_1B、BC 仍在空间构成直角,且一边 A_1B 倾斜于 H 面,一边 BC 平行于 H 面,A_1B 的 H 面投影与 AB 的 H 面投影重合,因此,A_1B、BC 在空间构成直角,在 H 面上的投影也是直角。

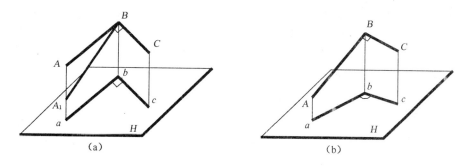

图 4-25　直线投影

如图 4-25(b)所示,若构成直角的两边 AB、BC 都倾斜于 H 面时,其 H 面投影不能反映 AB、BC 的实长,即 $ab \neq AB$,$bc \neq BC$,所以 ab 不垂直 bc,$\angle abc \neq 90°$,故当两直角边都不平行于投影面时,直角的投影不是直角。

由此可得出,若直角的一边平行于某投影面,则在该投影面上的投影必定反映直角;反之,如果两直线的同面投影构成直角,且两直线中有一条直线是其投影面的平行线,则这两条直线在空间也必定相互垂直。

该定理也适用于两交叉直线垂直问题的判定。

【例 4-6】　根据图 4-26,判别两直线是否垂直。

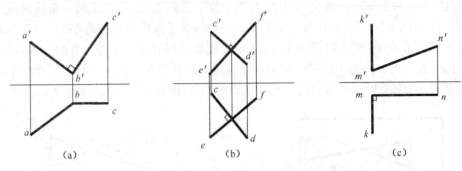

图4-26 判断两直线是否垂直

【解】 依据直角投影定理,图4-26(a)中,BC是正平线,$\angle a'b'c'=90°$,所以AB垂直于BC。图4-26(b)中,虽然两投影均构成直角,但两直线都不是投影面平行线,说明空间两直线不垂直。图4-26(c)中,虽然MN是正平线,但$\angle k'm'n'\neq90°$,所以两直线不垂直。

【例4-7】 已知等腰三角形$\triangle ABC$底边AB的投影及顶点C的正面投影,如图4-27(a),又$a'b'\,/\!/\,ox$,求$\triangle ABC$的投影及顶点C的投影。

【解】 (1)分析:等腰$\triangle ABC$的高CD是底边AB的中垂线;因$a'b'\,/\!/\,ox$,可知AB是水平线,高CD的水平投影$cd\perp ab$,且点d平分ab;又点c'已知,于是可作出$\triangle ABC$的投影。

(2)作图:如图4-27(b)。

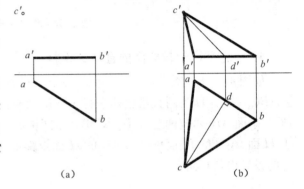

图4-27 两直线垂直定理应用

① 取AB的中点$D(d、d')$,并过d作ab的垂线,再由c'在所作垂线上定出点c,则$CD(c'd'、cd)$即为等腰$\triangle ABC$底边上的高。

② 用直线连接$ac、bc$及$a'c'、b'c'$得$\triangle ABC$的两面投影。

4.3 平面的投影

4.3.1 平面的表示方法

平面在空间中是可无限延伸的,而平面图形则是有有限范围的。通常,平面的表示方法可以采用几何元素表示,也可采用迹线表示。

1)几何元素表示法

空间中的基本几何元素有点、线、面三种。下列任意一种几何元素的组合都能表示空间平面:不在同一直线上的三点,直线与直线外一点,两相交直线,两平行直线或任意一平面图形,如图 4-28 所示。这几种表示方法虽形式不同,但可以互相转化。投影中常采用平面图形表示平面。

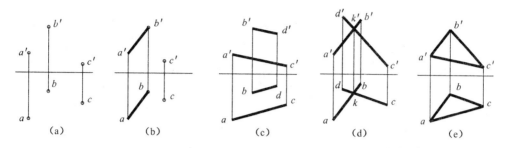

图 4-28 几何元素表示平面

(1) 不在同一直线的三点,如图 4-28(a)所示。
(2) 直线与线外一点,如图 4-28(b)所示。
(3) 平行两直线,如图 4-28(c)所示。
(4) 相交两直线,如图 4-28(d)所示。
(5) 平面图形,如图 4-28(e)所示。

2) 迹线表示法

平面与投影面的交线,称为平面的迹线,如图 4-29 所示。平面的表示方法除了采用几何元素表示外,还可采用迹线表示,这种用迹线表示的平面称为迹线平面。平面与 V 面、H 面、W 面的交线,分别称为正面迹线 P_V、水平迹线 P_H、侧面迹线 P_W。

迹线是投影面上的直线,它的一个投影就是其本身,另外两个投影与相应的投影轴重合(在投影图中不需作出)。如图 4-29(e)所示,铅垂面 P 的水平迹线 P_H 在 H 面上的投影与自身重合,而 P_H 的 V 面投影在 OX 轴上(同样,P_H 的 W 面投影在 OY_W 轴上);铅垂面的另两个迹线 P_V、P_W 平行于它们相应的投影轴 OZ 轴。在投影上用迹线表示平面时,用粗实线表示。

在图 4-29 中,图(a)到图(e)依次展示了用迹线表示的各种位置平面:一般位置平面、正平面、水平面、正垂面、铅垂面。其中图(d)中的 P_V 与图(e)中的 P_H 都可省略不画。

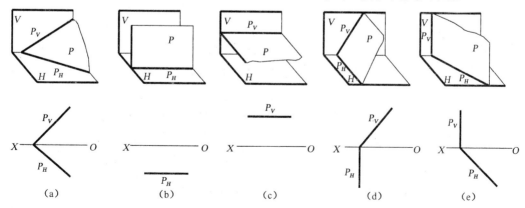

图 4-29 迹线表示平面

4.3.2 平面对投影面的相对位置

平面相对于某一投影面有三种相对位置:倾斜、垂直、平行,这三种相对位置平面分别称为一般位置平面、投影面垂直面、投影面平行面,后两种平面又合称为特殊位置平面。

平面对投影面的倾斜程度用倾角来描述。所谓倾角,就是平面与某一投影面所成两面角的平面角,仍用 α、β、γ 来分别表示平面对 H 面、V 面、W 面的倾角。当平面平行于某投影面时,对该投影面的倾角为 $0°$;垂直于某投影面时,对该投影面的倾角为 $90°$;倾斜于某投影面时,对该投影面的倾角大于 $0°$,小于 $90°$。

1)一般位置平面

一般位置平面是指对三个投影面均倾斜的平面,其 α、β、γ 的角度均在 $0°$ 至 $90°$ 之间。如图 4-30 所示,△ABC 对投影面 H、V、W 面都倾斜,为一般位置平面,它对各个投影面既不平行,也不垂直。因此,它的投影既反映不了△ABC 实形,也没有发生积聚,且不能直接反映平面△ABC 对投影面的倾角。

由此可得出一般位置平面的投影特性:

(1)三面投影均为平面的类似形,且变缩。

(2)三面投影均不反映 α、β、γ 的实角。

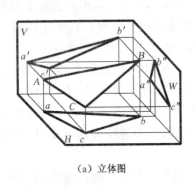 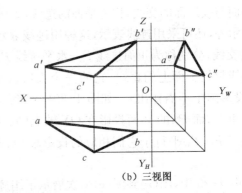

(a)立体图　　　　　　　　　　　　　　(b)三视图

图 4-30　一般位置平面

2)投影面垂直面

投影面垂直面是指垂直于某一投影面而与其余投影面均倾斜的平面。三投影面体系有三个投影面,因此,投影面垂直面有垂直于 H 面的铅垂面、垂直于 V 面的正垂面、垂直于 W 面的侧垂面三种。

如图 4-31 所示,矩形 $ABCD$ 为 H 面的垂直面,即铅垂面。它在垂直的投影面 H 上积聚为一条斜直线段,并且这条有积聚性的线段与 OX、OY 轴的夹角正好反映出平面对 V 面、W 面的倾角 β、γ 的实形;而在其倾斜的 V 面、W 面上的投影则为平面的类似形,且变缩。由此就得出了铅垂面的投影特性:

(1)在垂直的投影面上,投影积聚成一斜直线,该斜直线与投影轴的夹角反映平面对另两个投影面的倾角的实形。

(2)在其余两个投影面上的投影为平面的类似形,且变缩。

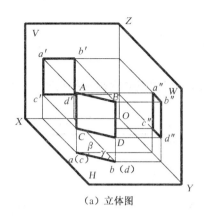
（a）立体图

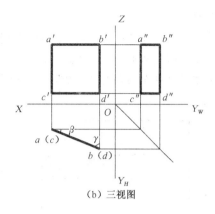
（b）三视图

图 4-31　铅垂面投影

表 4-3 列出了三种投影面垂直面的投影特性。

表 4-3　投影面垂直面特性

平面	直观图	投影图	投影特性
铅垂面			1. 水平投影 p 积聚成直线,并反映平面的倾角 β 和 γ; 2. 正面投影 p' 和侧面投影 p'' 均为小于实形 p 的类似形
正垂面			1. 正面投影 q' 积聚成直线,并反映平面的倾角 α 和 γ; 2. 水平投影 q 和侧面投影 q'' 均为小于实形 Q 的类似形
侧垂面			1. 侧面投影 r'' 积聚成直线,并反映平面的倾角 α 和 β; 2. 正面投影 r 和水平投影 r 均为小于实形 R 的类似形

3）投影面平行面

平行于某一投影面的平面称为投影面平行面。平面与某一投影面平行,则必与另外两个投影面垂直。投影面平行面有三种,与 V 面平行的平面称为正平面,与 H 面平行的平面称为水平面,与 W 面平行的平面称为侧平面。

如图 4-32 所示,四边形平面 $ABCD$ 与 H 面平行,同时又垂直于 V 面和 W 面。它在 H 面上的投影反映四边形的实形,而在 V 面、W 面上的投影均积聚为一水平线段,即 V 面投影 $/\!/$ OX 轴,W 投影 $/\!/OY_W$ 轴,由此即得出水平面的投影特性。表 4-4 中列出了三种投影面平行面的投影特性。

从表 4-4 中可概括出投影面平行面的投影特性：

（1）在平行的投影面上，投影反映实形。

（2）在另外两个投影面上，投影分别积聚成直线，且与相应的投影轴平行。

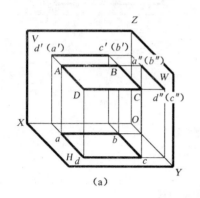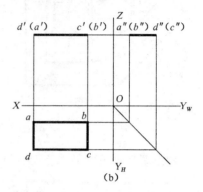

图 4-32　水平面的投影特性

表 4-4　投影面平行面特性

平面	直观图	投影图	投影特性
水平面			1. 水平投影 p 反映实形； 2. 正面投影 p' 和侧面投影 p'' 积聚成直线，且 $p // OX$，$p'' // OY$
正平面			1. 正面投影 q' 反映实形； 2. 水平投影 q 和侧面投影 q'' 积聚成直线，且 $q // OX$，$q'' // OZ$
侧垂平			1. 正面投影 r'' 反映实形； 2. 水平投影 r 和正面投影 r' 积聚成直线，且 $r // OY$，$r' // OZ$

4.3.3　平面上的点和直线

1）平面上的点

一个点若在一个平面上，则该点必定在这个平面的一条直线上；反之，若点在平面内的一条直线上，则点一定在平面上。如图 4-33（a）中的点 D，它在平面 ABC 的一直线 AB 上，所以

它一定在平面 ABC 上;同理,如图 4-33(b) 中的点 M 也一定在平面 ABC 上。

2)平面上的直线

直线在平面上,只需满足以下两个几何条件的一种即可:

(1)直线在平面上,则直线必过平面上的两个已知点。

(2)直线在平面上,则可过这个平面上的一个已知点,作该直线的平行线。

如图 4-33(b)所示,直线 CM 通过平面 ABC 上的点 C 和点 M 两个点,因此,直线 CM 必在平面 ABC 上。

再如图 4-33(c),线段 DF 是经过平面 ABC 上点 D 的一直线,且与平面 ABC 上的直线 AC 平行,则直线 DF 在平面 ABC 上。

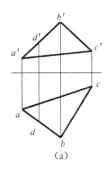 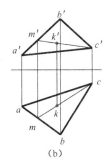 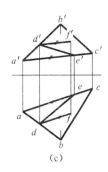

（a） （b） （c）

图 4-33　点、直线在平面上的几何条件

【**例 4-8**】　如图 4-33(b)所示,判断点 K 是否在 $\triangle ABC$ 上。

【**解**】　若点 K 位于平面 $\triangle ABC$ 的一条直线上,则点 K 在平面 $\triangle ABC$ 上;否则,就不在平面 $\triangle ABC$ 上。

作图过程如图 4-33(b):连点 C、K 的 V 面投影 c'、k',并延长与直线 $a'b'$ 相交于 m'。依据点的投影规律,过 m' 作投影轴的垂线,交 ab 的 H 面投影为 m,再将 H 面的点 C、点 m 连线,正好经过点 K 的 H 面投影 k,于是可以确定点 K 在平面 $\triangle ABC$ 的直线 CM 上,以此判断出点 K 是在平面 $\triangle ABC$ 上的点。

【**例 4-9**】　已知五边形 $ABCDE$ 的水平投影 $abcde$ 和正面投影 $a'b'd'$,完成该四边形的正面投影,如图 4-34(a)。

【**解**】　(1)分析:已知五边形 $ABCDE$ 为一平面图形,所以点 C、D 必在 A、B、E 三点所确定的平面内,因此,点 C 的正面投影 c' 可依据平面内取点的方法求得。

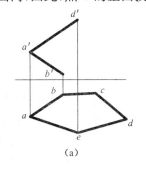 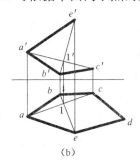 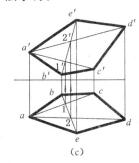

（a） （b） （c）

图 4-34　求作平面四边形的正面投影

（2）作图

① 如图 4-34(b)，连接 B、E 两点的同面投影 be 和 b'e'。

② 连接 A、C 的水平投影 ac，与 be 相交于 1，a1 即为平面内过 C 点的辅助线 AC 直线的水平投影。

③ 在 V 面投影中，连接 b'e'，根据点的投影规律，求出 1 点的正面投影 1'，c' 即在 a'1' 的延长线上确定 c'。

④ 在 H 面投影中，连接 ad，与 be 相交于 2，根据点的投影规律，求出 2 点的正面投影 2'，再连接 a'2'，即在 a'2' 的延长线上，由点的投影规律确定 d'。

即得到平面五边形 ABCDE 的正面投影。

4.4 直线与平面、平面与平面的相对位置

直线与平面、平面与平面的相对位置可分为平行、相交、垂直三种情况。本小节主要研究平行、相交这两种相对位置的投影特性及其作图方法。

4.4.1 平行关系

1）直线与平面平行

直线与平面平行，则在该平面内必能找到一条直线与该直线平行。反之，若直线平行于平面内的一条直线，则直线与平面平行。如图 4-35(a)，直线 AB 平行于平面三角形内的一条直线 CD，所以 AB 平行于平面三角形，其投影图如图 4-35(b) 所示。

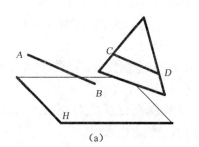
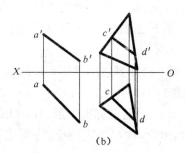

(a)　　　　　　　　　　(b)

图 4-35　直线与平面平行

如果直线和某一投影面垂直面平行，则此投影面垂直面的积聚投影与该直线的同面投影平行。如图 4-36(a)。其投影特性如图 4-36(b) 所示，直线 AB 的水平投影 ab 与平面 CDEF 的水平投影 c(d)f(e) 平行，则可以在 c'd'e'f' 内作一条直线 g'h'//a'b'，而 GH 的水平投影 gh 也一定会落在平面 CDEF 水平投影的积聚投影 c(d)f(e) 上，所以 AB 平行于平面 CDEF。另有铅垂线 L 平行于平面 CDEF，两者的 H 投影都有积聚性，平行关系是显然的。如图 4-36(c)、(d) 所示为正垂面 Q、水平面 R 及其平行直线的平行关系。要作投影面垂直面与一已知直

线平行或要作一直线与已知投影面垂直面平行,只要作投影面垂直面的积聚投影与该直线的
同面投影平行即可。

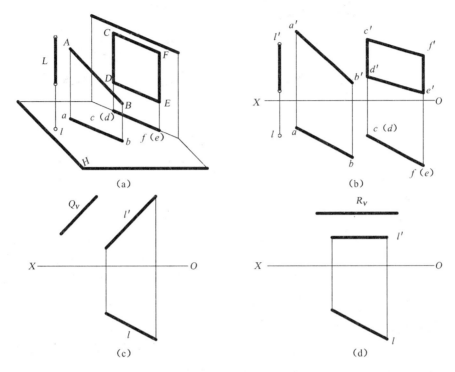

图 4-36　直线与投影面垂直面平行

2)平面与平面平行

若平面上的两条相交直线,分别与另一平面上的两条相交直线对应平行,则这两个平面相
互平行,如图 4-37(a)。其投影特性如图 4-37(b)所示,$ab // de, ac // df, a'b' // d'e', a'c' // d'f'$,所以平面($AB \times BC$)平行于平面($DE \times DF$)。

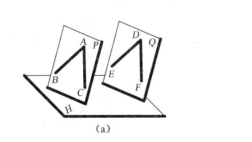
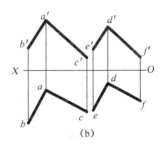

图 4-37　两平面平行

若两平面均垂直于某一投影面且它们的积聚投影相互平行,则两平面相互平行。若
两投影面的垂直平面相互平行,则在它们垂直的投影面上的积聚投影也相互平行。如图
4-38 所示。图 4-38(a)为两铅垂面 P、Q 的平行关系,图 4-38(b)所示为两水平面 P、Q
的平行关系。

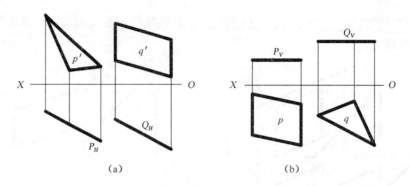

图 4-38　两投影面垂直面相互平行

4.4.2　相交关系

当直线与平面不平行或两平面不平行时,两者就会相交。在解决相交问题时,应求出直线与平面的公共交点或两平面之间的公共交线,并考虑可见性问题,将被平面遮住的直线段或平面的轮廓线画成虚线。需注意,在判别可见性时,直线与平面相交时的交点是区分可见与不可见的分界点,而两平面相交时的公有交线则是区分可见与不可见的分界线。

1)直线与平面相交

直线与平面相交于一点,该交点是直线与平面的共有点,它既在直线上也在平面上。求解直线与一般位置平面交点,可采用找公共点或在平面上取点的方法,而求解一般位置直线与特殊位置平面的交点或特殊位置直线与一般位置平面的交点时,则可利用平面的积聚性。

如图 4-39(a)所示,DE 与铅垂面△ABC 相交于点 K,其投影如图 4-39(b)所示,由交点的共有性可知,交点 K 既在平面上又在直线 DE 上,故点 K 的 H 面投影 k 一定会在直线 bac 与直线 de 的交点上,也由此可得出点 K 的正面投影 k' 必在 $d'e'$ 上。

再来判别直线投影的可见性。显然,H 投影不需判断可见性,但需判别 V 面投影的可见性,V 面投影的可见性可根据 V 面投影的重影点来进行判断。即在 V 面上找出 $d'e'$ 上的点 $1'$ 与 $a'c'$ 上的点 $2'$ 为一对重影点,通过投影特性分别作出 $1'$、$2'$ 的 H 面投影 1、2,通过 1、2 的前后位置关系,可得出直线 DE 在前,△ABC 的边 AC 在后,因此 $k'e'$ 这段可见,画成实线,而点 k' 左边不可见,画成虚线。

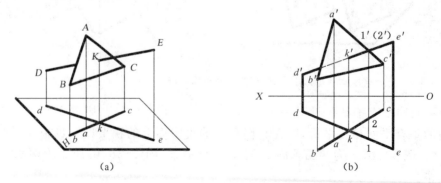

图 4-39　一般位置直线与平面相交

再来看看特殊位置直线与一般位置平面的相交。如图 4-40 所示,正垂线 DE 与一般面 $\triangle ABC$ 相交,求交点 K。由交点的共有性可知,点 K 属于直线 DE,则点 K 的 V 面投影 (k') 与 DE 的 V 面积聚投影 $d'(e')$ 重合,而点 K 又属于 $\triangle ABC$,则点 K 一定在 $\triangle ABC$ 的一条直线上。故过 (k') 作辅助线 $b'(k')$ 并延长至 $a'c'$ 交于 f',如图 4-40(b),再通过求出 BF 的 H 投影 bf,即可得到点 K 的 H 投影 k。

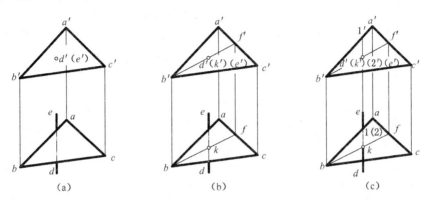

图 4-40 投影面垂直线与一般位置平面相交

判断直线投影的可见性。V 面投影不需判断可见性,H 面投影的可见性则可根据 H 面投影的重影点来判断,即在 H 面上找出 ab 上的点 1 与 de 上的点 2 为一对重影点,通过投影特性分别作出 $1'$、$2'$,从 $1'$、$2'$ 的上下位置可以得出,AB 在上,DE 在下,因此 $k1$ 这段不可见,为虚线,而 k 的另一边可见,画成粗实线,如图 4-40(c)所示。

2) 平面与平面相交

平面与平面相交于一条直线,该直线是两平面的共有交线,它同属于两个平面。两平面相交分为一般位置平面与投影面垂直面相交、两个投影面垂直面相交及两个一般位置平面相交三种。

一般位置平面与投影面垂直面相交时求交线,可利用投影面垂直面的积聚性来求解,如图 4-41(a)所示,平面四边形 $ABCD$ 与铅垂面 P 相交,在 H 面上找到铅垂面 P 的积聚线段,积聚线段与平面四边形 H 面投影的两交点 E、F,就是四边形 $ABCD$ 的两条边 BC、AD 与铅垂面 P

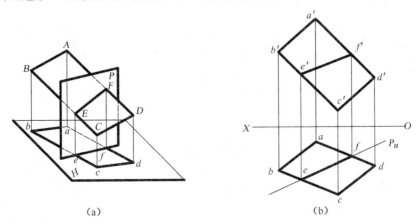

图 4-41 一般位置平面与投影面垂直面相交

的交点,连接 EF 即得交线。其投影如图 4-41(b)所示,交线的 H 面投影 ef 在 P_H 上,根据投影规律,求作出 e'、f' 的 V 面投影分别在 $b'c'$、$a'd'$ 上,连接 $e'f'$,即为交线 EF 的 V 面投影。

当两投影面垂直面相交且均垂直于同一投影面时,它们的交线则为该投影面的垂直线,如图 4-42(a)所示。因此,两铅垂面的交线是铅垂线(图 4-42(b)),两正垂面的交线是正垂线(图 4-42(c))。

而对于两个一般位置平面相交,求两平面的交线,则需求出交线上的任意两点,并将两点连成直线,即得到两平面的交线。显然,求解交线上的两点是关键。可利用一般位置直线与平面相交求交点的方法,在两平面内分别各取一条直线(或在某一平面内取两条直线),并求出它们与另一平面的交点,再连接交点的投影即为所求的交线。

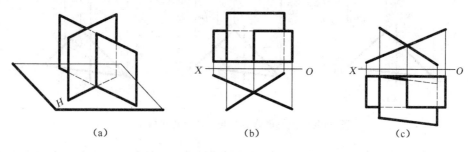

(a)　　　　　　　　(b)　　　　　　　　(c)

图 4-42　两投影面垂直面相交

【例 4-10】　如图 4-43(a)所示,已知△ABC 与△DEF 的投影,求两平面的交线。

【解】　(1) 从空间分析,求出交线上的任两点,连接成线即可。因此每个平面取一条直线,求出与另一平面的交点,连接成线即可。

(2) 包含 BC 作辅助平面 P(积聚投影 P_v),P 面与△DEF 的两边 EF、DF 相交,求出 P 与△DEF 交线 Ⅰ Ⅱ 的 H 面投影 12,12 与 bc 交于点 m,根据投影规律,得出 m' 必在 $b'c'$ 上,求出 m'。如图 4-43(b)所示。

(3) 同理,包含 DE 作辅助平面 Q(积聚投影 Q_v),求出 DE 与△ABC 的交点 N 的 H 面投影 n、V 面投影 n'。

(4) 连接 $m'n'$、mn,即为所求交线 MN 的投影。最后,分别判别 V、H 面上的可见性(选重影点,比较上下或前后关系),如图 4-43(c)所示。

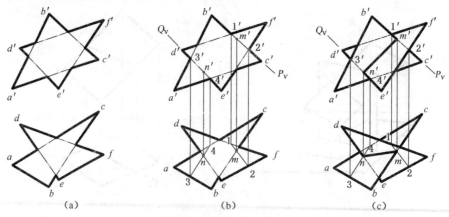

(a)　　　　　　　　(b)　　　　　　　　(c)

图 4-43　一般位置平面与一般位置平面相交

　　求相交两平面的共有点时，除利用直线与平面交点外，还可以用辅助平面法，利用"三面共点"的原理，求出两平面的共有点。如图 4-44 所示，欲求 P、Q 两平面的交线，先作一特殊位置的辅助平面 H_1 与 P、Q 分别交于直线 L_1、L_2，而 L_1、L_2 两条交线的交点 K 即为 P、Q、H_1 三面的共有点，显然，点 K 必为 P、Q 两平面相交的一个交点。同理，再作一特殊位置辅助平面 H_2 与 P、Q 相交，重复上述步骤，求得另一交点 G，KG 即为所求的交线。

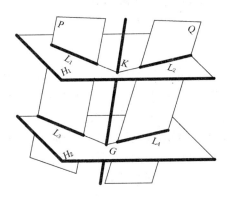

图 4-44　辅助平面法求一般位置平面与一般位置平面相交

5 立体的投影

立体是由各组成表面封闭围成的空间形体，而任何空间形体都是由基本形体通过叠加、切割、相交而形成。在建筑制图中，建筑物及其构配件的形体称为建筑形体。

常见的基本形体分为平面立体和曲面立体两大类，而平面立体与曲面立体的区别在于组成立体的各表面有没有包含曲面。当围成立体的各个表面均为平面，则称其为平面立体；当围成立体的各个表面不全是平面而包含有曲面时，则称其为曲面立体。常见的平面立体有棱柱、棱锥和棱台等，常见的曲面立体有圆柱、圆锥、圆球等。

5.1 平面立体的投影

平面立体是由其组成平面封闭围成的。因此，绘制平面立体的投影，即可归结为绘制平面立体各组成平面的投影，或是绘制平面立体上各棱线、各点等组成部分的投影。

从对前面章节的学习中得知，与投影面相对位置不同的直线或平面，其投影特性是不同的。因此，在进行投影图的绘制前，应对组成形体的各平面特征进行分析，并选择合适的形体摆放位置。

5.1.1 棱柱

由两个相互平行的底面和若干个侧棱面封闭围成的平面立体，称为棱柱。两相邻棱面间的交线，称为棱线，棱线是相互平行的。棱柱的命名以底面多边形的形状决定，当多边形为三角形时称为三棱柱，为四边形时称为四棱柱……以此类推。若棱柱的棱线垂直于底面则称其为直棱柱，若棱柱的棱线与底面斜交则称其为斜棱柱时当底面为正多边形的直棱柱时又可称为正棱柱。

图 5-1(a)是一个三棱柱向三个投影面投影的空间情况。先来分析三棱柱的摆放特征：三棱柱的棱线 AG、BE、CF 均垂直 W 面，两底面△ABC 与△EFG 平行于 W 面，侧棱面 $AGFC$ 平行于 H 面，而侧棱面 $AGEB$、$CFEB$ 前后对称，均为侧垂面。

图 5-1(b)是三棱柱的三面投影图。由投影面平行面的投影特性可知，左、右底面的 W 面投影反映三角形的实形，它们在 H 面、V 面上的投影均积聚为两条线，为 abc、egf、$b'a'c'$、$e'g'f'$；棱面 $AGFC$ 在 H 面投影 $agfc$ 反映实形，在 V 面、W 面上的投影均积聚为一平行于对应投影轴线的直线，为 $a'g'(f')(c')$、$a''(g'')(f'')c''$；而侧棱面 $AGEB$、$CFEB$ 由于对称性在 V

面投影重影为一矩形,均反映其平面图形的类似形,在 H 面上的投影 $ageb$、$cfeb$ 也均为一矩形,并位于大矩形框 $agfc$ 内,其侧面投影均积聚,积聚投影为 $b''(e'')(f'')c''$、$b''(e'')(g'')a''$。

由以上分析可得出棱柱的投影特性:在棱线垂直的投影面上具有积聚性,另外两个投影为一个或 n 个矩形。

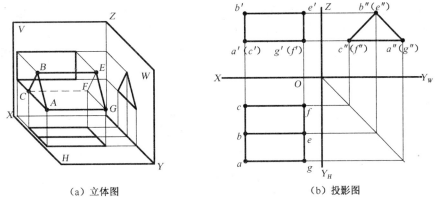

（a）立体图　　　　　　　　　　（b）投影图

图 5-1　棱柱的投影

5.1.2　棱锥

由一个多边形底面和若干个呈三角形的侧棱面围成的平面立体,称为棱锥。相邻侧棱面的交线称为棱线,棱锥的各棱线是交于同一点的。

图 5-2(a)是一个三棱锥向三个投影面投射的空间情况。它的底面 ABC 平行于 H 面,棱面 SAC 为侧垂面,SAB 和 SBC 为一般位置平面。

图 5-2(b)是该棱锥的三面投影图。由底面、各棱面与投影面的相对位置可知:底面 ABC 的 H 面投影 abc 反映实形,其 V 面、W 面投影均积聚为一直线段,为 $a'b'c'$、$a''b''(c'')$;侧棱面 SAC 的侧面投影积聚成一倾斜的直线段 $s''a''c''$,其他两投影 sac 和 $s'a'c'$ 均为类似形;侧棱面 SAB 和 SBC 均为一般位置平面,它们的三个投影均为其平面图形的类似形。

由此,可以得出三棱锥的投影特性:三面投影均为一个或 n 个三角形,而其他棱锥的投影特性亦同。

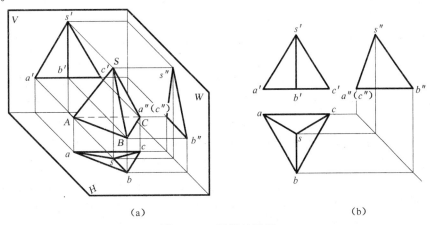

（a）　　　　　　　　　　　　　　（b）

图 5-2　三棱锥的投影

5.1.3 平面立体表面上取点和线

在平面立体表面上确定点和线的方法,与平面内确定点和线的方法相同。但是,平面立体是由多个平面封闭围成的。所以,在确定平面立体表面上的点和线时,首先要判定点和线属于哪个平面,然后在对应的平面上进行求解。求解过程中,需判别点、线的可见性。判别可见性时需注意,如果某投影面上,点和线所在的平面可见,则点和线在该投影面上的投影可见,反之则不可见。

如图 5-3(a)所示,给出三棱柱表面上点 A 和点 B 的 V 面投影 a' 和 (b'),要求点 A 和点 B 的 H 投影和 W 面投影。由点 A 的正面投影 a' 可见,可以得出 a' 为右侧棱面 $DNKE$ 上的一点,而侧棱面 $DNKE$ 为铅垂面,在 H 面上有积聚性,故过 a' 向下作竖直线,在 $d(n)e(k)$ 上直接求得点 A 的水平投影 a,显然,a 点不可见,但由于 a 点所在的平面积聚为一直线段,故可不加括号表示为 a。而点 A 的 W 面投影 a'' 则根据点的投影规律求出。由于点 A 为右侧棱面 $DNKE$ 上的一点,所以 a'' 不可见,表示为 (a'')。

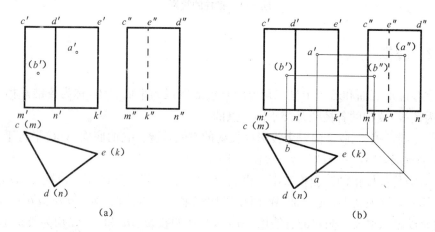

图 5-3 三棱柱表面求点

再看点 B 的求解。由点 B 的正面投影 (b') 得知其不可见,故可判点 B 为棱柱的后侧棱面 $CMKE$ 上的一点。由于后侧棱面 $CMKE$ 为正平面,在 H 面上的投影积聚为一直线段 $c(m)(k)e$,故由 (b') 向下作竖直线,在 $c(m)(k)e$ 上可直接求得点 B 的水平投影 b。点 B 的侧面投影则可根据点的投影规律求出。由于后侧棱面 $CMKE$ 的 W 面投影不可见,所以 (b'') 亦为不可见。

【例 5-1】 如图 5-4(a)所示,已知四棱锥 $S—ABCD$ 表面上点 K 的水平投影 k 和线段 MN 的正面投影 $m'n'$,求它们的其他两投影。

【解】 由于点 K 的水平投影 k 可见,因此,可判定点 K 在棱面△SAD 内。根据在平面内取点的方法,即可求出点 K 的 V 面投影 k' 和 W 面投影 k''。如图 5-4(b)所示,过 k 作一辅助直线 sk,延长交 ad 于 e,并求出 $s'(e')$ 和 $s''e''$,再过 k 向上作竖直线,与 $s'(e')$ 相交于 k',即得点 K 正面投影所在位置。再根据点的投影规律,过 k' 向右作 OZ 轴垂线,与 $s''e''$ 相交于 k'',即得点 K 的 W 面投影。再根据点所在平面来判别 k'、k'' 的可见性,由于侧棱面 SAD 的 V 面投影不可见,故 k' 不可见,表示为 (k'),而侧棱面 SAD 的 W 面投影可见,所以 k'' 可见。

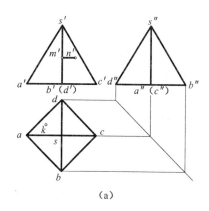
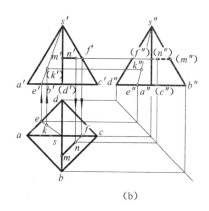

(a)　　　　　　　　　　　(b)

图 5-4　四棱锥表面求点和线

再来求解线段 MN 其他两面投影。由于线段 MN 的正面投影 $m'n'$ 可见,由此可判断线段 MN 在棱面 SBC 上。从 V 面投影可看出,$MN /\!/ BC$。如图 5-4(b),过 $m'n'$ 作一辅助线延长交 $s'c'$ 于 f',并求出点 F 的水平投影 f 和侧面投影(f'')。过 f 作 $fm /\!/ cb$,过 f'' 作 $f''m'' /\!/ b''c''$。过 n' 向下作竖直线,与 mf 相交,即得点 N 的水平投影 n 所在位置,根据点的投影规律,求出点 N 的侧面投影 n''。由于侧棱面 SBC 的 H 投影可见,故 mn 可见,而侧棱面 SBC 的 W 投影不可见,所以 $m''n''$ 不可见,连线为虚线。

5.2　平面与平面立体相交

在实际工程中,有许多建筑形体是由平面与立体相交组成的。平面与立体相交,就是用平面去截切立体,此平面称为截平面,截平面与立体产生的交线称为截交线,由截交线围成的平面图形称为断面。如图 5-5 所示,四棱锥 $S-ABCD$ 被平面 P 截切,称平面 P 为截平面,四棱锥 $S—ABCD$ 与截平面 P 的表面交线 $EF—FG—GK—KE$ 为截交线,所围成的平面图形 $EF-GK$ 为断面。

为了清晰地表达出建筑物的形状,以保证施工的正确性,需要研究平面与立体相交的投影问题。例如,在绘制一些被平面截切的建筑物投影图时,除了要绘制出立体主要轮廓的投影,还需求得断面的投影。而断面是由截交线围成的,故实质上是求截交线的投影。求解截交线的投影,应先求出平面立体中参与截切的各棱线(或底边)与截平面的交点的投影,然后将交点的同面投影依次连线,即围成封闭的平面多边形。

由于建筑形体的多样性,或截平面与立体处于不同的相对位置时,可以得出不同形式的截交线。但无论哪种形式的截交线都有以下两个基本特性:

(1)共有性。截交线既是截平面 P 上的线段,也为立体表面上的线段。如图 5-5 所示的

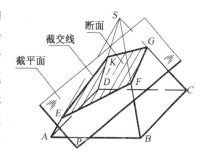

图 5-5　平面截切平面立体

线段 EF、FG、GK、KE。

(2) 封闭性。截交线是立体表面的交线,由于立体都由平面或曲面封闭围成,所以截交线一定是封闭的。如 5-5 所示的交线 $EF—FG—GK—KE$ 为闭合的截交线。

平面截切平面立体,其截交线的求解可按如下步骤进行:

(1) 形体分析:分析平面立体的表面性质及各面投影特性。

(2) 截平面分析:分析截平面的个数及其空间位置,分别与平面立体中哪些棱线(棱面)相交。

(3) 求截交线:用求直线与平面交点(或两平面交线)的作图方法,求出截交线各顶点(或各边),再围成截交线。若有多个截平面,还应求出相邻两截平面的交线。

(4) 判别可见性,并完成两立体各棱线的投影(即整理)。

【例 5-2】 如图 5-6(a)所示,已知正垂面 P 截切三棱锥,求三棱锥被 P 面截切后的三面投影。

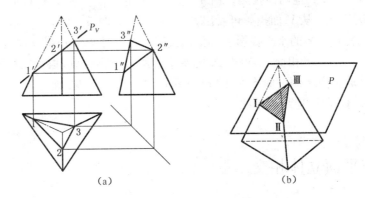

图 5-6　求三棱锥的截交线

【解】 (1) 分析:如图 5-6 所示,三棱锥的底面为水平面,H 投影反映实形,其 V 面、W 面投影均积聚为一条与投影轴分别平行的直线段;左、右两个侧棱面均为一般位置平面,三面投影均是相应平面的类似形;后侧棱面为侧垂面,在 W 面上的投影积聚为一斜直线,在 V 面、H 面上为平面的类似形。

截平面 P 是正垂面,与三棱锥的三个侧棱面均相交,故截交线是个平面三角形,并且截交线的 V 面投影与 P 平面的积聚投影 P_V 重合,而 H 面、W 面上的投影反映平面三角形的类似形。

(2) 作图(图 5-6)

① 确定截交线的 V 投影:找出截平面与三棱锥三条棱线的交点 $1'$、$2'$、$3'$,截交线的 V 投影是由 $1'2'$、$2'3'$、$3'1'$ 封闭围成的积聚直线段。

② 求截交线的 H 投影:过点 $1'$、$2'$、$3'$ 作竖直连线,与对应的三棱锥三条棱线相交为点 1、2、3。

③ 求截交线的 W 投影:根据投影规律作出截交线各顶点的 W 投影 $1''$、$2''$、$3''$,并将求得的各交点同面投影依次连成三角形,即得断面的投影。

④ 判断可见性、整理:在将各点连成交线的同时,需要判别交线的可见性。根据各交线在立体各平面的位置关系,判断出截交线的 H、W 投影均可见,则将 12、23、31 连为粗实线,将 $1''$

$2''$、$2''3''$、$3''1''$也连为粗实线。

　　作完截交线的投影后,还需整理立体被截切后剩下的棱线。根据各棱线与立体的相对位置关系,判断出截切后的三条棱线在 H、W 投影上均可见,即将位于点 1、2、3 以下的棱线加粗成粗实线,将点 $1''$、$2''$、$3''$ 以下的棱线加粗成粗实线。

　　【例 5-3】　如图 5-7(a)所示,已知五棱柱的正面投影,求五棱柱的其他两面投影和断面实形。

　　【解】　(1) 分析:由图可知,五棱柱各棱面均垂直于 H 面,故 H 投影具有积聚性,积聚成五边形;截平面 P 是正垂面,与五棱柱的四个棱面及上底面相交,故截交线是个五边形,其 V 面投影与 P 平面的积聚投影 P_V 重合,H 面、W 面投影为五边形的类似形。

　　(2) 作图(过程如图 5-7(b)所示)

　　① 确定截交线的 V 投影:找出截平面与五棱柱棱线的交点 $1'$、$2'$、$3'$,与棱柱上底面的交点 $4'$、$5'$,截交线的 V 面投影是由 $1'2'$、$2'4'$、$4'5'$、$5'3'$、$3'1'$ 封闭围成的积聚直线段。

　　② 求截交线的 H 投影:利用棱柱在 H 面上的积聚性,直接找出 $1'$、$2'$、$3'$、$4'$、$5'$ 的 H 面投影 1、2、3、4、5 分别在五边形相应顶点上。

　　③ 求截交线的 W 投影:按投影规律作出截交线各顶点的 W 投影,并依次连成五边形即可。

　　④ 判断可见性、整理:截交线的 H、W 投影均可见。在 W 面上,被截的三条棱线均可见,而形体上最右的两条棱线未被截平面相交,其投影是完整的,且不可见。

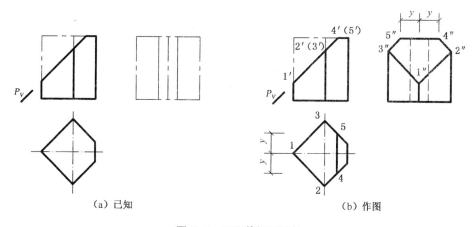

（a）已知	（b）作图

图 5-7　平面截切五棱柱

5.3　平面立体的表面展开

　　将立体表面按其实际形状大小依次摊平在一个平面上,称为立体表面展开,展开所得到的图形称为该立体表面的展开图。

　　在实际工程中经常会遇到用金属板制成的设备产品。这类产品制作时,需要画出它们各个组成部分的展开图(也称为放样),然后下料、弯曲成型,最后焊接或铆接而成。

　　平面立体的表面都由多边形组成,因此,作平面立体表面展开图可归结为依次求出这些多边形的实形,并将它们依次连续画在一个平面上。

1)棱柱

图 5-8 为一斜截三棱柱表面展开图的画法。

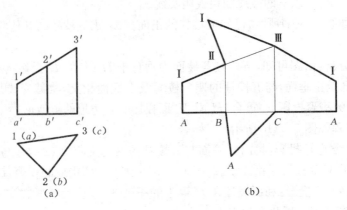

图 5-8 三棱柱的展开

由于该棱柱的各条棱线是铅垂线,所以各棱线的正面投影都反映线段实长。同时,棱柱的底面是水平面,所以它的水平投影反映底面实形及各底边的线段实长。作图步骤如下:

(1) 将棱柱底边展开成一水平线,依次取点 A、B、C、A,使 $AB=ab$,$BC=bc$,$CA=ca$。

(2) 过点 A、B、C、A 分别作垂线,并截取相应棱线的实长 AⅠ$=a'1'$,BⅡ$=b'2'$,CⅢ$=c'3'$,得Ⅰ、Ⅱ、Ⅲ。连接Ⅰ、Ⅱ、Ⅲ、Ⅰ,即可求解顶边ⅠⅡ、ⅡⅢ、ⅢⅠ的实长。

(3) 利用求得的顶面边长和已知的地面边长,绘出其顶面△ⅠⅡⅢ、底面△ABC的实形。

(4) 依次用直线连接上述各点,即得斜截三棱柱的表面展开图。

注:展开图的外框线用粗实线绘制,内部连线用细实线绘制。

2)棱锥

图 5-9 为一个三棱锥表面展开图的画法。

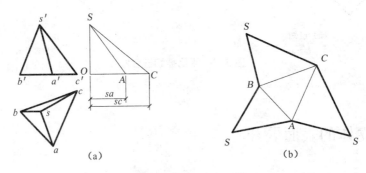

图 5-9 三棱锥的展开

由于棱锥底面平行于水平面,其水平投影△abc反映底面△ABC的实形。因此,只需求出各棱面的实形,然后依次画在一个平面上,即得到三棱锥的表面展开图。作图步骤如下:

(1) 用直角三角形法求各棱线的实长。棱线 SB 为正平线,其正面投影 sb 反映实长;另两条一般位置的棱线具有相同 ΔZ,为此设置锥高 SO 为公共直角边,以各棱线的水平投影长度

即 $OA=sa$、$OC=sc$ 为另一直角作三角形,相应的斜边即为棱线 SA、SC 的实长。

（2）依次作各棱面的实形。首先作出直线段 AB,再分别以 A、B 为圆心,以 AC、BC 为半径画弧交于 C,得到底面 $\triangle ABC$ 的实形。用同样方法分别作出棱面 $\triangle SAC$、$\triangle SBC$、$\triangle SAB$ 的实形。所得的平面图形即为所求三棱锥的表面展开图。

3）四棱锥台的展开

图 5-10 是四棱锥台的展开图的画法。

先延长四棱锥棱线,求出锥顶点 $S(s,s')$,这样就可得出完整的四棱锥。然后用直角三角形法求出棱线 SA 的实长,且四根棱线具有相同长度。作展开图步骤如下:

（1）以 S 为圆心,SA 为半径作一圆弧。

（2）因矩形水平底边 $abcd$ 反映实形,其各边反映实长。在圆弧上截取弦长 $AB=ab$,$BC=bc$,$CD=cd$,$DA=da$,得 A、B、C、D、A 交点,再与 S 相连,即为完整的四棱锥展开图。

（3）求四棱锥台的一棱线 $A\,I$ 的实长,可由 $1'$ 作水平线与直角三角形的斜边 SA 相交于 I 便是 $A\,I$ 的实长。在展开图的 SA 上以 $A\,I$ 的实长取点 I,由 I 点作首尾相连且分别与 AB、BC、CD、DA 各底边平行的线段,确定 II、III、IV 点。截出的部分即四棱锥台的展开图。

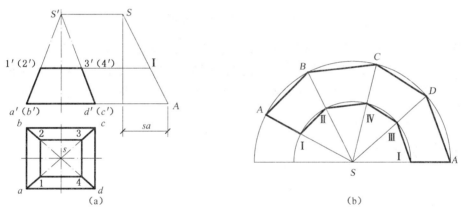

图 5-10 四棱锥台的展开

5.4 曲面立体的投影

在建筑形体中,有许多形体是由曲面或曲面与平面围成的曲面立体,如圆柱、圆锥、圆球或含有曲面的组合立体等。曲面立体包含的内容很广,这里主要介绍几种常用的曲面立体的形成、投影图的绘制等。

5.4.1 曲面立体的形成

由曲面或部分曲面与平面封闭围成的立体,称为曲面立体。曲面包含的类别很多,回旋面就是其中的一种。

由直线或曲线绕某一固定轴线旋转而形成的曲面,称为回旋面。而该直线或曲线称为母线,如图 5-11 所示。在母线绕轴线旋转时,母线上每一点的运动轨迹都是一个圆,此圆称为纬圆,纬圆所在平面都是垂直于轴线的。而母线在旋转过程中的不同位置称为素线。

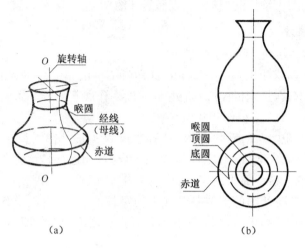

图 5-11 曲面立体的投影

建筑工程中,为满足不同的工作性能需求或造型独特的审美要求,经常需在建筑的构成面中加入各种形式的回旋面,并将这种含有回旋面、单纯由旋转形成的立体,称为回旋体。而回旋面又为曲面的一种形式。因此,回旋体也为曲面立体。常见的曲面立体有圆柱、圆锥、圆球,也是常见的回旋体。

5.4.2 圆柱

1) 形成

如图 5-12 所示,一直母线绕着与其平行的一条轴线旋转一周,便形成了一圆柱面。圆柱面上的每条素线都与轴线平行,间距相同。

2) 投影特性

图 5-13(a)为一轴线垂直于 H 面的铅直圆柱,其三面投影如图 5-13(b)所示。由于圆柱的轴线垂直于 H 面,圆柱的上、下底圆平行于 H 面,故 H 面上的投影为圆,反映圆柱上、下底圆的实形,而圆周弧线则为圆柱面的 H 面积聚投影;在 V 面、W 面上的投影均为一矩形,矩形的上、下两条边分别为圆柱上、下底圆的积聚投影,矩形的另两条直线,在 V 面中表示为圆柱左、右轮廓素线 AA_1、BB_1 的投影,在 W 面中表示为圆柱前、后两条轮廓素线 CC_1、DD_1 的投影。应注意,轮廓素线是在投影中产生的,反映边界轮廓,而实际的曲面立体表面是光滑的,不存在类似形状的线条。因此,常称其为投影轮

图 5-12 圆柱面的形成

廓线。显然,圆柱左、右两条轮廓素线 AA_1、BB_1 将圆柱分成前、后两个半圆柱,圆柱前、后两条轮廓素线 CC_1、DD_1 将圆柱分为左、右两个半圆柱。故称 AA_1、BB_1 为圆柱的前后转向线,CC_1、

DD_1为圆柱的左右转向线。在具体的分析或作图过程中,应弄清楚两组轮廓转向线在三个投影面上的准确投影位置。

在绘制圆柱的投影图时应注意,圆柱为一中心对称图形,因此,在圆的投影上,应绘出过圆心互相垂直的对称中心线,在矩形的投影上应绘出对称线。

根据以上所述,归纳出圆柱的投影特性:在轴线垂直的投影面上具有积聚性,另外两面投影为矩形。

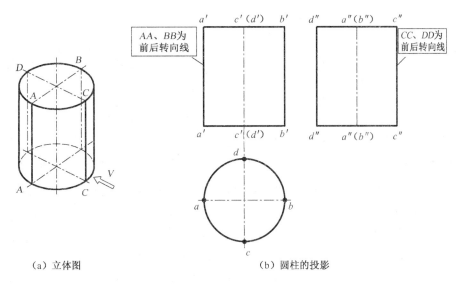

（a）立体图　　　　　　　　　　　　　（b）圆柱的投影

图 5-13　圆柱的投影

3）圆柱表面上的点

由于圆柱在轴线垂直的投影面上具有积聚性,所以,求解圆柱表面上的点可以利用这个投影特性来作图。如图 5-14(a)所示,已知圆柱面上点 A 的 V 面投影 a',求其余两面投影 a、a''。由圆柱的轴线垂直 H 面得知,圆柱面在 H 面上具有积聚性,而已知的 a' 未加括号,故得出点 A 在前半个圆柱面上。则过其 V 面投影 a' 向下作竖直投影线,与圆柱的前半个圆周相交,即

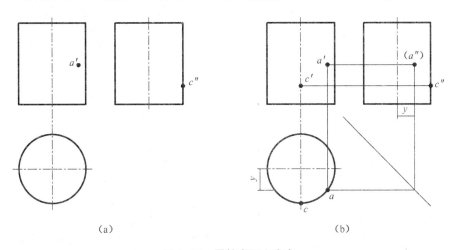

（a）　　　　　　　　　　　　　　　　（b）

图 5-14　圆柱表面上求点

得点 A 的 H 面投影 a。再根据点的投影规律,将点 A 的 W 面投影 a'' 求得,因点 A 在右半个圆柱面上,故其 W 面投影 a'' 不可见,加括号表示为 (a'')。

再看圆柱面上的另一点 C 的求解。如图 5-14(b)所示,由于点 C 的 W 面投影 c' 落在轮廓素线上,且可见,因此,根据轮廓素线的其他两面投影,可将点 C 的 H 面投影 c 及 V 面投影 c' 直接求出,均可见。

显然,落在圆柱轮廓素线上的点,求解时简单、直观,通常称为特殊点;而其他位置的点称为一般点。

5.4.3 圆锥

1)形成

如图 5-15 所示,一直线段(母线)绕与它相交的轴线旋转一周便形成了一圆锥面。圆锥面上的所有素线均相交于圆锥顶。

2)投影特性

图 5-16(a)为一轴线垂直于 H 面的直立圆锥,其三面投影如图 5-16(b)所示。由于圆锥的轴线垂直于 H 面,圆锥的下底圆平行于 H 面,故 H 面上的投影为圆,该圆反映圆锥下底圆的实形,同时也为侧锥面的投影;V 面、W 面上的投影均为一三角形,三角形的底边为圆锥底圆的积聚投影,而三角形的另两条边,在 V 面中,表示为圆锥左、右两条轮廓素线 SA、SB 的投影,在 W 面中,表示为圆锥前、后两条轮廓素线 SC、SD 的投

图 5-15　圆锥的形成

影。同样,圆锥左、右两条轮廓素线 SA、SB 将其分成前、后两个半锥,而圆锥前、后两条轮廓素线 SC、SD 将圆锥分为左、右两个半锥。SA、SB 称为圆锥的前后转向线,SC、SD 称为圆锥的左右转向线。在具体的分析或作图过程中,应弄清楚两组轮廓转向线在三个投影面上的准确投影位置。

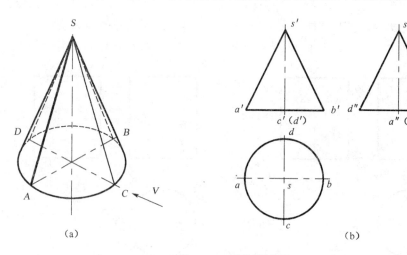

图 5-16　圆锥的投影

在绘制圆锥的投影图时,圆的投影上应绘出互相垂直的中心线,为三角形的投影应绘出对称中心线。

圆锥的投影特性可归纳为:轴线垂直的投影面上的投影为一圆,另两面投影为三角形。

3)圆锥表面上的点

圆锥表面上的点,根据所在位置不同也分为特殊点和一般点两类,位于轮廓素线上的点称为特殊点,而其他位置的点称为一般点。由于圆锥在轴线垂直的投影面上是没有积聚性的,因此,不能采用类似圆柱表面上求点的方法来解决圆锥表面上求点的问题,通常可采用素线法或纬圆法来解决圆锥表面上的点的求解问题。

(1)素线法

圆锥的素线是条过圆锥面上某点和顶点的直线段。如图 5-17(b)所示,$S\text{Ⅰ}$ 即为过点 M 的素线。现应用素线法来进行作图求点,如例 5-4 解法一所示。

(2)纬圆法

纬圆法是利用回转面上的纬圆作为辅助线的一种方法。如图 5-17(c)所示。由于纬圆所在平面与回旋体的轴线是垂直的,因此,可以利用这个垂直关系,在投影图上作出合适的纬圆来进行求解。如例 5-4 解法二所示。

【例 5-4】 已知某圆锥面上的一点 M 的 V 面投影 m',如图 5-17(a)所示,求其余两面投影 m、m''。

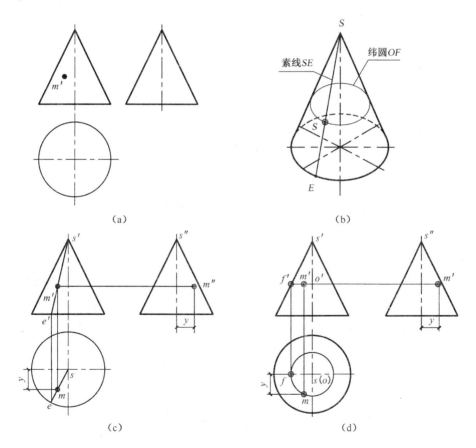

图 5-17　圆锥表面上求点

【解】 由圆锥的轴线垂直于 H 面得知圆锥面在 H 面上投影为圆,而已知的 m' 未加括号,故得出点 M 在前半个圆锥面上。又根据 m' 在 V 面投影的具体位置,得出点 M 在左半个圆锥面上。

解法一:

(1) 将圆锥的顶点 s' 与 m' 连直线,延长与底面水平线交于 e',$s'e'$ 即为素线 SE 的 V 面投影。

(2) 过 e' 向下作竖直投影线,与 H 面上前半个圆周相交于 e 点,连接 se 点,se 即为素线 SE 的 H 面投影。再过 m' 向下引竖直线与 se 交于 m,即为点 M 的 H 面投影。

(3) 根据点的投影规律,求出素线 SE 的 W 面投影 $s''e''$。过 m' 作水平线与 $s''e''$ 交于 m'',由于点 M 在左半个圆锥面上,故 m'' 可见,即为所求点 M 的 W 面投影。

解法二:

(1) 在 V 面上,过 m' 作圆锥中心线的垂直线,交轮廓素线为点 f',交圆锥的中心线为点 o',则 $o'f'$ 即为辅助线纬圆半径的实长。

(2) 过 f' 向下作竖直投影线,与轮廓素线的 H 面投影交于 f 点,再找出 o' 的 H 面投影 o(与 s 重影),以 o 为圆心、of 为半径绘出纬圆的 H 面投影。

(3) 过 m' 向下引竖直线,与前半个纬圆的圆周交于 m,判别其可见,即得出点 M 的 H 面投影。

(4) 根据点的投影规律,求出点 M 的 W 面投影 m'',由于点 M 在左半个圆锥面上,故 m'' 可见,即为所求点 M 的 W 面投影。

5.4.4　圆球

1) 形成

如图 5-18(a)所示,一个圆绕其任意直径旋转一周便形成了一个圆球,则圆即为它的母线。

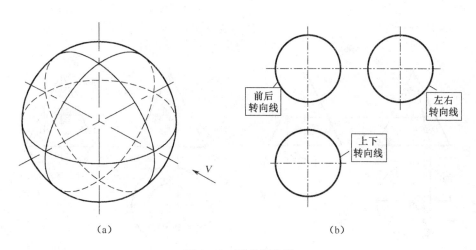

(a)　　　　　　　　　　(b)

图 5-18　圆球的投影

2) 投影特性

从任何方向观察圆球,都得到相同的轮廓影像。因此,圆球的三面投影(H 面、V 面、W

面)均为直径大小相等的圆,如图 5-18(b)所示。与其他的曲面立体一样,圆球的表面为光滑的曲面,没有任何轮廓线条,而三面投影中的投影轮廓(圆周)则为圆球的转向轮廓线投影,它是圆球在相应投影面的投射方向下,可见与不可见的分界。即 H 面投影轮廓为区分上半个圆球和下半个圆球可见与不可见的上下转向线;V 面投影轮廓为区分前半个圆球和后半个圆球可见与不可见的前后转向线;W 面的投影轮廓为区分左半个圆球和右半个圆球可见与不可见的左右转向线。在具体的分析或作图过程中,应弄清楚三条转向轮廓线在三个投影面上的准确投影位置。

在绘制圆球的投影图时,圆的投影上应绘出互相垂直的对称中心线。

3）圆球表面上的点

与圆柱、圆锥一样,圆球表面上的点也分为特殊点和一般点,位于转向轮廓线上的点称为特殊点,而其他位置的点称为一般点。

由于圆球的表面均为光滑的球曲面,在其表面上任取一点,该点都位于相应的一个纬圆上,故在作图求解圆球表面上的点时采用纬圆法。如图 5-19(a)所示,已知球面上一点 M 的 H 投影(m),求点 M 的其余两面投影,应用纬圆法来作图求解。需要注意的是,采用纬圆法在球面上定点时,可选用平行于任一投影面的辅助纬圆来作图。

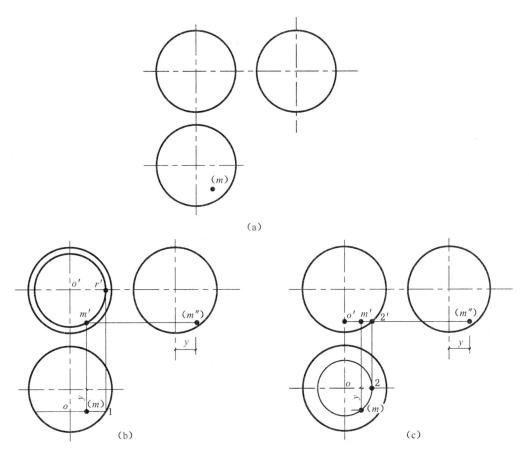

图 5-19　圆球表面上求点

如图 5-19(b)所示，H 面圆的中心线交于点 o，过 (m) 作水平线，与 H 面圆交于点 1，则点 1 位于上下转向轮廓线上，过 1 向上作竖直投影线，与上下转向轮廓素线的 V 面投影交于 $1'$ 点，再找出 o 的 V 面投影 o'（与 V 面圆的对称中心重影），以 o' 为圆心、$o'1'$ 为半径绘出纬圆的 V 面投影。由于 (m) 不可见，故判断点 M 位于下半个圆球面上，则过 m 向上引竖直线，与下半个纬圆的圆周交于 m'，而点 M 又位于前半个圆球面上，故 m' 可见。最后再根据点的投影规律，求点 M 的 W 面投影 (m'')，且不可见。

同样，也可采用过 (m) 作水平辅助纬圆的方法来作图。如图 5-19(c)所示，以 o 为圆心、$o(m)$ 为半径作辅助纬圆，与前后转向轮廓线的 H 面投影交于 2，则作出的水平纬圆反映了过点 M 的水平圆实形。再过 2 向上作竖直线，与前后转向轮廓素线的 V 面投影（即 V 面圆）交于 $2'$，由于 (m) 不可见，故判断点 M 位于下半个圆球面上，则 $2'$ 位于下半个纬圆的圆周上，再过 $2'$ 作水平线，与 V 面圆的对称线交于 o'，接着过 m 向上引竖直线，与水平线交于 m'，而点 M 又位于前半个圆球面上，故 m' 可见。最后再根据点的投影规律，求点 M 的 W 面投影 (m'')，且不可见。

由此可以看出，采用平行于任一投影面的辅助纬圆作图都能解决圆球表面定点的问题。

5.5 平面与曲面立体相交

平面与曲面立体相交，即平面截切曲面立体，其截交线形式一般为平面曲线或平面曲线和直线组合的封闭图形。在截交线上的点，都为截平面与曲面立体表面上的共有点。因此，求作截交线时，只需求出其上适量的共有点并依次连线，即得截交线。而为了较准确地求得截交线，在求作过程中，通常应优先求出截交线上的特殊点（转向线上的点），如有必要再求适量的一般点。

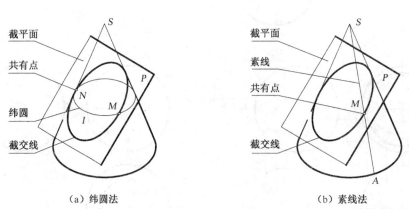

（a）纬圆法　　　　　　　　　　　（b）素线法

图 5-20 求曲面立体截交线上的共有点

求共有点的基本方法，就为曲面立体表面求点的方法，即纬圆法和素线法（纬圆法可用于回转曲面或直纹曲面表面定点，而素线法只能用于直纹曲面表面定点）。如图 5-20(a)所示，圆锥面上的纬圆 Ⅰ 与截平面 P 交于点 M、N，即点 M、N 既在曲面上，又在截平面上，因此点

M、N 是共有点；如图 5-20(b)所示，圆锥面上的素线 SA 与截平面 P 交于点 M，则点 M 既在曲面上，又在截平面 P 上，因此，点 M 是共有点。

平面截切曲面立体，其截交线的求解可按如下步骤进行：

（1）形体分析：分析曲面立体的表面性质及各面投影特性。

（2）截平面分析：分析截平面的个数和空间位置，截交线的空间形状、投影形状，分别与曲面立体的哪些转向线相交。

（3）求截交线：用曲面立体表面求点的方法，求出截交线上各特殊点、一般点的投影，再将点围成截交线的投影形状。若有多个截平面，还应求出相邻两截平面的交线。

（4）判别可见性，并完成曲面立体轮廓线的投影（即整理）。

5.5.1 平面与圆柱相交

根据截平面与圆柱轴线的相对位置不同，圆柱面上的截交线形状有矩形、圆、椭圆三种。如表 5-1 所示。

表 5-1 圆柱面的截交线

截平面的位置	平行于圆柱轴线	垂直于圆柱轴线	倾斜于圆柱轴线
截交线的形状	两条直素线	圆	椭圆
立体图	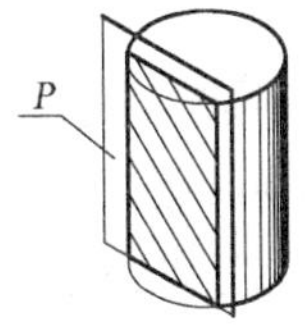	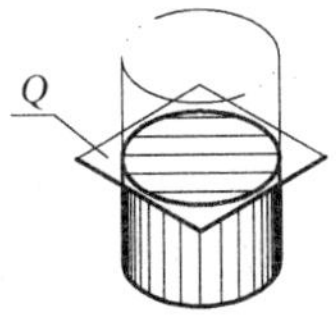	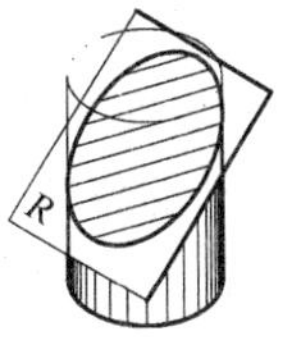
投影图	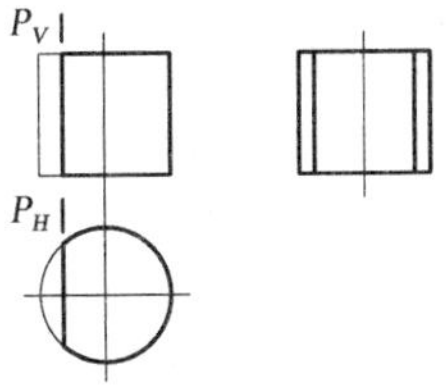	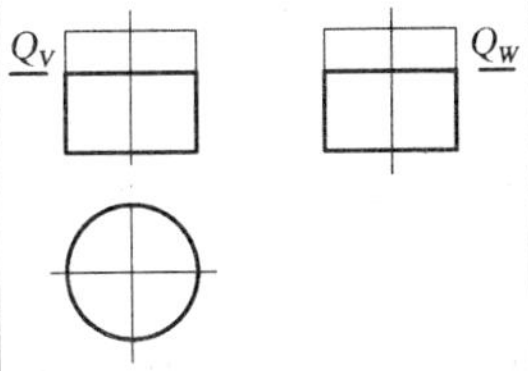	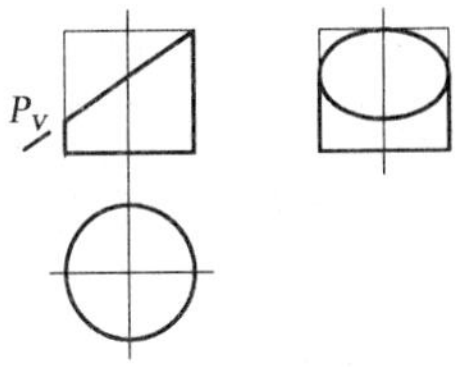

根据表 5-1 中圆柱的摆放位置，将表中的三种圆柱面截交线特征归纳如下：

（1）平面平行于圆柱的轴线截切时，截交线为两条平行直素线。截交线 W 面投影为两条平行直素线，反映截断面的实形；H 面、V 面投影积聚为一条直线。

（2）平面垂直于圆柱的轴线截切时，截交线为一个与上下底圆平行且相等的圆。H 面投影为一个反映截断面实形的圆；V 面、W 面投影积聚为一条直线。

（3）平面与圆柱的轴线倾斜截切时，截交线为一个椭圆。V 面投影积聚为一条斜直线；H 面投影为椭圆的类似形，积聚在圆周上；W 面投影为椭圆的类似形。椭圆的类似形，即不能反映椭圆截交线实形的椭圆。

【例 5-5】 如图 5-21(a)所示，已知圆柱及截平面 P 的投影，求截交后立体的投影及断面的实形。

【解】 （1）分析：如图 5-21(a)所示，圆柱的轴线垂直于 H 面，截平面 P 是正垂面，与圆

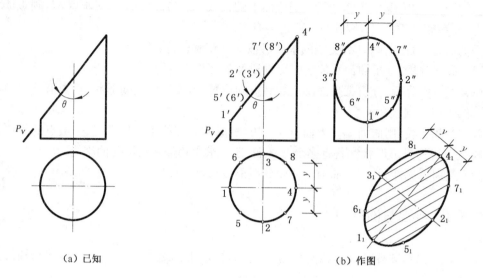

（a）已知 （b）作图

图 5-21 平面截切圆柱

柱轴线斜交,截交线的空间形状是椭圆,其 V 投影与 P_V 重合,其 H 投影与圆柱面的积聚投影圆周重合,只需求作截交线椭圆的 W 投影。此时,截交线椭圆的短轴垂直于 V 面,长度等于圆柱直径,长轴的长度随截平面与柱轴夹角 θ 的变化而变化。

（2）作图（见图 5-21(b)）

① 求特殊点:在 H 投影上定出截交线的四个特殊点,即前后转向线上的特殊点 1、4,左右转向线上的特殊点 2、3,并且点 Ⅰ、点 Ⅳ 分别是截交线的最左、最右点(也是最低、最高点),点 Ⅱ、点 Ⅲ 分别是截交线的最前、最后点(线段 Ⅱ Ⅲ 也是椭圆的短轴),并作出各点的 V 投影,均落在 P_V 上。再根据点的投影规律,作出各点的 W 投影 $1''$、$2''$、$3''$、$4''$。

② 求一般点:为了作图准确,需要再求截交线上若干个一般点。在 H 面的圆周上任取点 5,根据点的投影规律和截交线 V 面投影的积聚性,在 P_V 上求得 $5'$,进而再求出其 W 面投影 $5''$。由于椭圆是对称图形,故可作出点 Ⅴ 的前后对称点(点 Ⅵ)及左右对称点(点 Ⅶ、点 Ⅷ)的三面投影。

③ 连线:按 H 投影中各点的衔接顺序(即 1-5-2-7-4-8-3-6-1 的顺序),在 W 投影上依次用曲线光滑地连接各点成为椭圆,即得截交线的 W 投影。

④ 判断可见性,整理:根据截交线所在位置,判别其 W 投影可见,再进行整理。需注意,H 面、V 面投影不需整理,而 W 投影的左右转向线(即圆柱的最前、最后轮廓素线)及底面轮廓需整理。由于圆柱的最前、最后轮廓素线被截短,故圆柱的侧面轮廓只需从底部往上画至 $2''$、$3''$,再将底面线加粗为实线。

⑤ 求断面实形:设立新投影面平行于 P,求出各点新投影,连成椭圆,即为所求断面实形。

从例 5-5 可以看出:随着截平面与柱轴夹角 θ 变大(小),$1''4''$ 将会变短(长),而 $2''3''$ 长度始终不变。当 $\theta=45°$ 时,$1''4''$ 与 $2''3''$ 等长,截交线的 W 投影是与圆柱直径相等的圆。读者可自行分析作图。

5.5.2 平面与圆锥相交

根据截平面与圆锥的相对位置不同,平面截切圆锥时,在圆锥面上可产生五种不同形状的截交线,如表 5-2 所示。

表 5-2 圆锥面的截交线

截平面的位置	垂直于圆锥轴线	通过锥顶	与所有素线相交	平行于一条素线	平行于两条素线
截交线的形状	圆	两条素线	椭圆	抛物线	双曲线
立体图		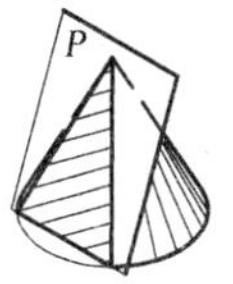	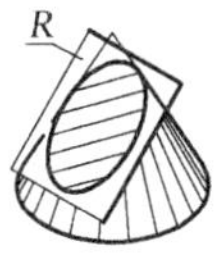	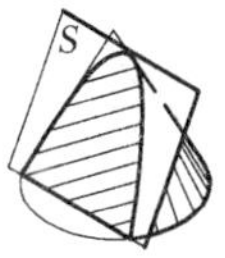	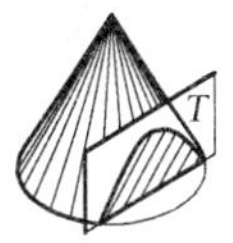
投影图	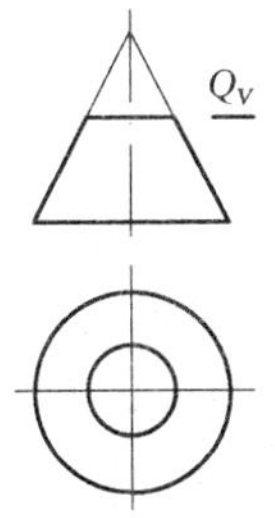	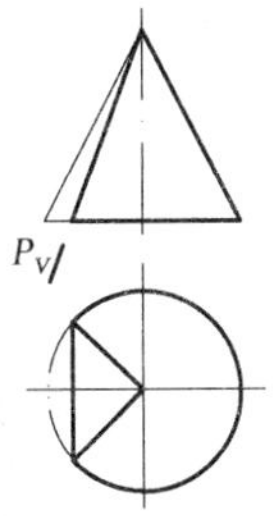	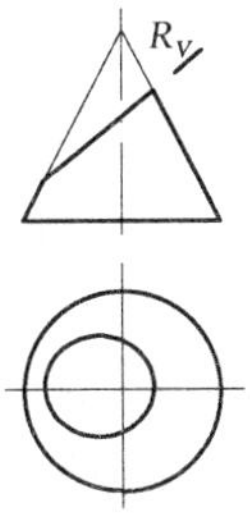	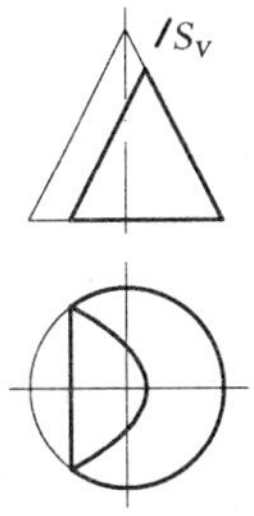	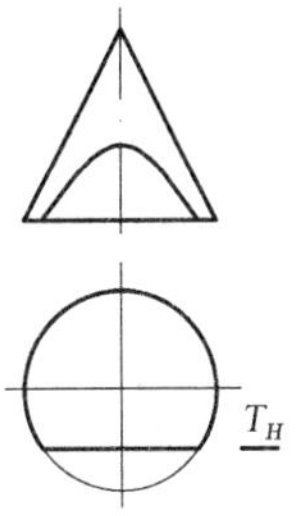

根据表 5-2 中圆锥的摆放位置,将表中的五种圆锥面截交线特征归纳如下:

(1)截平面垂直于圆锥的轴线截切时,圆锥面上的截交线为一个与圆锥底圆平行的圆。其 H 面投影为一个与底面同心的圆,V 面、W 面投影积聚为一条直线。

(2)截平面过圆锥的锥顶截切时,圆锥面上的截交线为两条直素线。V 面投影积聚为一条过锥顶的直线;H 面、W 面投影为反映截断面类似形的三角形。

(3)截平面与圆锥的所有素线倾斜相交时,圆锥面上的截交线为一个椭圆。V 面投影积聚为一条斜直线,H 面、W 面投影均为椭圆的类似形。

(4)截平面平行于圆锥的一条素线截切时,圆锥面上的截交线为抛物线。V 面投影积聚为一条斜直线,H 面、W 面投影均为抛物线的类似形。

(5)截平面平行于圆锥的两条转向轮廓素线截切时,圆锥面上的截交线为双曲线。V 面投影为双曲线的实形,H 面、W 面投影均为积聚的直线。

需注意,椭圆的类似形仍是椭圆,抛物线的类似形仍为抛物线,双曲线的类似形仍为双曲线。类似形只反映形状相似,不反映平面图形的实际大小。

如图 5-22(a)所示,已知一正垂面 P 截切圆锥,要求截切后立体的投影。由于截平面与圆锥所有素线均倾斜相交,故截交线空间形状是一个椭圆。椭圆的 V 面投影与截平面的积聚投影 P_V 重合,H 面、W 面投影均为椭圆的类似形。

得出截交线的投影形状后,即可在截交线上找点求作截交线,找点包括找特殊点和一般点。在截平面截切圆锥时,截到了圆锥的前后、左右两对转向线,故特殊点有四个,如图 5-22 (b)所示。因此,在 V 面的积聚投影 P_V 上,找出圆锥最左、最右轮廓素线与截平面的交点 1′、

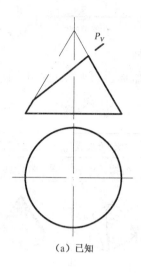
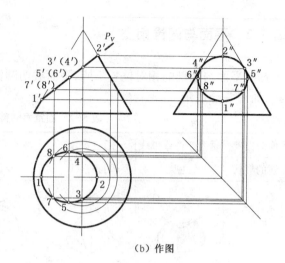

(a) 已知   (b) 作图

图 5-22　平面截切圆锥

2′,再找出圆锥最前、最后轮廓素线与截平面的交点 3′、4′,则 1′、2′、3′、4′四个点即为转向线上的点。根据投影特性,分别作出四个点的其他两面投影。另外,从正垂面的投影特性中不难看出线段 1′2′即为椭圆长轴的端点,而椭圆的短轴是垂直且平分长轴的,故在 V 面投影上利用圆规垂直平分线段 1′2′,找出椭圆短轴的端点 5′、6′。需注意的是,V、VI 点不是圆锥表面的特殊点,为一般点,故求解 V、VI 点的 H 面投影 5、6 时,应采用素线法或纬圆法来求解(本题采用纬圆法),再根据点的投影规律求出 V、VI 点的 W 面投影 5″、6″。为使作图准确,在 V 面的积聚投影 P_v 上再增加一对一般点 7′、8′,并采用纬圆法求出其 H 面投影 7、8,再根据点的投影规律求出 VII、VIII 点的 W 面投影 7″、8″。

求得截交线上八个点的 H 面、W 面投影后,用光滑的曲线依次将 H 面、W 面上的八个点衔接,即得所求椭圆截交线的 H 面、W 面投影,最后再进行可见性判别及整理。显然,椭圆截交线的 H 面、W 面投影均可见,而 V 面、H 面投影不需整理,只需整理 W 面投影的最前、最后轮廓线及底面积聚线。由于圆柱的最前、最后轮廓素线被截短,故圆锥的侧面轮廓线只需画至 3″、4″,再将底面线加粗为实线即可。

【例 5-6】　如图 5-23(a)所示,圆锥被平面截切,求截切后的立体投影。

【解】　(1) 形体分析:如图 5-23(a)所示,圆锥的轴线垂直于 H 面,故 H 面投影为圆,没有积聚性。V 面、W 面投影为三角形。

(2) 截平面分析:圆锥被三个截平面截切,分别用 P 面、Q 面、T 面三个平面代表截平面,如图 5-23(b)所示。P 面∥H 面,锥曲面的截交线 I 是水平圆的一部分,其 H 面投影反映圆的实形,W 投影积聚为一条水平向的直线;Q 面⊥V 面,且过锥顶截切圆锥,锥曲面的截交线 II 为截短的两条直素线,其 H 面、W 面投影均为该两条截短直素线的类似形;T 面⊥V 面,且倾斜于圆锥的素线截切,锥曲面的截交线 III 为椭圆的一部分,其 H 面、W 面投影均为该部分椭圆的类似形。由于有多个截平面截切圆锥,因此,相邻两个截平面之间有交线相连。故截交线的形状为:部分圆+梯形+部分椭圆。

(3) 求截交线:虽然圆锥被 P 面、Q 面、T 面三个平面截切,如图 5-19(a)所示,但在求截交线投影时,需按单个截平面截切圆锥的方法逐个进行求解,然后再将各平面的截交线同面投

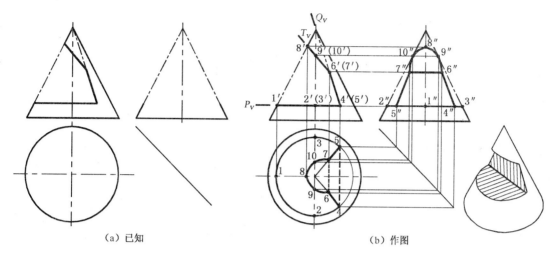

（a）已知　　　　　　（b）作图

图 5-23　平面截切圆锥

影按顺序依次连接，即得最终的截交线形状。而选择截平面作图求解的先后顺序无特别限制，以作图简便为宜，通常先从投影面平行面开始。

① 求 P 的截交线 Ⅰ：先在已知的 V 面积聚投影中找出截交线 Ⅰ 上的点，将各点的 H 面、W 面投影求出再连线即可。如图 5-23(b) 所示，在 V 面上找出 P_v 与圆锥的交点，交点又分为特殊点和一般点，求解时应先求特殊点，特殊点是截交线的主要分界轮廓，即最左、最前、最后轮廓素线的相交点 $1'$、$2'$、$3'$，与 Q_v 的相交点 $4'$、$5'$。过点 $1'$ 向下作竖直线，与最左轮廓素线的 H 面投影交于点 1，再作出过点 1 的纬圆，即为反映水平圆实形的纬圆。再根据投影特性，在水平圆上求出点 2、3、4、5，在 W 面上求出点 $1''$、$2''$、$3''$、$4''$、$5''$，并将五点的 W 面投影连成直线。

② 求 Q 的截交线 Ⅱ：先在已知的 V 面投影中找出截交线 Ⅱ 上的点，再将各点的 H 面、W 面投影求出再连线即可。在 V 面上，找出 Q_v 与圆锥的四个交点 $4'$、$5'$、$6'$、$7'$，如图 5-23(b) 所示。由于在求解 P 的截交线 Ⅰ 时，已求出 P、Q 两平面上的交点 Ⅳ、Ⅴ 的投影（Ⅳ、Ⅴ 点为共用点），因此，只需求解点 Ⅵ、点 Ⅶ 的其他两面投影。而 Q 是过锥顶截切圆锥，故只需将锥顶与点 Ⅳ、点 Ⅴ 的同面投影连线，再利用点的投影规律，即可在它们连线的两条素线上求出 Ⅵ、Ⅶ 点的 H 面投影 6、7 及 W 面投影 $6''$、$7''$。再将四个点的同面投影依次连线即得平面 Q 截切的截交线投影，即 W 面投影用直线连接 $4''$—$6''$—$7''$—$5''$，H 面投影用直线连接 4—6—7—5。

③ 求 T 的截交线 Ⅲ：截平面圆锥的最左、最前、最后轮廓素线相交于点 $8'$、$9'$、$10'$，与正垂面 Q_v 相交于点 $6'$、$7'$，由于在求解 Q 的截交线 Ⅱ 时，已求出 T、Q 两平面上的交点 Ⅵ、Ⅶ 的投影，因此，只需求解点 Ⅷ、点 Ⅸ、点 Ⅹ 的其他两面投影。根据投影特性，在 H 面上求出 8、9、10，并作出过点 8、9、6、7、10 的椭圆，在 W 面上求出点 $8''$、$9''$、$10''$ 并将 $8''$、$9''$、$6''$、$7''$、$10''$ 五点的 W 面投影连成椭圆。

（4）判断可见性，整理：之后，对连线进行可见性判别。显然，从上往下看，线段 45、线段 67 均不可见，用虚线连接，其他均可见，再将圆锥的 W 投影中剩下的轮廓线整理完毕即可。

5.5.3　平面与圆球相交

无论截平面的位置如何，平面截切圆球，其截交线的空间形状总是圆。但截交线的投影有三种情况：

（1）当截平面平行于投影面时，截交线圆的该面投影反映圆的实形。

（2）当截平面垂直于投影面时，截交线圆的该面投影积聚为直线，直线段的长度等于圆的直径。

（3）当截平面倾斜于投影面时，截交线圆的该面投影是椭圆（长轴长度等于圆的直径，短轴长度取决于截平面的倾角）。

如图 5-24 所示，截平面 P 是水平面，截交线的 V、W 投影是水平直线段，分别与 P_V、P_W 重合，截交线的 H 投影反映圆的实形，圆的直径可从 V、W 投影中量取，圆心与球心的同面投影重合。

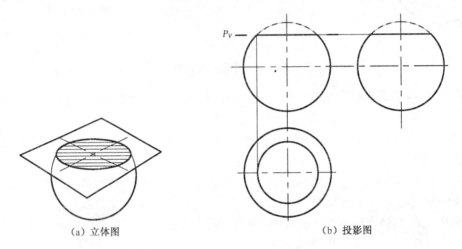

（a）立体图   （b）投影图

图 5-24　截平面平行投影面截切圆球

【例 5-7】　如图 5-25（a）所示，已知带切口半球的 V 面投影，求半球截切后的三面投影。

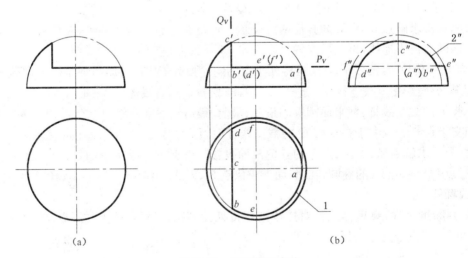

（a）   （b）

图 5-25　平面截切半球

【解】　（1）分析：如图 5-25（a）所示，半球上的切口由两个截平面截切而成，P 面 // H 投影面，故截交线 I 为水平圆；Q 面 // W 投影面，故截交线 II 为侧平圆。两条截交线的各面投影均为直线段或圆弧,简单易画,不必再求一般点。

(2)作图(详见图5-25(b))

① 求 P 的截交线 I:I 的 V 面投影与 P_V 重合,H 面投影是部分圆,其圆心与球心的同面投影重合,半径可从 V 面投影中量取,画至 b、d 两点,W 面投影积聚为一直线($e''f''$)。

② 求 Q 的截交线 II:II 的 V 面投影与 Q_V 重合,H 投影积聚为一直线(bcd),W 投影是圆,其圆心与球心的同面投影重合,半径可从 $V(H)$ 面投影中量取。

③ 判断可见性,整理:因截切面均在上半球截切形体,故截交线的 H 面投影均可见,上下转向圆完整;而截交线 II 在左半球,故其 W 投影可见。但两截平面交线 BD 不可见,即 b''、d'' 连线为虚线,球的左右转向轮廓线画至 e''、f'',其轮廓线上面部分被截切了。

【例5-8】 如图5-26(a)所示,已知一球壳的 H 面投影,求作球壳的其他两面投影。

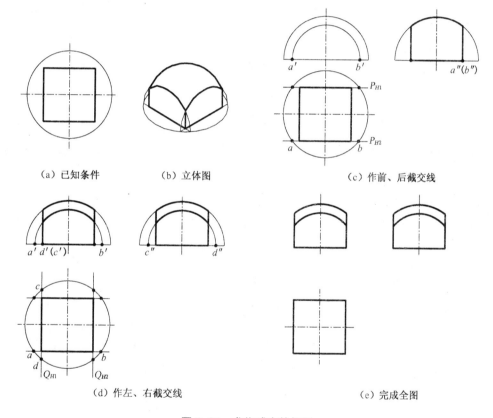

(a)已知条件　　(b)立体图　　　(c)作前、后截交线

(d)作左、右截交线　　　　　(e)完成全图

图5-26 求作球壳的投影

【解】 (1)分析:分析:由图得知,球壳由两个对称的正平面 P_1、P_2 和两个对称的侧平面 Q_1、Q_2 截切。由正平面截切的截交线 V 面投影反映圆弧的实形,W 面投影积聚为两条竖直线,如图5-26(c)所示,由侧平面截切的截交线 W 面投影反映圆弧的实形,V 面投影积聚为两条竖直线,如图5-26(d)所示。由于有多个截平面截切圆球,因此,相邻两个截平面之间有交线相连,四条交线均为铅垂线。

(2)作图

① 在 H 投影面上,将正平面 P_1、P_2 的积聚投影 P_{H1}、P_{H2} 延长,与球的 H 面投影轮廓线相交,过交点在 V 面投影中求作出正平面的纬圆实形,再通过投影规律,求作出该截交线的 W

面投影为两条前后对称的竖直线,如图5-26(c)所示。

② 在 H 投影面上,将侧平面 Q_1、Q_2 的积聚投影 Q_{H1}、Q_{H2} 延长,与球的 H 面投影轮廓线相交,过交点在 W 面投影中求作出侧平面的纬圆实形,再通过投影规律,求作出该截交线的 V 面投影为两条左右对称的竖直线,如图5-26(d)所示。

③ 整理:由球壳的 H 投影完成 V 面、W 面的转向线整理,如图5-26(e)所示。

5.6　直线与立体相交

直线与立体表面相交(相贯),其交点称为贯穿点。如图5-27所示,直线段 AB 与三棱锥相贯,从三棱锥的一侧棱面贯入,从三棱锥另一侧棱面贯出。并且,不论直线如何贯穿立体,均与立体的表面有两个贯穿点,即贯穿点(如图5-27中 K、L 点)必成对出现。此外,贯穿点还有共有性,即贯穿点既是直线上的点,也是立体表面上的点。要求解贯穿点,实际就是求解线面的交点。

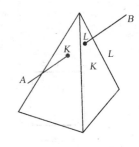

图5-27　直线与立体相交

根据直线和立体表面与投影面的相对位置不同,贯穿点的求解有以下两种情况:直接求贯穿点和利用辅助平面求贯穿点。

1) 直接求出贯穿点

在特殊情况下,贯穿点是可以直接求出的,比如:当立体为具有积聚性的棱柱、圆柱时,贯穿点可以直接求出,或直线为投影面特殊位置的平行线、垂直线时,贯穿点也可直接求出。

（1）利用立体的积聚性求贯穿点

当立体具有积聚性,可以利用立体的积聚投影直接找出贯穿点来进行求作。如图5-28(a)所示为一直线段 AB 与三棱柱相贯,求贯穿点。由图可知,三棱柱的三条棱线垂直于 H 面,在三个侧棱面中,两个侧棱面为铅垂面,一个侧棱面为正平面,故三个侧棱面在 H 面上均有积聚性,而贯穿点是立体表面的点,因此,可以利用立体表面的积聚性及贯穿点的共有性,如图5-28(b)所示,在三棱柱积聚的 H 面投影上,找到直线的投影 ab 与立体的积聚投影线的两个交点 k、l,这两个交点就为贯穿点的 H 面投影,再通过直线上点的投影特性,求得 V 面投影 k'、l'。最后,需判别直线段 AB 的可见性:由于直线段 AB 是穿过三棱柱前方的左、右两个侧棱面,故在 V 面投影上的 k'、l' 均可见。整理线段时,直线贯入立体内的部分(即 k'、l' 两点之间)不画线,视为与立体融为一体,其余部分的线段均可见,画成实线。立体图见图5-28(c)。

再来看图5-29(a)所示的一直线段与圆柱相贯,求贯穿点。由图可知,圆柱的轴线垂直于 H 面,故圆柱面在 H 面上具有积聚性,利用立体表面的积聚性及贯穿点的共有性,如图5-29(b),在 H 面上,找到直线与圆柱积聚的圆周线的两个交点 k、l,这两个交点就为贯穿点的 H 面投影,再通过直线上点的投影特性,求得 V 面投影 k'、l'。最后,需判别直线段的可见性:由于直线段是穿过圆柱前方的左半个柱曲面和后方的右半个柱曲面,故在 V 面投影上的 k' 可见,l' 不可见,整理线段时,直线贯入立体内的部分(即 k'、(l') 两点之间)不画线,视为与立体融为一体,k' 与圆柱最左边的轮廓线之间的线段可见,画成实线,l' 与圆柱最右边的轮廓线之间

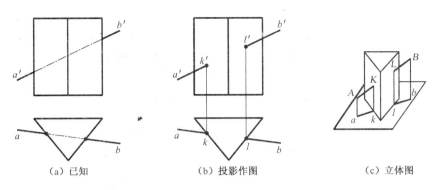

（a）已知　　　　　　　（b）投影作图　　　　　　　（c）立体图

图 5-28　利用立体的积聚性求贯穿点（一）

的线段不可见,画成虚线。

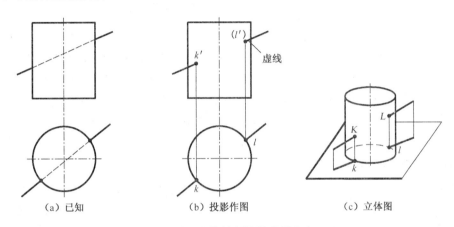

（a）已知　　　　　　　（b）投影作图　　　　　　　（c）立体图

图 5-29　利用立体的积聚性求贯穿点（二）

（2）利用直线的投影特性求贯穿点

有时,直线与立体相交,立体是没有积聚性的圆锥、圆球或棱锥,但直线却是投影面的特殊位置直线（如平行线或垂直线时）,通过利用特殊位置直线的投影特性,仍可直接求出贯穿点。如图 5-30 所示,两条直线与圆锥相贯,求贯穿点。由于圆锥的轴线垂直于 H 面,故圆锥的 H 面投影为圆,锥顶的投影与圆心重影。相贯的两条直线中,一条为水平线,一条为铅垂线。先来求作水平线的贯穿点。由投影特性可知水平线在 H 面上的投影为一反映直线实形的斜线,在 V 面上的投影为一与 OX 轴平行的直线。由于水平线从圆锥的右半个锥面贯入,左半个锥面贯出,具体的贯穿点位置不能马上找出,但是,在 V 面投影上,我们可以确定:这一对贯穿点一定会在直线与圆锥相交所对应的纬圆上。因此,利用水平线的 V 面投影与圆锥前后转向线的交点求作圆锥的纬圆,在 H 面上画出对应的纬圆,而纬圆与直线的 H 面投影的两个交点 m、n,即为所求的贯穿点水平投影。再通过直线上点的投影特性,求得 V 面投影 m'、n'。最后,需判别直线段的可见性:由于直线段是从圆锥的前面半个锥面贯入,从后面半个锥面贯出,故在 V 面投影上的 m' 可见,n' 不可见,整理线段时,即 m'、(n') 两点之间的部分不画线,视为与立体融为一体,m' 与圆锥最右边的轮廓线之间的线段可见,画成实线,(n') 与圆锥最左边的轮廓线之间的线段不可见,画成虚线。

再来求铅垂线与圆锥的贯穿点。由图可知,铅垂线从后半个锥面贯入,从圆锥的底面贯

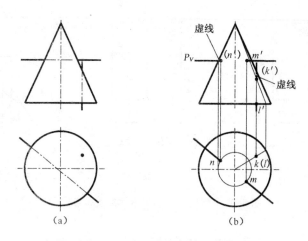

图 5-30　利用直线的投影特性求贯穿点

出,在 H 面上积聚为一点,因此,我们可利用铅垂线的积聚性和贯穿点的共有性,在 H 面上直接找出贯穿点来求解,如图 5-30(b):贯穿点的 H 面投影就为积聚的点,故将该点标上两个点号 k、(l),再通过圆锥表面求点的方法(素线法),求得 V 面投影 k'、l'。最后,判别直线段的可见性:由于直线段是穿过圆锥的后半个锥面和圆锥的下底面,故在 V 面投影上的 k' 不可见,l' 可见,整理线段时,(k')、l' 两点之间的部分不画线,视为与立体融为一体,(k') 与圆锥最右边的轮廓线之间的线段不可见,画成虚线,而 l' 不需整理。

2) 利用辅助平面求贯穿点

大多数情况下,直线与立体相交并不满足立体为积聚性的立体或直线为特殊位置的直线,比如立体为棱锥、圆锥、圆球,而直线为一般位置直线时,这样就不容易直接求出贯穿点。

如图 5-31(a)所示,一直线 AB 与三棱锥 $S—EFG$ 相贯,求贯穿点。由于立体没有积聚性,直线也不是特殊位置直线。因此,求解贯穿点不能利用以上方法直接求解。但是,可以假想在某投影面上,视贯穿直线为某一截平面的积聚线(显然,贯穿直线一定在该截平面上),利用截平面截切立体,求立体表面截交线的方法,找出直线与立体的贯穿点,这种包含贯穿直线作辅助平面的方法称为辅助平面法。具体求解步骤如下所示:

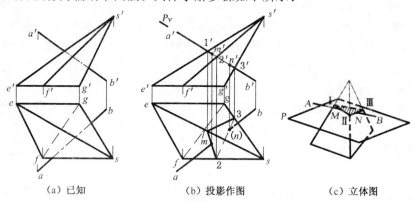

（a）已知　　　　（b）投影作图　　　　（c）立体图

图 5-31　一般位置直线与三棱锥相交

（1）过 AB 的 V 面投影 $a'b'$ 作一正垂面 P_V（P_V 与 $a'b'$ 重合）。

（2）找出截平面 P_V 与三棱锥三条棱线的交点 $1'$、$2'$、$3'$，求出截交线的 V 面投影 $1'2'$、$2'3'$、$3'1'$ 和 H 面投影 12、23、31。

（3）在 H 面投影上找出直线 ab 与截交线 12、23 的交点 m、n，即为贯穿点 M、N 的 H 面投影，再根据投影规律，求出贯穿点的 V 面投影 m'、n'。

（4）判别直线的可见性，整理：在 V 面投影中，贯穿点 m'、n' 所在的侧棱面均可见，故 m' 左侧的直线投影可见，n' 右侧的直线投影也可见；在 H 面投影中，贯穿点 m 所在的侧棱面可见，故 m 左侧的直线投影可见，而 n 所在的侧棱面不可见，故 n 右侧的直线投影（即 n 至三棱锥棱线 sg 之间的直线段）不可见，画虚线。

5.7　立体与立体相贯

在实际工程中，有些建筑形体是由两个或两个以上基本形体相交组成的，这些相交的立体称为相贯体，它们的表面交线称为相贯线。根据立体的分类，两立体相贯有三种组合形式：两平面立体相贯，平面立体与曲面立体相贯，两曲面立体相贯。无论哪种形式的相贯，相贯线都具备以下两个特点：

（1）封闭性。相贯线是立体的表面交线，而立体本身是由各平面或曲面围成的有界范围，因此，相贯线也是封闭的。

（2）共有性。相贯线是由两立体相交形成的，因此，相贯线为两个立体共有的交线。

两立体相贯，通常有两种贯入形式，如图 5-32 所示。当一个形体所有的棱线或素线全部贯穿另一形体时，立体的表面会产生两组相贯线（$ABCA$、$EFGE$），称为全贯，如图 5-32(a)；当一个形体只有部分棱线或素线贯穿另一形体时，立体的表面会产生一组相贯线（$ABCDEFA$），称为互贯，如图 5-32(b)。

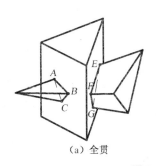
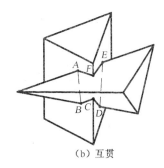

（a）全贯　　　　　　　　　　　　（b）互贯

图 5-32　两平面体相贯

5.7.1　平面立体与平面立体相贯

平面立体是由各个平面首尾相接围成的封闭立体，而平面立体与平面立体的相贯就为两立体参与相贯的各平面发生相交。因此，相贯线一般是封闭的空间折线或闭合的平面多边形。

在图 5-32(b)中，两三棱柱互相贯穿，其表面交线为折线 $ABCDEFA$。其中，每一段折线都是一个形体的某一棱面与另一个形体某棱面的交线,而折线的转折点则是一个形体的某一棱线对另一个形体的贯穿点。因此,求两平面立体的相贯线,实质上就是求两平面的交线或求棱线与立体的贯穿点。而一般在求作相贯线时,常采用求作棱线与立体的贯穿点的方法,即先求出各贯穿点的投影,然后将各贯穿点的同面投影依次连线,即得相贯线的投影。

两平面立体相贯线的求解可按以下步骤进行:

(1) 形体分析:根据已知投影,分析两平面立体的形状及位置特征。

(2) 两立体的相贯形式分析:是全贯还是互贯。

(3) 求贯穿点:根据参与相贯的棱线数量,利用线、面交点的求法,作出各贯穿点的投影。

(4) 连线:将贯穿点的同面投影依次连线,注意,同属两立体同表面上的点才可连线。

(5) 判断可见性:同属两立体均可见表面上的点才可见。

(6) 整理:完成两立体的投影轮廓。

【例 5-9】 如图 5-33(a)所示,三棱锥与三棱柱相贯,求相贯线。

【解】 (1)形体分析:如图 5-33(a)所示,三棱柱为铅垂放置的三棱柱,三条棱线均为铅垂线,故三棱柱在 H 面上具有积聚性,三棱锥无积聚性。

(2) 两立体的相贯形式分析:三棱柱参与相贯的棱线有一条(最前一条棱线),三棱锥参与相贯的棱线有两条(最上一条棱线和最下一条棱线),故两立体为互贯,有一组相贯线。

(3) 求贯穿点:根据棱柱、棱锥参与相贯的棱线数量(三条)及所在位置,得出贯穿点的个数有六个。再根据贯穿点为两立体表面共有点的性质,在有积聚性的三棱柱投影面上找出该六个贯穿点,即 H 面上的点 1、2、3、4、5、6,如图 5-33(b)所示,根据投影特性,求出相应的 V 面投影 $1'、2'、3'、4'、5'、6'$,求作时,需注意点 Ⅲ、点 Ⅵ 在三棱柱最前棱线上,且点 Ⅲ 在上,点 Ⅵ 在下,点 Ⅰ、点 Ⅳ 与点 Ⅱ、点 Ⅴ 分别成对位于三棱锥的两条棱线 SB、SC 上。

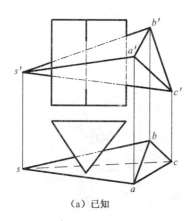 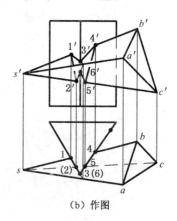

(a) 已知　　　　　　　　　　　(b) 作图

图 5-33　两三棱柱相贯

(4) 连线:依照"同属两立体同表面上的点才可连线"的原则,将贯穿点的同面投影依次连线,即 V 面投影形成封闭的折线 $1'—3'—4'—5'—6'—2'—1'$。注意,同一棱线上的一对贯穿点之间不能连线,如 $1'、4'$ 之间,$3'、6'$ 之间,$2'、5'$ 之间不可连线。

(5) 判断可见性:依据"同属两立体均可见表面上的点才可见"的原则判别交线的可见性,则 V 面投影中可见的交线有线段 $1'3'$、线段 $3'4'$、线段 $2'6'$、线段 $5'6'$;而线段 $1'2'$、线段 $4'5'$ 虽在三棱柱的两个侧棱面上可见,但在三棱锥的侧棱面上不可见,因此,线段 $1'2'$、线段 $4'5'$ 为不可见线,连虚线。

(6) 整理:两立体相贯,在相贯线范围内形成一个整体,在相贯线之外为各自立体的形状。而某一立体的棱线贯穿另一立体时,贯穿点之间无线,但贯穿点之外仍有棱线。因此在 V 面投影中,将贯穿点以外两立体的棱线补画完整,可见的为实线,不可见的为虚线,即完成两立体的投影轮廓。

【例 5-10】 如图 5-34(a)所示,四棱柱与六棱锥相贯,求相贯线。

【解】 (1)形体分析:由已知投影图可知,四棱柱为铅垂放置的正四棱柱,它的各棱线为铅垂线,各侧面为铅垂面,在 H 面上具有积聚性。六棱锥为正六棱锥,轴线为铅垂线。

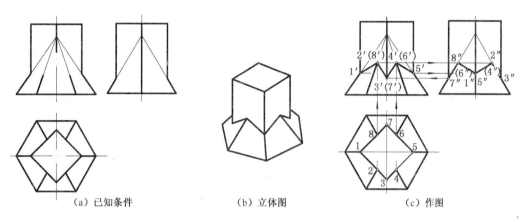

| (a) 已知条件 | (b) 立体图 | (c) 作图 |

图 5-34 四棱柱与六棱锥相贯

(2) 两立体的相贯形式分析:四棱柱四条棱线均参与相贯,六棱锥的六条棱线也均参与相贯,但四棱柱只贯入六棱锥,没有贯出,故两立体为全贯,有一组相贯线。相贯线的水平投影重合在四棱柱的水平面积聚投影上,正面投影和侧面投影均为折线,因为相贯线前后、左右对称,因此,相贯线的 V、W 投影有部分重合。

(3) 求贯穿点:根据棱柱、棱锥参与相贯的棱线数量(10 条)及所在位置,得出贯穿点的个数有 10 个,但棱柱的左、右两条棱线的贯入点与六棱锥左、右两条棱线的贯入点重合,故有效的贯穿点为八个。再根据贯穿点为两立体表面共有点的性质,在有积聚性的四棱柱投影面上找出对应的八个贯穿点位置,即在 H 面上标出 1、2、3、4、5、6、7、8,如图 5-34(c)所示。依据"长对正"的关系,在 V 面上直接作出部分点的正面投影,有 $1'$、$2'$、$4'$、$5'$、$6'$、$8'$。其中 $2'$、$8'$ 为一对重影点,$4'$、$6'$ 为一对重影点。再在 W 面上作出各点的侧面投影 $1''$、$2''$、$4''$、$5''$、$6''$、$8''$,同样,$2''$、$4''$ 为一对重影点,$8''$、$6''$ 为一对重影点。而对于 H 面上的两点 3、7,则可先求作其 W 面投影 $3''$、$7''$,再根据"高平齐"的关系,在 V 面上直接作出两点的正面投影 $3'$、$7'$,且它们的正面投影重影。

(4) 连线:根据连线的原则,正面投影中按 $1'$—$2'$—$3'$—$4'$—$5'$—$6'$—$7'$—$8'$—$1'$ 的顺序连线,侧面投影的连线顺序相同。

(5) 判断可见性:根据可见性判别的原则及相贯线前后、左右均对称的特点,得出正面投影和侧面投影中,相贯线不可见部分与其可见部分均重合,故投影为实线。

(6) 整理:两立体的棱线以各贯穿点为界,在贯穿点以内棱线不存在,贯穿点以外棱线的投影应画完整,即完成两立体的投影轮廓。相贯线的立体图见图 5-34(b)。

5.7.2 同坡屋面的画法

房屋建筑中,为了排水的需要,屋面都有一定的坡度,当坡度大于10%时称为坡屋面,反之称为平屋面。坡屋面分单坡、两坡和四坡屋面,当同一屋面上各坡面对水平面的倾角均相同,且房屋四周的屋檐等高,则称为同坡屋面。同坡屋面的交线有屋脊线(平行檐口线对应的屋面交线)、斜脊线(两相交的檐口线在凸墙角处对应的屋面交线)和天沟线(两相交的檐口线在凹墙角处对应的屋面交线),如图5-35所示。

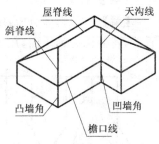

图5-35 同坡屋面

同坡屋面的交线是平面立体与平面立体相贯的特例。它具有以下特点:

(1)檐口线平行且等高的两相邻坡屋面,交线为水平的屋脊线,屋脊线的水平投影平行于两檐口线的水平投影且与其等距。

(2)檐口线相交的两相邻坡面,交线必为斜脊线或天沟线。斜脊线或天沟线的水平投影通过两檐口线水平投影的交点且平分檐口线的夹角。当两檐口线相交成直角时,斜脊线或天沟线的水平投影与檐口线的水平投影成45°角。

(3)相邻的三个坡屋面必交于一公共点,它是两个坡屋面的交线与第三个坡屋面的交点,也可看成为三个坡屋面两两相交所得三条交线的交点。当相邻两檐口线相交或成直角时,连续三条屋檐中必有两条互相平行。因此,三条交线上一定有一条是水平的屋脊,另两条为倾斜的斜脊或天沟,简述为"两斜一直交于一点"。

根据以上特点,如果已知檐口线的水平投影,可以作出同坡屋面的水平投影,然后根据水平倾角,作出其正面投影和侧面投影。

【例5-11】 如图5-36(a)所示,已知同坡屋面檐口线的 H 面投影,以及各屋面的水平倾角 $\alpha = 30°$,作出该屋面的各投影。

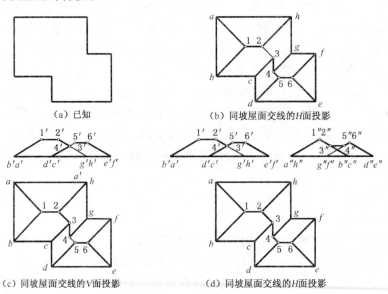

(a)已知　　　　　(b)同坡屋面交线的 H 面投影

(c)同坡屋面交线的 V 面投影　　　　(d)同坡屋面交线的 H 面投影

图5-36 求作同坡屋面的投影

【解】　(1) 作屋面交线的 H 面投影：如图 5-36(b)所示，过各相邻檐口线的交点作 45°斜线。由 a、b 两点所作斜线为两斜脊线的水平投影，它们交于 1 点，由该点作水平屋脊线 12，与过 h 点的 45°斜线交于 2 点，经过这一点的第三条线必为一斜线。因此过 2 点作 45°斜线，与过 c 点的 45°斜线交于 3 点，3 点为两斜线（一斜脊、一天沟）的交点。因此过 3 点作第三条线与 cd、gh 平行的水平屋脊线 34，4 点在过 g 点的 45°斜线上。过 4 点作 45°斜线交过 d 点的斜线于 5 点。再过 5 点作水平线 56 与过 e、f 点的 45°斜线交于 6 点，完成同坡屋面的 H 面投影。

(2) 作屋面的 V 面投影：如图 5-36(c)所示，先根据"长对正"的投影关系作出檐口线 $abcdefgha$ 的 V 面投影，其中，ba、dc、ef、gh 的 V 面投影分别积聚为点，它们所对应的屋面均为正垂面，正面投影积聚成线段。因此，由已知的屋面水平倾角 $\alpha=30°$ 作这几个屋面的正面投影。再根据"长对正"的关系作出各水平屋脊线的 V 面投影，即可完成同坡屋面的 V 面投影，其中 $4'g'$ 为不可见线段，画成虚线。

(3) 作屋面的 W 面投影：如图 5-36(d)所示，先根据"宽相等"的投影关系作出檐口线的侧面投影，再由水平倾角 $\alpha=30°$ 作侧垂屋面的积聚投影，然后作出屋脊线的 W 面投影即可。W 面投影中，$4''g''$ 为不可见线段，画成虚线。

5.7.3　平面立体与曲面立体相贯

平面立体与曲面立体的相贯线，可以看成由组成平面立体的各侧面或底面，分别与曲面立体相交而形成的各段截交线组合构成。构成相贯线的各段截交线之间的转折点是平面立体的棱线与曲面立体表面的交点，相邻两个转折点之间的截交线都是平面曲线段或直线段。因此，求平面体与曲面体的相贯线，实质上是求曲面立体的截交线的问题。

求平面体与曲面体相贯线的一般步骤如下：

(1) 形体分析：根据已知投影分析平面立体、曲面立体的形状及位置特征。

(2) 两立体的相贯形式分析：分析是全贯还是互贯。哪些平面立体的平面参与相贯，判断各平面与曲面立体相交产生的截交线形状。

(3) 求转折点：找出每段截交线之间的转折点，即平面立体的棱线与曲面立体表面的交点，求出转折点的投影。

(4) 求截交线：求出各段截交线上的所有特殊点和适量一般点的投影。

(5) 连线：同属两立体同表面上的点才可连线。

(6) 判断可见性：同属两立体均可见表面上的点才可见。

(7) 整理：完成两立体的投影轮廓。

【例 5-12】　如图 5-37(a)所示，已知四棱柱与圆锥的投影，求相贯线。

【解】　(1) 形体分析：由图 5-37(a)可知，圆锥轴线垂直于 H 面，在 H 面上的投影为圆，四棱柱的四条棱线也均垂直于 H 面，故四棱柱在 H 面上具有积聚性。

(2) 两立体的相贯形式分析：四棱柱四条棱线均参与相贯，故为全贯，只贯入不贯出，只有一组相贯线。由于四棱柱有四个侧棱面参与相贯，因此，将四个侧棱面分成四个单独的平面，分别与圆锥截切，且每个平面均平行于圆锥的两条素线截切圆锥，故四个平面与圆锥的四段截交线均为双曲线。由于平面的对称性，四段双曲线中，前后两段的 V 面投影重合，且反映实形，侧面投影

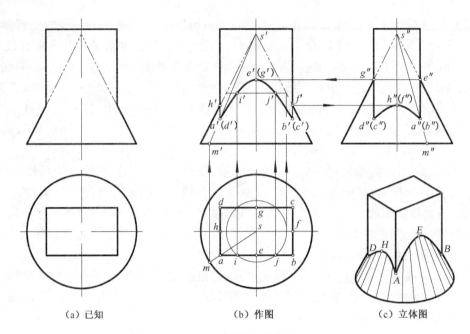

(a) 已知　　　　　　　　　(b) 作图　　　　　　　　　(c) 立体图

图 5-37　四棱柱与圆锥相贯

则积聚成直线段;左右两段的 W 面投影重合,且反映实形,正面投影则积聚成直线段。

（3）求转折点:四段截交线之间的转折点,就是四棱柱的四条棱线均与圆锥相交的交点,共有四个。根据四棱柱的积聚性,四个转折点的 H 面投影均在棱线的积聚投影上,记为点 a、b、c、d,利用素线法求出各点的正面投影 a'、b'、c'、d' 和侧面投影 a''、b''、c''、d''。图 5-37(b)示出了 a'、a'' 的作法,其他三点的求法相同。

（4）求截交线:根据各段截交线积聚的投影,在 H 面上定出所有特殊点和若干个一般点,并求出所有点的 V 面、W 面投影。具体求解时,先求特殊点,平面立体的特殊点为棱线上的点,曲面立体的特殊点为转向线上的点,在求转折点时,由于已求得平面立体上的特殊点,因此只需求得曲面立体上的特殊点,即 e、g、h、f 的 V 面、W 面投影,而特殊点的投影可直接采用投影规律求得。再采用曲面立体(圆锥)表面上求点的方法(纬圆法或素线法),求得已选定的一般点的其他两面投影,即 i、j 的 V 面、W 面投影。

（5）连线:依照各段截交线的投影形状将求得的各点 V 面、W 面投影依次连线,由于对称性,只用画出可见的部分。即 V 面投影用光滑的曲线连接 $a'-i'-e'-j'-b'$ 为双曲线,其 W 面投影积聚为线段,W 面投影用光滑的曲线依次连接 $a''-h''-d''$ 为双曲线,其 V 面投影积聚为线段。连线的时候需注意,转折点为各段截交线的连接点。

（6）判断可见性:由于形体的对称性,其 V 面投影和 W 面投影中的可见与不可见部分完全重合,因此各线均画成实线。

（7）整理:将四棱柱各棱线的 V 面、W 面投影应画到相应的转折点投影处,圆锥的 W 面投影轮廓不需整理,即完成两立体的投影。

【例 5-13】　如图 5-38(a)所示,已知三棱柱与圆锥相贯,求相贯线。

【解】　（1）形体分析:如图 5-38(a)所示,三棱柱的棱线均垂直于 V 面,因此,三棱柱在 V 面具有积聚性,圆锥的轴线垂直于 H 面,在 H 面上的投影为圆。

（2）两立体的相贯形式分析：三棱柱的三条棱线均参与相贯，且贯穿圆锥，故为全贯，两组相贯线。由于三棱柱有三个侧棱面均参与相贯，因此，将三个侧棱面分成三个单独的平面，分别与圆锥截切。左上方的侧棱面与圆锥的素线倾斜截切，其截交线形状为椭圆，右上方的侧棱面平行于圆锥的一条素线截切，截得的截交线形状为抛物线，下方的侧棱面垂直于圆锥的轴线截切，故截交线形状为水平圆。但由于三个平面均未完整的截切圆锥，因此，两立体的相贯线为"部分椭圆＋部分抛物线＋部分水平圆"三段截交线组合而成。根据三个侧棱面与投影面的相对位置，可得出"部分椭圆和部分抛物线"的 H 面、W 面投影为它们本身的类似形，而"部分水平圆"的 H 面投影反映圆实形，W 面投影积聚为水平线段。

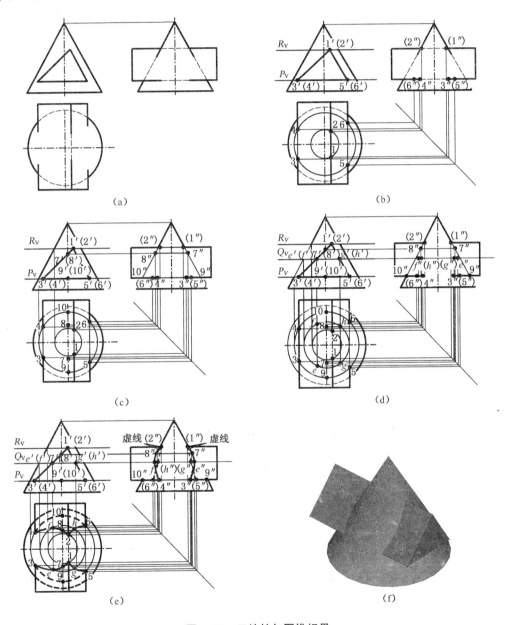

图 5-38　三棱柱与圆锥相贯

（3）求转折点：三段截交线之间的转折点，就是三棱柱的三条棱线与圆锥的交点，共有六个（穿入、穿出各三个）。利用圆锥面上定点的方法（纬圆法或素线法）及投影规律，求得该六个转折点的 H 面投影 1、2、(3)、(4)、(5)、(6) 及 W 面投影 (1″)、(2″)、3″、4″、(5″)、(6″)（本例题采用纬圆法）。如图 5-38(b) 所示。

（4）求截交线：在各段截交线积聚的 V 面投影上定出所有特殊点和若干个一般点，并求出所有点的 V 面、W 面投影。求作时，先求特殊点，平面立体上的特殊点在求转折点时已经求得，故只需求得曲面立体上的特殊点，圆锥转向线上的特殊点共有四个（穿入、穿出各两个），即 V 面投影中的 7′、(8′)、9′、(10′)，利用投影规律，作出各点的 H 面投影 7、8、9、10 及 W 面投影 7″、8″、9″、10″。如图 5-38(c) 所示。再采用曲面立体（圆锥）表面上求点的方法（纬圆法或素线法），求得已选定的一般点的其他两面投影，即 $e′$、$(f′)$、$g′$、$(h′)$ 的 H 面、W 面投影。

（5）连线：依照各段截交线的投影形状将求得的各点 H 面、W 面投影依次连线，根据前面的分析，在 H 面上，将 3、9、5、4、10、6 依次连成圆弧，将 1、7、e、3、2、8、f、4 依次连成椭圆弧，将 1、g、5、2、h、6 依次连成抛物线。W 面投影中各点连线顺序与 V 面相同。连线的时候需注意，转折点为各段截交线的连接点，相邻两段截交线在对应的转折点连接。

（6）判断可见性：在 H 面投影中，相贯线的圆弧段位于棱柱底面，为不可见的虚线，其他相贯线可见。在 W 面投影中，抛物线段不可见，椭圆弧以 7″、8″ 为分界点，部分不可见，即 1″7″、2″8″ 画成虚线，其他为实线。

（7）整理：两立体位于相贯线以外的投影轮廓线要补画完整。H 面中，圆锥的底圆有部分不可见，为虚线。三棱柱各棱线的 H 面、W 面投影应画到相应的转折点投影处即可。其中，H 面轮廓线均可见，而 W 面投影中，三棱柱最上方的一条棱线被圆锥遮挡了一部分，即 1″、2″ 点到圆锥转向线之间的直线画为虚线，其他轮廓线可见。圆锥的 W 面投影轮廓整理至 7″、8″ 即可，至此完成两立体的投影。

5.7.4　曲面立体和曲面立体相贯

曲面立体和曲面立体的相贯线在一般情况下是空间曲线，特殊情况下是平面曲线或直线段。由于相贯线分别从属于两立体表面，又是两立体表面的公有线，所以它的形状和参与相贯的两立体的形状、大小及相互位置等因素均有关系（如图 5-39）。在求作相贯线时，一般可求出相贯线上一系列共有点，分清各点的可见性，然后用曲线依次光滑连接各点，即可得两曲面立体的相贯线。

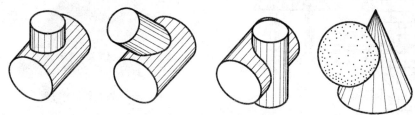

图 5-39　相贯线的形状

求两曲面立体相贯线的一般步骤如下：

（1）形体分析：分析两曲面体的表面形状、空间位置。

（2）两立体的相贯形式分析：是全贯还是互贯，并判断相贯线的组数、大致形状及对称性。

（3）求点：在相贯线上定出所有的特殊点及若干个一般点。求点的投影过程中，先求特殊点，特殊点包括转向线上的点，及最高、最低、最左、最右、最前、最后点；然后采用纬圆法及投影特性，求出适量一般点的投影。

（4）连线：同属两立体同表面上的点才可连线，将各点依次连成光滑的曲线。

（5）判别可见性：同属两立体均可见表面上的点才可见。

（6）整理：即完成两曲面立体的投影轮廓。

求解两曲面立体的相贯线时，求相贯线上的点是关键。求相贯线上点的常用作法有表面取点法、辅助平面法等。

1）表面取点法

当相贯两立体中有一个立体的曲表面投影具有积聚性时，相贯线在该投影面上的投影与曲表面的积聚投影重合。根据相贯线的共有性和从属性，可按照在另一立体表面定点的方法作出相贯线上各点的其他投影。

2）辅助平面法

辅助平面法是利用"三面共点"的原理求两立体表面共有点的基本方法。假设一平面与相贯两曲面立体都相交，它在两曲面立体表面均会产生截交线，这两段截交线共面。若两截交线有交点，则交点必是两立体表面的共有点，即相贯线上的点。如图 5-40 所示，求圆柱与圆锥相贯线时，假设一辅助水平面 P 与两立体都相交，P 与圆柱表面的交线为两段直素线，P 与圆锥表面的交线为圆，直素线与圆的两个交点 M、N 均为相贯线上的点。再在不同高度上设置辅助水平面，同样可求出相贯线上的一系列点。

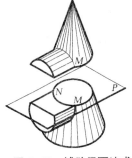

图 5-40　辅助平面法求相贯线上的点

选取辅助平面的原则是应使它与两曲面立体的截交线投影形状最简单，如圆或直线。

【**例 5-14**】　如图 5-41（a）所示，已知轴线正交的两圆柱的投影，求作其相贯线。

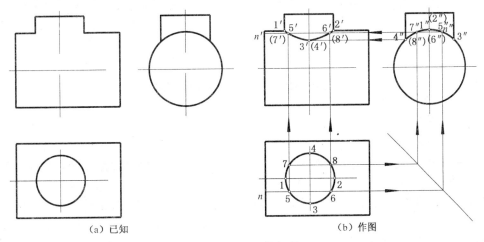

（a）已知　　　　　　　　　　（b）作图

图 5 41　两圆柱相贯

【解】 （1）形体分析：如图 5-41(a)所示，两圆柱相贯，直径较小的圆柱轴线垂直于 H 面，在 H 面上积聚为圆弧，另一圆柱直径较大，轴线垂直于 W 面，故在 W 面上积聚为一圆弧。

（2）两立体的相贯形式分析：小圆柱完全正交贯入大圆柱，只贯入没贯出，一组相贯线。相贯线为一段封闭的空间曲线，其 H 面投影在小圆柱的圆周上积聚，相贯线的 W 面投影在大圆柱的侧面投影上，为两立体侧面投影中共有范围内的一段圆弧。相贯线的 V 面投影为曲线，由于相贯线前后两部分对称，因此其正面投影重合。

（3）求点：先求特殊点。如图 5-41(b)所示，在 H 面投影中找出相贯线上的最左、最右、最前、最后点，分别表示为 1、2、3、4。根据投影规律，求出四点的 W、V 面投影。从 W 面投影中可知 $1''$ 和 $2''$ 重影，为相贯线上的最高点，$2''$ 不可见，加括号表示为 $(2'')$，$3''$ 和 $4''$ 为最低点，位于小圆柱最前、最后轮廓线与大圆弧的交点位置。在 V 面投影中，$3'$ 和 $4'$ 重影，$4'$ 不可见，加括号表示为 $(4')$，$1'$、$2'$ 点位于小圆柱最左、最右轮廓线与大圆弧的交点位置。四个特殊点连线不能准确地表达曲线的投影，需增加一般点，在相贯线的水平投影中任取 5 点及其左右对称点 6 点及前后对称点 $7'$、$8'$。按照大圆柱表面取点的方法（素线法）作出这 5、6 点所在素线的 H 面投影 n，W 面投影 n''，V 面投影 n'，在 n' 上求得 $5'$、$6'$、$(7')$、$(8')$ 点分别为 $5'$、$6'$ 的重影点。在 n'' 上求得 $5''$、$(6'')$、$7''$、$(8'')$ 点分别为 $5''$、$(6'')$ 的对称点。

（4）连线：将 V 面投影中的各点按 $1'-5'-3'-6'-2'$ 的顺序连成光滑的曲线即可，虚线部分与实线部分完全重合。

（5）判断可见性，整理：将相贯线加粗，不需作其他整理。

轴线正交的大小圆柱相贯线可以是两圆柱外表面相交，也可以是外表面与内表面相交，如图 5-42(a)所示，或两内表面相交，如图 5-42(b)所示，它们的相贯线的作法相同，但需注意曲线的可见性判别。

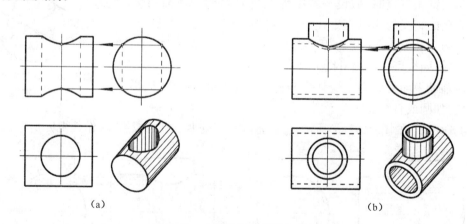

(a)　　　　　　　　　　　　　(b)

图 5-42　内外表面圆柱的相贯线

3）相贯线的特殊情形

两曲面立体的相贯线在一般情况下是空间曲线，但在特殊情况下是平面曲线或直线段。

（1）当两个二次回转曲面相交，且同时与一球面外切时，相贯线为平面曲线。如图 5-43(a)所示，两等直径圆柱正交或斜交，相贯线为平面椭圆；在图 5-43(b)中，圆锥和圆柱与同一球面外切时，相贯线为椭圆；图 5-43(c)中，两圆锥同时与一球面外切，相贯线为平面椭圆。由于平面椭圆垂直于 V 面，所以 V 面投影重合为一直线段。相贯线的特殊情形在工程中有着广泛的应用，如图 5-44 所示。

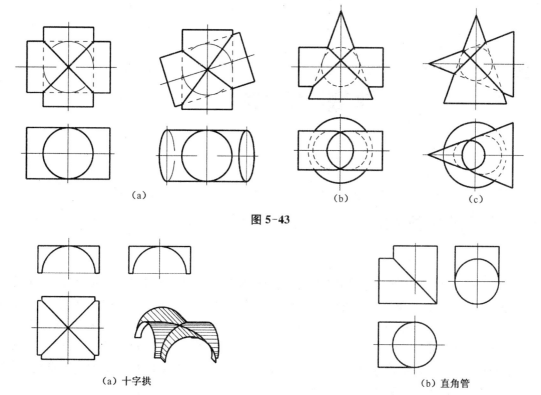

（a）

（b）

（c）

图 5-43

（a）十字拱

（b）直角管

图 5-44　相贯线特殊情形在工程中的应用

（2）当两回转体共轴线时,它们的表面交线为圆。如图 5-45 所示。

图 5-45　两回旋体共轴线

（3）当两柱面的轴线平行时,相贯线为直线段或直线段和圆弧;当两锥面共顶点时,相贯线为直线段。如图 5-46 所示。

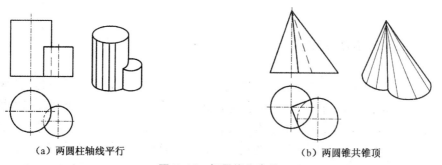

（a）两圆柱轴线平行

（b）两圆锥共锥顶

图 5-46　相贯线为直线

6 轴测投影

6.1 轴测投影基本知识

在工程实践中,广泛采用前几章研究的正投影图来表达建筑形体的形状和大小,并作为施工的依据,如图 6-1(a)所示。正投影图具有度量性好、作图简便的优点,但是也缺乏立体感,必须具有一定投影知识的人才能看懂。为了弥补正投影图的不足,经常在正投影图旁边绘出具有立体感的轴测图,帮助未经读图训练的人读懂正投影图,如图 6-1(b)所示。显然,轴测图的立体感强,表达形体生动,但是,其表达的形体有变形,表达的形体也不够全面。因此,在工程中,常只将其作为正投影图的辅助图样。

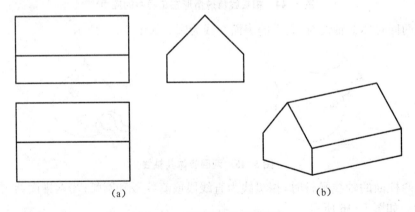

(a)　　　　　　　　　　　　　　　(b)

图 6-1　正投影图与轴测图

6.1.1 轴测投影的形成

根据平行投影的原理,将空间形体连同确定其空间位置的直角坐标系一起,沿不平行于上述坐标系的任一条坐标轴的投影方向 S,投射到新投影面 P 上,所得的新投影称为轴测投影,使平面 P 上的图形同时反映出空间形体的长、宽、高三个方向,这种图称为轴测投影图,简称轴测图;如图 6-2 所示,S 为轴测投影的投射方向,P 为轴测投影面,O_1X_1、O_1Y_1、O_1Z_1 为三条坐标轴 OX、OY、OZ 在轴测投影面上的投影,称为轴测投影轴,简称轴测轴。

6.1.2　轴测投影中的轴间角和轴向变形系数

轴测轴之间的夹角称为轴间角,如图 6-2 所示,$\angle X_1 O_1 Y_1$、$\angle Y_1 O_1 Z_1$、$\angle X_1 O_1 Z_1$ 为轴间角。轴测轴上某段长度与其相应直角坐标轴上某段长度的比值称为轴向变形系数。则 X、Y、Z 轴的轴向变形系数可分别表示为:$p=O_1 X_1/OX$,$q=O_1 Y_1/OY$,$r=O_1 Z_1/OZ$。在绘制轴测图时,只要知道轴间角和轴向变形系数,便可根据形体的正投影图绘出其轴测图。

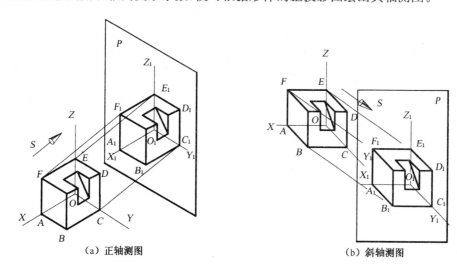

（a）正轴测图　　　　　　　　（b）斜轴测图

图 6-2　轴测投影的形成

6.1.3　轴测图的分类

轴测图按轴测投影方向是否与轴测投影面垂直,可分为正轴测投影和斜轴测投影,如图 6-2 所示。

轴测图按三个轴向变形系数是否相等,又可分为等测投影($p=q=r$)、二等测投影($p=q\neq r$,或 $p\neq q=r$,或 $p=r\neq q$)和不等测投影($p\neq q\neq r$)三种。其中,工程上常用的有正等轴测投影(简称正等测)、斜等轴测投影(简称斜等测,又称水平斜轴测)和斜二轴测投影(简称斜二测,又称正面斜轴测)。

6.1.4　轴测投影的特性

由于轴测图是根据平行投影的原理作出的立体图,因此,它必然具有平行投影的所有特性。以下两种特性在绘制轴测图时经常使用。

1）平行性

空间相互平行的直线,它们的轴测投影仍保持平行。因此,形体上平行于三条坐标轴的线段,在轴测图上仍平行于相应的轴测轴。如图 6-2 所示,$AB/\!/OY$,则 $A_1 B_1/\!/O_1 Y_1$、$B_1 C_1/\!/$

O_1X_1、C_1D_1 // O_1Z_1。

2）定比性

形体上平行于坐标轴的线段的轴测投影与原线段实长之比，等于相应的轴向变形系数。如图 6-2 所示，$A_1B_1=p \cdot AB$，$B_1C_1=q \cdot BC$，$C_1D_1=r \cdot CD$。

画轴测图时，形体上平行于各坐标轴的线段，只能沿着平行于相应轴测轴的方向画出，并按各坐标轴所确定的轴向变形系数测量其相应尺寸，"轴测"二字即由此而来。

6.1.5 轴测图的作图方法

确定好轴间角及轴向变形系数，便可根据形体的正投影图作其轴测图。轴测图的可见轮廓线宜用中实线绘制，断面轮廓线宜用粗实线绘制，不可见轮廓线通常不绘出，必要时可用细虚线绘出。

绘制轴测图时，依据平行投影的基本原理和转换关系可以作出形体的轴测图，即一轴、二平行、三转化。一轴是指坐标轴上的点直接量取画图；二平行是指形体上彼此平行的直线，在绘轴测图时仍需保持平行；三转化是指那些不在坐标轴上的点，可通过坐标轴上的点进行转换而绘制出来。

6.2 正等轴测图

6.2.1 正等轴测图的轴间角和轴向变形系数

正等测是最常用的一种轴测投影，指当轴测投影方向垂直于轴测投影面，且三条坐标轴均与轴测投影面的倾角相等时，形体在轴测投影面上的投影图。由于三坐标轴与轴测投影面的倾角均相等，因此，形体在投影时产生的轴向变形系数也必定相等，即 $p=q=r$。根据计算，正等测图的轴向变形系数为 $p=q=r=0.82$，轴间角均为 $120°$，如图 6-3(a)所示。

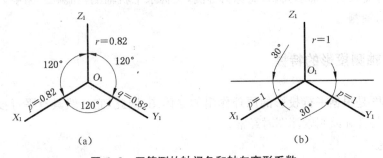

(a)   (b)

图 6-3 正等测的轴间角和轴向变形系数

为作图方便，一般将轴向变形系数 p、q、r 的数值都简化为 1（称为简化轴向变形系数），再按简化后的轴向变形系数绘制图形。由此绘制出的轴测图比实际形体放大了 $1/0.82 \approx 1.22$

倍,但没有改变形体的形状和立体效果,且简化了作图。另外,画轴测轴时,通常将 O_1X_1、O_1Y_1 轴与水平方向成 30°角,如图 6-3(b)所示。

【6-1】 已知形体的正投影图,如图 6-4 所示,画出正等测图。

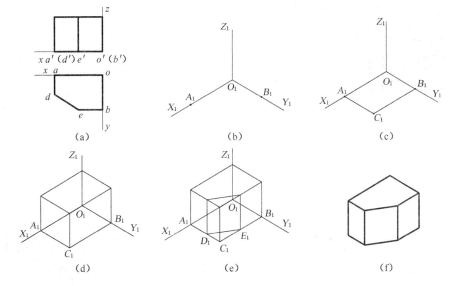

图 6-4 形体的正等测图画法

【解】 分析:形体是一个四棱柱被铅垂面截切一次,未被截切前,四棱柱的上、下两个底面为水平面,前、后两个侧棱面为正平面,左、右两个侧棱面为侧平面。

作图步骤:

(1) 定原点:在正投影图上确定出直角坐标系的原点及坐标轴,如图 6-4(a)所示。定出了坐标系的原点及坐标轴,也就定出了绘图的基准线。

(2) 一轴:画出正等轴测图的轴测轴 O_1Z_1、O_1X_1、O_1Y_1,将直角坐标轴上的点在轴测轴上 1:1 直接定出,如图 6-4(b)所示的点 A_1、B_1。

(3) 二平行,三转换:根据形体的特征,过点 B_1、A_1 作出与轴 O_1X_1、O_1Y_1 平行的各边,如图 6-4(c)所示的线 A_1C_1、B_1C_1,而点 C_1 即为通过平行关系,从坐标轴上转化过来的点。

(4) 拔高:将各顶点分别沿着平行于轴测轴 O_1Z_1 方向向上量取棱柱的高 z,即拔高,再连接拔高后的各点,就完成了四棱柱的轴测图,如图 6-4(d)所示。

(5) 求截切面:在直角坐标系中量取线段 ad、be 的长度,将量取的线段长度直接在轴测图上定出线段 A_1D_1、B_1E_1,再过点 D_1、E_1 作轴 O_1Z_1 的平行线,随即得出截切面的投影。如图 6-4(e)所示。

(6) 整理:加粗看得见的轮廓线,不可见轮廓不加粗、擦去即可。如图 6-4(f)所示。

【例 6-2】 如图 6-5(a)所示,已知台阶的正投影图,作出其正等测图。

【解】 作图过程如图 6-5 所示。

作图步骤:

(1) 在正投影图上确定坐标系,如图 6-5(a)所示。

(2) 画正等轴测轴,并根据 x_1、y_1、z_1 的尺寸画出长方体的轴测图,如图 6-5(b)所示。

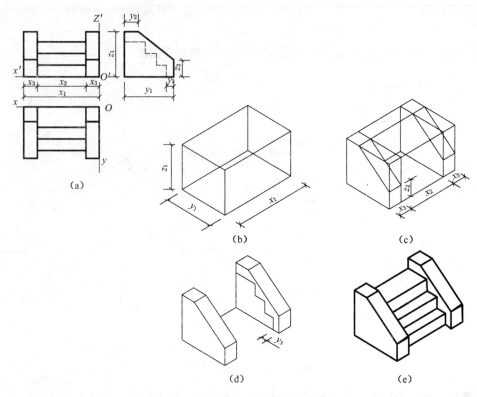

图 6-5　用综合法绘制形体的轴测投影

（3）根据扶手的细部尺寸 x_3、y_2 得出台阶的左侧栏板墙,同理得出台阶的右侧栏板墙,如图 6-5(c)所示。

（4）画踏步端面。可在右侧栏板的内侧面上,根据踏步的侧面投影形状和位置尺寸 y_3,画出踏步端面的轴测图,过踏步端面各顶点作 O_1X_1 轴的平行线,得踏步,如图 6-5(d)所示。

（5）检查图形,整理加深图线,得台阶的正等测图,如图 6-5(e)所示。

6.2.2　圆的正等轴测投影

1）圆的正等轴测投影的性质

在画圆的正等轴测投影图时,因为形体的三个坐标面都倾斜于轴测投影面 P,所以平行于坐标面的圆的正等轴测图都是椭圆(如图 6-6 所示)。

2）椭圆的画法

常用的椭圆画法有四心法和八点法,现以一水平圆的四心法画法来说明绘图步骤。如图 6-7(a)所示,作圆的外切正方形,并绘制正等轴测轴。圆的外切正方形的正等测投影是一个菱形,如图 6-7(b)所示,以菱形的短对角线

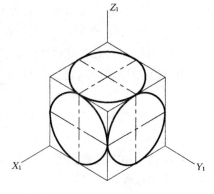

图 6-6　圆的正等轴测投影

的两端点 F_1、H_1 为两圆心,再以 F_1A_1、H_1B_1 的交点 M_1,F_1D_1、H_1C_1 的交点 N_1 为另两个圆心,得到四个圆心。分别以 F_1、H_1 为圆心,以 F_1A_1 和 H_1B_1 为半径,作弧 $\overparen{A_1D_1}$ 和 $\overparen{B_1C_1}$;又分别以 M_1、N_1 为圆心,以 M_1A_1 和 N_1D_1 为半径,作弧 $\overparen{A_1B_1}$ 和 $\overparen{C_1D_1}$。由这四段弧连接成了圆的正等轴测投影,如图 6-7(c)、(d)所示。同理,正平圆、侧平圆的画法和步骤与水平圆类似。

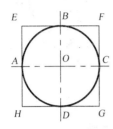

（a）在正投影图上定出原点和坐标轴位置,并作圆的外切正方形 EFGH

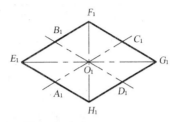

（b）画轴测轴及圆的外切正方形的正等测图,将菱形的对角边连线

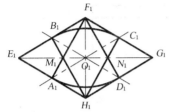

（c）连接 F_1A_1、F_1D_1、H_1B_1、H_1C_1,分别交于 M_1、N_1,以 F_1 和 H_1 为圆心,F_1A_1、H_1C_1 为半径,作大圆弧 $\overparen{B_1C_1}$ 和 $\overparen{A_1D_1}$

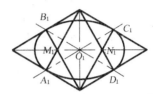

（d）以 M_1 和 N_1 为圆心,M_1A_1、N_1C_1 为半径,作小圆弧 $\overparen{A_1B_1}$ 和 $\overparen{C_1D_1}$,即得平行于水平面的圆的正等测图

图 6-7　用四心法作椭圆

6.3　斜轴测图

6.3.1　斜轴测图的轴间角和轴向变形系数

1）正面斜轴测图

正面斜轴测图又称为正面斜二测图,其投影方向 S 与轴测投影面 P 倾斜,其轴间角 $\angle X_1O_1Z_1 = 90°$,O_1X_1 画成水平直线,O_1Z_1 竖直向上,轴测轴 O_1Y_1 与水平方向成 45°,也可画成 30° 或 60° 角。轴向变形系数 $p = r = 1$,$q = 1/2$,如图 6-8 所示。

【例 6-3】　如图 6-9(a)所示,已知梁的正投影图,作出其斜二测图。

【解】　作图过程如图 6-9 所示。

作图步骤:

(1) 在正投影图上确定坐标原点及坐标系,由于形体为一左右对称图形,因此,坐标原点选择在形体对称轴底部的线条上。

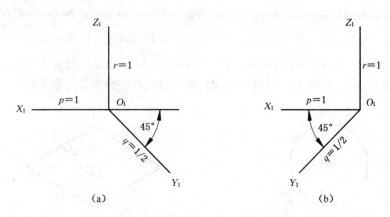

图 6-8 斜二测的轴间角和轴向变形系数

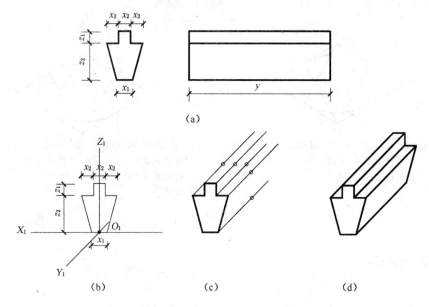

图 6-9 绘梁的斜二轴测投影

（2）画斜二轴测轴：画轴之前，考虑到尽可能多地反映出梁的各个部位，轴测轴 Y_1 选择与 O_1X_1 轴夹角 $45°$ 方向，如图 6-9(b)所示。

（3）根据 Z 向和 X 向的尺寸画出左端面的斜二测图，如图 6-9(b)所示。

（4）过左端面上各点作 Y_1 轴的平行线，在各平行线上截取梁的 $y/2$ 长度，如图 6-9(c)所示。

（5）检查图形，整理加深图线得梁的斜二测图，如图 6-9(d)所示。

2）水平面斜轴测图（斜等测轴测图）

水平面斜等测图，其投影方向 S 与轴测投影面 P 倾斜，其轴间角 $\angle X_1O_1Y_1 = 90°$，轴向变形系数 $p=q=r=1$。其轴测轴通常画成如图 6-10 所示的形式。

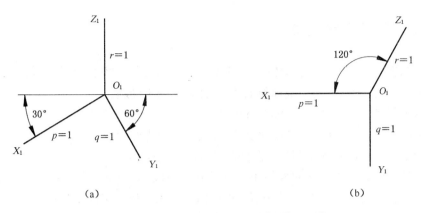

图 6-10　水平斜等测的轴间角和轴向变形系数

【例 6-4】　如图 6-11(a)所示,已知形体的正投影图,作出其水平斜轴测图。

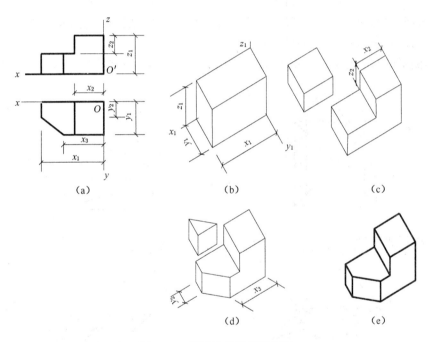

图 6-11　绘形体的斜等测投影

【解】　该形体为一典型切割型形体,作图过程如图 6-11 所示。

作图步骤:

(1) 在正投影图上确定坐标系(如图 6-11(a))。

(2) 画斜等轴测轴,根据 X_1、Y_1、Z_1 方向长度,依据一轴、二平行、三转化的步骤绘出形体切割之前的四棱柱,如图 6-11(b)所示。

(3) 在长方体左上角切去一小四棱柱,如图 6-11(c)所示。

(4) 再切去左前方的一小角,如图 6-11(d)所示。

(5) 检查图形,整理加深图线,如图 6-11(e)所示。

6.3.2 圆的斜轴测投影

在画正面斜二测图时,因为形体的 $X_1O_1Z_1$ 平面平行于轴测投影面,故平行于该面上圆的轴测图仍为圆;平行于其他两个坐标面上的圆,其轴测图为椭圆。

在画水平斜等测图时,因为形体的 $X_1O_1Y_1$ 平面平行于轴测投影面,故平行于该面上圆的轴测图仍为圆;平行于其他两个坐标面上的圆,其轴测图为椭圆。

下面介绍用八点法画水平圆斜二测椭圆的方法,步骤如下:

先在圆的正投影图中作圆的外切正方形及其对角线,如图 6-12(a)所示,得到圆上八个点。其中 3、4、5、6 为对角线上的点,A、D、B、C 四点为正方形各边的中点;再将圆的外切正方形及正方形对角线的斜二测轴测投影绘制出来,如图 6-12(b)所示,定出各边的中点 A_1、D_1、B_1、C_1;然后以 E_1C_1 为斜边,作出等腰直角三角形 $C_1M_1E_1$,再以 C_1 为圆心、C_1M_1 为半径绘圆弧,交 E_1H_1 为两点 Ⅰ$_1$、Ⅱ$_1$,并通过过点 Ⅰ$_1$、Ⅱ$_1$ 作边 H_1G_1 的平行线,交 E_1G_1、F_1H_1 对角线得到四个点,综合各边的中点 A_1、D_1、B_1、C_1,共八个点的斜二测均求出,再用光滑的曲线将八个点连成椭圆,即得所求圆的斜二测轴测投影。

同理,侧平圆的画法类似。正平圆与正投影图形状一致,直接照画,不必另外求作。

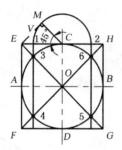

（a）作圆的外切正方形 $EFGH$,并连接对角线 EG、FH 交圆周于 3、4、5、6 点

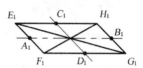

（b）作圆外切正方形的斜二测图,切点 A_1、B_1、C_1、D_1 即为椭圆上的四个点

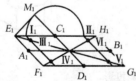

（c）以 E_1C_1 为斜边作等腰直角三角形,以 C_1 为圆心、腰长 C_1M_1 为半径作弧,交 E_1H_1 于 Ⅰ$_1$、Ⅱ$_1$,过 Ⅰ$_1$、Ⅱ$_1$ 作 C_1D_1 的平行线与对角线交 Ⅲ$_1$、Ⅳ$_1$、Ⅴ$_1$、Ⅵ$_1$ 四点

（d）依次用曲线板连接 A_1、Ⅳ$_1$、D_1、Ⅴ$_1$、B_1、Ⅵ$_1$、C_1、Ⅲ$_1$、A_1 各点即得平行于水平圆的斜二测图

图 6-12　用八点法作椭圆

7

标 高 投 影

7.1 概述

用三视图表示空间形体准确、方便,但对于起伏不平、弯曲多变的地面形状,不像建筑物和机件那么规则和轮廓分明,而且地面上水平方向的尺寸(长、宽)比铅直方向的尺寸(高度)要大得多,表达起来就非常不方便,为此需要用其他方法来表达地面。工程上常用的方法是用形体的水平投影加注高程数值的方法表示山川、河流,这种表示方法称为标高投影。如图 7-1 所示为地形面的标高投影图。

标高投影是一种单面正投影。在标高投影中,并不排斥有时利用垂直面上的投影来帮助解决标高投影中的某些问题。标高投影在水利工程、土木工程中应用相当广泛,如在一个水平投影面(平面图)上进行规划设计、道路设计、确定坡脚线、开挖边界线等。

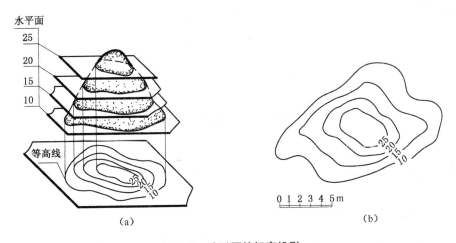

图 7-1 地形面的标高投影

标高投影中所谓高程,就是用某一个水平面作为基准面,几何元素到基准面的垂直距离叫做该元素的高程,在基准面以上者为正,以下者为负,该水平基准面的高程为零。在实际工作中,通常用海平面作为基准面,所得高程称为绝对高程。在房屋建筑中,常以底层地面作为基准面,则所得高程称为相对高程。选择基准面时,要尽量避免出现负高程。高程以米为单位。

7.2　点和直线的标高投影

7.2.1　点的标高投影表示法

由正投影知点的水平投影加正面投影就可完全确定点的空间位置,其中正面投影的作用是给出点的高度 Z 坐标。所以点的水平投影加注高程就确定了点的空间位置,这就是点的标高投影。

如图 7-2(a)所示,点 A 在水平投影面 H 上方 5 m,点 B 在水平投影面 H 下方 4 m,以水平投影面 H 为基准面,作出空间已知点 A 和 B 在 H 面上的正投影 a 和 b,并在点 a 和 b 的右下角标注该点距 H 面的高度,所得的水平投影图为点 A 和 B 的标高投影图。

在标高投影中,设水平基准面 H 的高程为 0,基准面以上的高程为正,基准面以下的高程为负。在图 7-2(a)中,点 A 的高程为 +5,记为 a_5,点 B 的高程为 -4,记为 b_{-4}。在点的标高投影图中还画出了绘图比例尺,单位为米(m),也可用比例(如 1∶500),用于测量 AB 两点之间的距离,如图 7-2(b)所示。

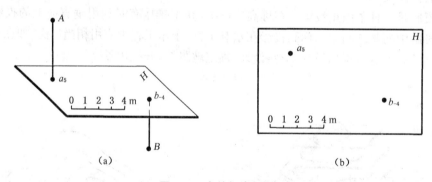

图 7-2　点的标高投影

7.2.2　直线的标高投影

1) 直线的坡度 i 和平距 l

直线上任意两点的高差与其水平距离之比,称为该直线的坡度,记为 i。

在图 7-3(a)中设直线上点 A 和 B 的高度差为 H,其水平距离为 L,直线对水平面的倾角为 α,则直线的坡度为:

$$i = \frac{H}{L} = \frac{1}{\dfrac{L}{H}} = \tan\alpha \tag{7-1}$$

直线上任意两点 A 和 C 的高差为一个单位的水平距离,称为该直线的平距,记为 l。这

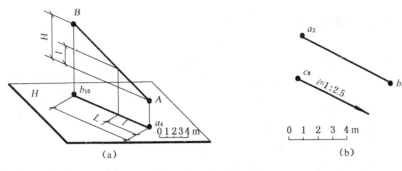

图 7-3　直线的标高投影

时,$l = \dfrac{L}{H}$,则该直线的坡度可表示为:

$$i = 1 : l \tag{7-2}$$

从上式可知,坡度和平距互为倒数。坡度大,则平距小;坡度小,则平距大。

2) 直线的标高投影

直线是由两点确定的,因此直线的标高投影可由直线上两点的标高投影确定。如图 7-3(b)所示,把直线上点 A 和 B 的标高投影 a_2 和 b_4 连成直线,即为直线 AB 的标高投影。当已知直线的坡度时,直线的标高投影也可以用直线上的一点的标高投影和直线的坡度 i 表示,如图 7-3(b)中用 C 点的标高投影 c_8 和直线的坡度 $i = 1 : 2.5$ 来表示直线,箭头表示直线下坡的方向。

【例 7-1】　已知直线 AB 的标高投影 a_9b_5 和直线上点 C 到点 A 的水平距离 L = 4 m,试求直线 AB 的坡度 i、平距 l 和点 C 的高程(图 7-4)。

【解】　根据图中所给出的绘图比例尺,在图中量取点 a_9 和点 b_5 之间的距离为 10 m,于是可求得直线的坡度:

$$i = H/L = (9 - 5)/10 = 2/5$$

由此可求得直线的平距:

$$l = 1/i = 5/2 = 2.5$$

又因为点 C 到 A 的水平距离 $L_{AC} = 4$ m,所以点 C 和 A 的高差:

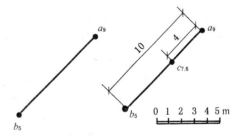

图 7-4　求 C 点的标高

$$H_{AC} = iL_{AC} = 2 \times 4/5 = 1.6$$

由此可求得点 C 的高程

$$H_C = H_A - H_{AC} = 9 - 1.6 = 7.4 \text{ m}$$

记为 $c_{7.4}$,如图 7-4 所示。

7.2.3　直线上整数高程的高程点

在标高投影中,如何确定整数高程的点的位置,可以通过两种方法来求,其一是计算法,即根据高差、水平距离和坡度等已知条件计算出各整数高程点的水平距离,根据比例尺量取各点。其二是图解法。由于高差相同,所对应的水平距离也必然相等。故可利用线段比例分割的方法来图解各整数高程的标高点。作图方法如图7-5所示。

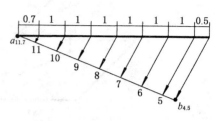

图 7-5　图解整数高程的标高点

7.3　平面的标高投影

7.3.1　平面标高投影的表示方法

1) 等高线、坡度线的概念

平面上的等高线就是平面上的水平线,也就是该平面与水平面的交线,如图7-6(a)所示。平面上的各等高线彼此平行,并且各等高线间的高差与水平距离成同一比例。当各等高线的高差相等时,它们的水平距离也相等,如图7-6(b)所示。

平面上的坡度线就是平面上对水平面的最大斜度线,它的坡度代表了该平面的坡度。坡度线上应画出指向下坡的箭头。平面上的坡度线与等高线互相垂直,它们的标高投影也互相垂直。在本章中坡度线的标高投影简称为坡度线,如图7-6(b)所示。

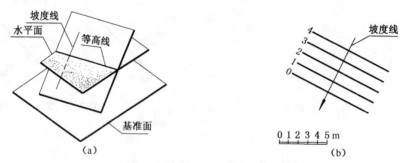

图 7-6　平面上的等高线和坡度线

2) 平面标高投影的表示法

(1) 平面上任意三点的标高投影

如图7-7(a)所示,用三点的标高投影 $a_{9.5}b_7c_3$ 表示平面的投影。求等高线时,用直线连接各标高点,在直线上求作整数高程的标高点,再把相同高程的标高点连接起来,即为平面上的

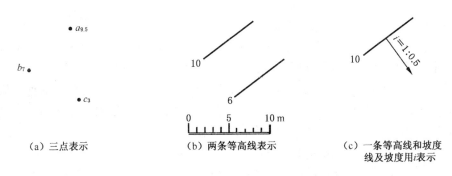

（a）三点表示 　　　（b）两条等高线表示 　　　（c）一条等高线和坡度
　　　　　　　　　　　　　　　　　　　　　　　　　　线及坡度用*i*表示

图 7-7　平面标高投影的表示

等高线。

（2）已知平面上的两条等高线表示平面

如图 7-7(b)所示,平面的标高投影用平面上高程为 10 和 6 的两条等高线表示。求作等高线时可根据平面上等高线的特性,先画出坡度线,再取等分点,过各等分点作已知等高线的平行线即是。

（3）已知平面上的一条等高线和平面的坡度表示平面

如图 7-7(c)所示,平面的标高投影用一条标高为 10 的等高线,坡度线垂直于等高线,在坡度线上画出指向下坡的箭头表示,并标出平面的坡度 $i=1:0.5$。

【例 7-2】　如图 7-8 所示,已知平面上一条标高为 18 的等高线,平面的坡度 $i=1:2$,试作出该平面上若干条整数高程的等高线。

【解】　在图中作直线垂直于已知等高线 18,即为坡度线。根据图中已给的绘图比例尺,自坡度线与等高线 18 的交点 a,顺坡度线指向连续去量平距:

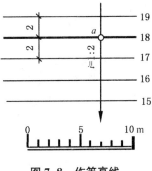

图 7-8　作等高线

$$l = 1/i = 1:(1/2) = 2\,\mathrm{m}$$

即可定出平面上整数高程的等高线 17、16、15 等。假如沿反方向量取 l,那么可定出等高线 19、20 等。

（4）已知平面上的一条倾斜直线和平面的坡度表示平面

在图 7-9(b)中画出了平面上一条倾斜直线的标高投影 $a_{35}b_{30}$。因为平面上的坡度线不垂直于该平面上的倾斜直线,所以在平面标高投影中坡度线不垂直于倾斜直线的标高投影 a_{35}

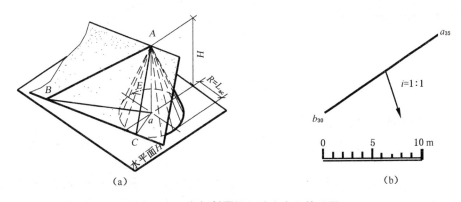

（a）　　　　　　　　　　　　　　　　　　　（b）

图 7-9　一条倾斜直线和坡度表示的平面

b_{30}，把它画成带箭头的虚线，箭头仍指向下坡。

【例 7-3】 已知平面上一条倾斜直线 AB 的标高投影 $a_{35}b_{30}$，平面的坡度 $i=1:1$，试作该平面的等高线和坡度线，如图 7-9 所示。

【解】 由于平面的坡度线即是平面上的最大斜度线，而等高线与坡度线垂直。从图 7-9(a)可知，只要根据两点 AB 的高差 H 和平面的坡度 i，就可求出最大斜度线 AC 的水平投影 ac 的长度 $L_{ac}=H_{ab}/i$。以 L_{ac} 为半径、以 A 点的标高投影为半径作圆弧，过 B 点的标高投影作圆弧的切线，切点为 C。则 ac 为最大斜度线的水平投影，Bc 为过 B 的等高线。

$$H_{AB} = 35 - 30 = 5$$
$$R = L_{ac} = H_{AB}/i = 5/1 = 5 \text{ m}$$

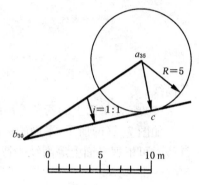

在图 7-10 中，以点 a_{35} 为圆心、以 $R=5$ m 为半径画圆。再自点 b_{30} 引圆的切线，切线可作两条，根据画有箭头表示坡向，确定其中的一条切线，则切点 c_{30} 到点 a_{35} 的距离为 5 m。$a_{35}c_{30}$ 为坡度线，$b_{30}c_{30}$ 为高程 30 的等高线。

图 7-10 作等高线与坡度线

7.3.2 两平面的交线

在标高投影中，两平面的交线，就是两平面上两对相同高程的等高线相交后所得交点的连线。如图 7-11(a)所示，取高程为 H_{25} 水平面，与两平面 P 和 Q 的交线分别为各自平面上高程 25 的等高线，其交点 A 即为交线上的一点。同理，再取一水平面 H_{20}，可得交点 B，连接 AB 即得交线。作图时，只要将各面等高线的水平投影画出，再将同高程的交点连接就得交线的标高投影，如图 7-11(b)所示。

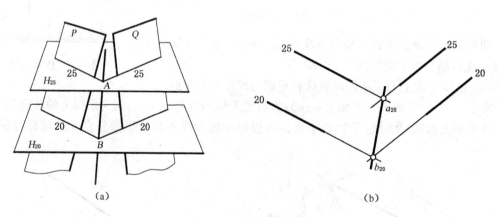

(a)   (b)

图 7-11 两平面的交线

交线的特殊情况：

(1) 如果两平面的坡度相同，则交线平分两平面上相同高程等高线的夹角。如图 7-12(a)所示。

(2) 当相交两平面的等高线平行时，其两平面的交线必与等高线平行，即交线方向为已知，只需找出交线上的一个点就可以了。

在图 7-12(b)中,垂直于两平面等高线的标高投影(即水平投影)作一辅助正立投影面 V,相交两平面 P 和 Q 在 V 面上的投影积聚为直线 P_v 和 Q_v。其交点 $m'(n')$ 即为所求的交线在 V 面上的投影,对应地作到标高投影图中,便得交线 MN 的标高投影 mn。

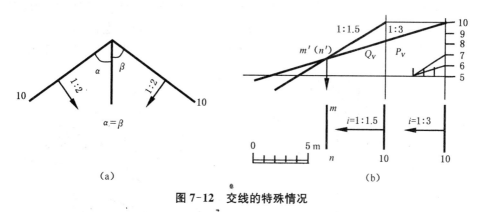

图 7-12 交线的特殊情况

【例 7-4】 在高程为 4.0 m 的水平地面上,需堆筑一个高程为 7.0 m 的梯形平台,梯形平台四周各边坡的坡度如图 7-13(a)所示,试求作边坡与地面的交线和相邻边坡的交线。

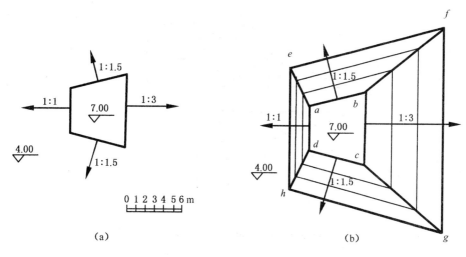

图 7-13 梯形平台与地面及各坡面之间的交线

【解】 由于梯形平台四周均为平坡面,地面为平面,则坡面与地面的交线即为坡面上与地面同高程 4.00 m 的等高线。而各坡面之间的交线则是地面上交线的交点与平台面上相应交点的连线。

作图步骤如下:

(1) 如图 7-13(b)所示,ad 所对应的坡面坡度为 $1:1$,高差 $7-4=3$ m,则平距为 3 m。作直线 $eh\ /\!/ ad$,两线相距 3 m,eh 即为 ad 所对应的坡面与地面的交线。

(2) 同理,可计算出 ab、bc、cd 所对应的坡面高程为 4 m 的等高线的平距分别为 4.5 m、9 m 和 4.5 m,以此距离分别作直线 $ef\ /\!/ ab$,$fg\ /\!/ bc$,$gh\ /\!/ dc$。则 $efgh$ 即为平台与地面的交线。

(3) 各坡面的交线为 ae、bf、cg 和 dh。

【例 7-5】 如图 7-14 所示,已知上堤斜路,堤顶高程 4 m,上堤斜路坡度 $1:4$,各面坡度见图 7-14(a)所示,地面高程为 0.00,试作(1)堤脚线;(2)上堤斜路的起始线;(3)上堤斜路侧坡面的坡脚线;(4)上堤斜路两侧坡面与堤坡面的交线。

【解】 从图 7-14(b)可知,堤与地面有交线,其交线与堤顶线平行,所以只要求出交线与堤顶线之间的水平距离作平行线即可。其次,上堤路面与地面的交线有 CD、DF 和 CE 三条,其中 CD 为路面的起始线,它的高程为 0,并与 AB 平行。CE 和 DF 是路两侧坡面与地面的交线。作图方法可根据已知平面上的一条倾斜直线和平面坡度等高线的求法作出其标高投影。

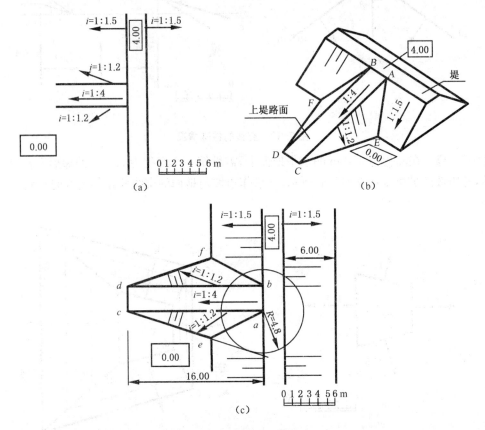

图 7-14 上堤路的标高投影

作图步骤如图 7-14(c)所示。

(1)求堤脚线:堤的两坡脚线与堤顶面边缘线平行,水平距离为 $L_1 = 1.5 \times 4\,\text{m} = 6\,\text{m}$,据此作出坡脚线。

(2)上堤斜路的起始线:起始线的标高投影与堤顶面边缘线 ab 平行,水平距离为 $L_2 = 4 \times 4\,\text{m} = 16\,\text{m}$,据此作出起始线。

(3)上堤斜路两侧坡脚线求法:分别以 a、b 为圆心,$L_2 = 1.2 \times 4\,\text{m} = 4.8\,\text{m}$ 为半径画圆弧,再由 c、d 分别作两圆弧的切线,即为上堤斜路两侧的坡脚线。

(4)上堤斜路两侧坡面与堤坡面的交线:堤坡左坡脚线与上堤斜路两侧坡脚线的交点 e、f 就是堤坡坡面与上堤斜路两侧坡面的共有点,a、b 也是堤坡坡面与上堤斜路两侧坡面的共有点,连接 ae、bf,即为所求的坡面交线。

(5)画示坡线:注意上堤斜路两侧边坡的示坡线应分别垂直于坡面上等高线 ce、df。

7.4 曲面的标高投影

7.4.1 圆锥面的标高投影

1) 正圆锥面上的等高线

如图 7-15(a)所示,用一组与锥轴垂直且间距相等的水平面截正圆锥面,其截交线的标高投影为一组同心圆,这些同心圆即为正圆锥面上的等高线。

正圆锥面上的等高线特性:

(1) 高差相等,同心圆之间的距离也相等。

(2) 当圆锥正立时,等高线的高程值越大,圆的直径越小,如图 7-15(b)所示。

(3) 当圆锥倒放时,等高线的高程值越大,圆的直径也越大,如图 7-15(c)所示。

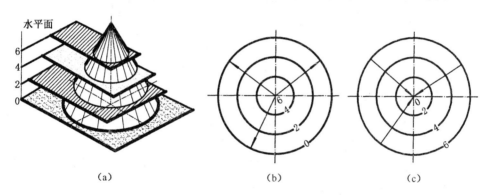

图 7-15 正圆锥面上的等高线

2) 正圆锥面上的坡度线

正圆锥表面的直素线就是锥面上的坡度线,该素线的坡度代表了正圆锥面的坡度。同一正圆锥面上所有的直素线的坡度都相等。如图 7-15(a)、(b)中过锥顶的直线即是坡度线。

7.4.2 同坡曲面的标高投影

1) 同坡曲面的形成

如图 7-16(b)所示为一倾斜弯曲道路的一段,其两侧曲面上任何地方坡度均相同,这种曲面在工程上称为同坡曲面(同斜曲面)。同坡曲面可视为锥轴始终垂直水平面的一圆锥,锥顶沿着空间一曲导线运动,各时刻轨迹圆锥的外包络曲面(公切面),如图 7-16(a)所示。

2) 同坡曲面的性质

(1) 同坡曲面上的坡度线。同坡曲面与运动的正圆锥相切,切线为直线,该直线是同坡曲面上的坡度线,其坡角等于圆锥表面直素线与底面的夹角,所以说同坡曲面是直纹面。

（2）同坡曲面上的等高线。用一水平面截交运动的圆锥面,其截交线为一系列圆,圆心的轨迹即为空间曲导线在此平面上的投影,这些圆的外包络曲线即为同坡曲面上的等高线。在图 7-16(a)中,取水平面 H、H_1、H_2 截同坡曲面,即得三条等高线。p_1、p_2、$\cdots$、p_n 为曲导线上空间点 P_1、P_2、$\cdots$、P_n 在 H 水平面上的投影,也是 H 平面与圆锥面截得的一系列轨迹圆的圆心,这些轨迹圆的外包络曲线即为 H 面上的等高线。

（3）同坡曲面上的等高线互相平行,高差相等时,它们之间的距离也相等。

（4）当 AB 为直线时,同坡曲面将变为平面,该平面上的等高线变为直线,该平面与运动的正圆锥面相切。

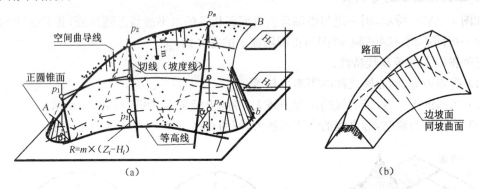

图 7-16　同坡曲面的形成与性质

3）同坡曲面上等高线的作图方法

在同坡曲面上作等高线的关键是作出同一高程上一系列轨迹圆,然后绘制这些圆的外包络线。

假设同坡曲面的坡度为 $1:m$,在空间曲导线上取一点 P_i,高程为 Z_i,则在高程为 H 面上的轨迹圆的半径为:

$$R = m \times (Z_n - Z_a)$$

为简化作图,往往在空间曲导线上取高差为 1 的一系列点,如图 7-17 所示,在空间曲导线 AB 上,取 P_1、P_2、$\cdots$、P_n,高差为 1,其标高投影为 a_0、p_1、p_2、$\cdots$、p_n、b,分别以 p_1、p_2、$\cdots$、p_n、b 为圆心,以 $1m$、$2m$、$3m$、$\cdots$、nm 为半径画圆,再作它们的外包络线,即为过 A 点的等高线。同理可画出分别过 P_1、P_2、$\cdots$、P_n 点的等高线。

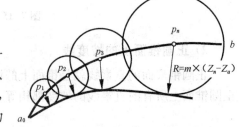

图 7-17　同坡曲面上的等高线

【例 7-6】　如图 7-18(a)所示,已知同坡曲面上一条空间曲导线的标高投影和曲导线上点 A 的标高投影 a_0,曲导线坡度 $i=1:4$,同坡曲面的坡度 $i=1:1.5$,以及坡面倾斜的大致方向。求作同坡曲面上整数高程的等高线。

【解】　求整数标高点的等高线,即是求过曲导线上高程为 0、1、2、3、4 等点的等高线,所以首先必须在曲导线的标高投影上定出整数高程的标高投影。根据曲线的坡度 $1:4$,计算出高差为 1 时的平距是 4,则按所给比例尺即可得出点 1、2、3、4 的位置,再根据同坡曲面的坡度 $1:1.5$,按高差 1,以曲导线上每一标高投影点为圆心,以 1.5、3、4.5、6 等为半径画同心圆,作

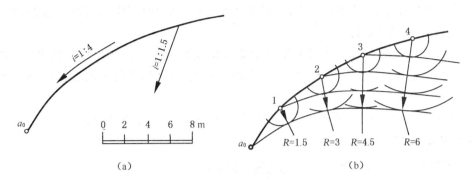

图 7-18 绘制同坡曲面上的等高线

相同高程的圆的外包络曲线即得所求。作图过程如图 7-18(b)所示。

7.4.3 地形面的标高投影

1) 地形面等高线

工程中常把高低不平、弯曲多变、形状复杂的地面称为地形面。

（1）表示方法

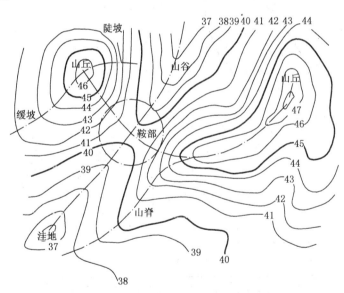

图 7-19 地形面的标高投影

用一系列整数标高的水平面与山地相截,把所截得的等高线投影到水平面上,在一系列不规则形状的等高线上加注相应的标高值,这就是表达地形面的标高投影地形图。

（2）根据等高线来识别地形

① 山丘和洼地:等高线在图纸范围内封闭的情况下,如果等高线高程越大,而范围越小,就是山丘;反之,如果等高线高程越大,其范围也越大,则为洼地。

② 山脊和山谷:若顺着等高线凸出的方向看,高程数值越来越小时为山脊;反之,为山谷。

③ 陡坡和缓坡：同一张地形图中，相邻等高线一般高差相等，因此，等高线越密，坡度就越陡；等高线越稀，坡度也越缓。

④ 鞍部：若沿相邻两山丘连线的位置铅垂剖切地面，就会得到中间低、两边高的断面形状；在垂直两山丘连线的方向剖切地面，则会得到中间高、两边低的断面形状，这种地形称为鞍部。

⑤ 计曲线：为方便看图，有时在等高线中每隔四条有一粗线，称为计曲线。

2）地形断面图

用铅垂平面剖切地形面所得图形称为地形断面图。

【例 7-7】 如图 7-20(a)所示，作 $A-A$ 地形断面图。

【解】 作图步骤：

（1）过 $A-A$ 作一铅垂的剖切平面，在标高投影图中找出剖切平面的剖切位置线与地形等高线的交点 1、2、3、…、15 等。如图 7-20(a)所示。

（2）在图纸的适当位置作一水平线，将 1、2、3、…、14、15 等交点平移此水平线上。如图 7-20(b)所示。

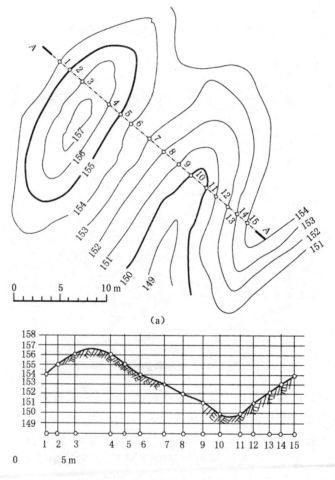

(a)

(b)

图 7-20　作地形断面图

（3）把水平线左端的垂线作为高程比例尺，并作一系列相互平行的水平线。

（4）过1、2、3、…、15作垂直线，与相应高程的水平线的交点即为断面轮廓线上的点。

（5）将这些点光滑连接即为断面轮廓线。

3）坡面与地面的交线

作图原理即是求相同高程等高线的交点。

【例7-8】 如图7-21所示，在一斜地面上修建一高程为27 m的平台，斜坡地面用一组地形等高线表示。平台填筑坡面坡度均为1∶1，开挖坡面的坡度均为1∶0.5，求填挖坡面的边界线和坡面间的交线。

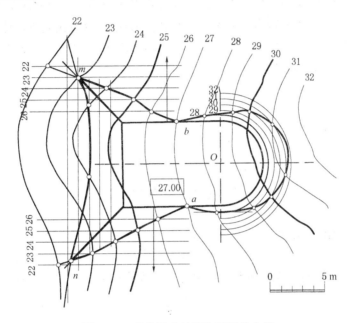

图7-21 求作平台坡面与地面的交线

【解】 如图7-21所示，从地形等高线可以看出，地形自右向左倾斜，平台面的高程为27 m，平台各侧面必有一部分为开挖坡，一部分为填方坡，开挖坡与填方坡的分界点即为平台面的边界与地面的交点，图中 a、b 两点即是。那么以 a、b 为分界点，左半部分有三个填方坡，坡度为1∶1，右半部分为挖方坡，坡度为1∶0.5。

作图时，首先求各边坡的平距，并作出高差为1的等高线。需要注意的是右半圆坡面边界为倒锥面坡，等高线是一组同心圆，圆心为 O 点。

其次求各边坡与地面的交线和相邻边坡的交线，以及求相同高程等高线的交点连线。应该注意相邻边坡的交线与相邻边坡与地面的交线应为"三面共点"，如图中的点 m、n 所示。

8

组 合 体

工程中的各种形体，一般情况下都可以看作是由若干基本几何体（如棱柱、棱锥、圆柱、圆锥、圆球等）通过叠加、切割或两者兼有的方式组合而形成的，这种由基本形体组合而成的形体称为组合体。由若干个组合体组合又可形成复杂的土木工程建筑物。本章讨论组合体的构成、画法、尺寸注法和阅读方法。

8.1 组合体的构成

组合体的构成有三种形式：叠加型、切割型和综合型。

8.1.1 叠加型组合体

由若干个基本形体通过叠加而形成的组合体称为叠加型组合体。将基本形体叠加在一起的方式有以下几种：

1）叠合

叠合是指两基本体的表面互相重合。图 8-1(a) 中的组合体，可以看成为两个基本体叠合而成，而基本体的选择可以是多样的，比如，图 8-1(a) 可以看成为图 8-1(b) 所示的基本体 I 的顶面与基本体 II 的底面叠合而成的组合体，也可以看成为图 8-1(c) 所示的基本体 I 的后侧面与基本体 II 的前侧面叠合而成的组合体。

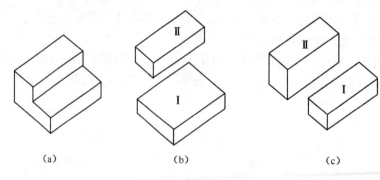

| (a) | (b) | (c) |

图 8-1 叠合型组合体

基本体通过叠合的方式组合之后,其相对位置有两种情况:平齐与不平齐。当基本体叠合后表面平齐,则共面,无表面交线;不平齐则不共面,有表面交线。如图 8-1 所示,基本体Ⅰ的左、右侧面与基本体Ⅱ的左、右侧面叠合后平齐,则绘制投影图时,在左侧立投影图中,两形体表面衔接处无线。如图 8-2(b)、(c)所示,形体在组合时不平齐,其相邻表面的连接处需要表达交线。

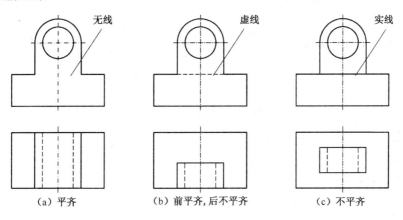

(a) 平齐　　　　　　(b) 前平齐,后不平齐　　　　(c) 不平齐

图 8-2　相邻表面连接方式

2) 相切

当两个基本体在叠加过程中,两者的相邻表面是光滑过渡的,不存在分界线,则称这种基本体形成的组合体方式为相切。如图 8-3(a)所示的组合体,可看成由图 8-3(b)所示的两个形体两两相切组成,基本体Ⅱ的前、后两个棱面分别与基本体Ⅰ的表面相切所组成。对于这种相切的组合体,相切就是共面,在相切处无线。

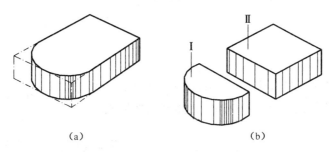

(a)　　　　　　　　　　(b)

图 8-3　平面立体与曲面立体相切式组合体

图 8-4(a)表达的组合体,可看成由图 8-4(b)所示的圆锥面、部分圆球面和圆柱面在相加时,圆球面分别与圆锥面和圆柱面表面相切所组成。

3) 相交

相交是在两基本体叠加的过程中,相邻的表面发生相交而形成的组合体类型。如图 8-5(a)是由图 8-5(b)中的平面立体和曲面立体表面相交后所构成的组合体。在表达相邻表面连接方式时应注意,任何形式的相交都有表面交线,在

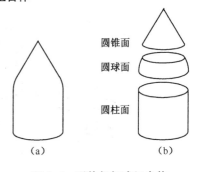

(a)　　　　(b)

图 8-4　形体相切式组合体

立体图或投影图上都应表示出相应的表面交线。

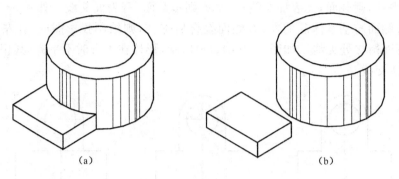

图 8-5 相交式组合体

因此,可归纳出叠加型组合体表面连接方式的特点:

(1) 两形体叠合,当叠合后的表面平齐或共面时,两形体间无表面交线;反之,有表面交线。

(2) 相切式组合体在相切处无线。

(3) 相交式组合体在相交处有交线,在形体内部无线。

8.1.2 切割型组合体

切割型组合体构成的基本方式有两种:切割和挖孔。

1) 切割

由若干个截面(平面或曲面)切割某一基本体后形成的组合体。图 8-6 所示的组合体,是由多个截平面切割四棱柱后形成的。

2) 挖孔

由若干个截面(平面或曲面)在某一基本体上挖出孔洞后形成的组合体。图 8-7 所示组合体,是在圆柱体上用四个截平面挖出形体Ⅰ,再用圆截面挖出一直径较小的圆柱体Ⅱ后所形成。

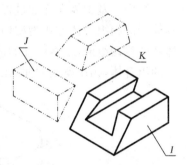

图 8-6 切割式组合体

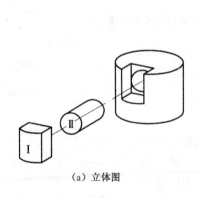

(a) 立体图

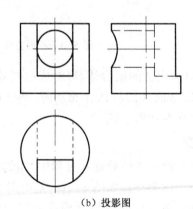

(b) 投影图

图 8-7 挖孔式组合体

116

切割型组合体具有以下特点：

（1）截平面切割形体后，在形体表面会产生表面交线。

（2）形体被切割的部分，其外形轮廓线由交线替代。

8.1.3 综合式组合体

若干基本体进行组合时，既有叠加又有切割，这样形成的组合体称为综合式组合体。综合组合体在实际工程中最为常见。分析这类组合体时，既可按照叠加方式进行分析，也可按照切割方式进行分析，但应以便于理解和作图为原则。如图 8-8（a）所示为叠加型组合方式，图 8-8（b）所示是在叠加型的组合体上再进行切挖形成的立体，即为综合式组合体。

（a）　　　　　　　　　　　　　　（b）

图 8-8　综合式组合体

综合式组合体的特点是叠加型和切割型组合体特点的总和。

8.2　组合体三视图绘制

在工程制图中，把组合体的正面投影称为正视图，水平投影称为俯视图，侧面投影称为侧视图，这些视图又统称为组合体的三视图。在土木工程制图中，把这三个视图分别称为正立面图、平面图和侧立面图。

要绘制组合体的三视图，应先对需要绘制的组合体进行形体分析，并选择合适的正视方向，然后再根据形体的尺寸选择合适的比例，之后在图纸上依照投影规律进行绘图。

8.2.1 形体分析

组合体的形体分析实际上就是组合体的构成分析。在进行构成分析时，对形状比较复杂的组合体，可将其看成是由一些基本形体通过叠加或切割而构成的。如图 8-9（a）所示的组合体可设想为图 8-9（b）所示基本体通过叠加切割形成：先对底板为一个长方体进行了切割，变成一个 L 形底板，再与上部的组合体叠加形成。对于上部的组合体，中间位置的形体是由长方体进行挖孔(挖孔的形状均为半圆柱)形成的。当底部形体和上部形体组合时,后表面平齐共面、无交线,前表面、左右表面均不共面、有交线。在上部的组合体中,位于中间组合体的左右两侧又各叠加了一个三棱柱,两个三棱柱与底部形体组合时也是后表面平齐共面。

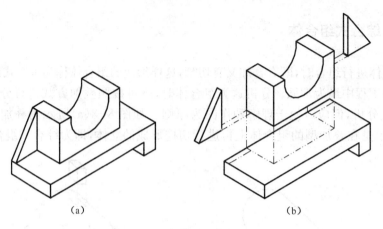

(a)　　　　　　　　　　　　(b)

图 8-9　组合体的形体分析(一)

再看图 8-10(a)所示的拱门,它可看成是由图 8-10(b)的三个长方体组成,中间的长方体挖去了一个四棱柱孔和半圆柱孔的组合体。这种把整体分解成若干基本几何体的方法称为形体分析法(后面将详细介绍)。

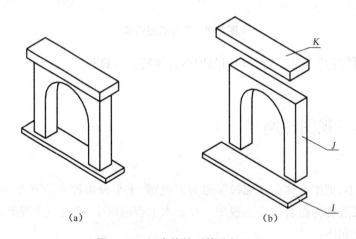

(a)　　　　　　　　　　　　(b)

图 8-10　组合体的形体分析(二)

通过对组合体进行形体分析,可以将绘制较为复杂组合体的投影转化为绘制一系列比较简单基本形体的投影。但需注意的是,组合体实际为一个不可分割的整体,进行组合体的形体分析仅仅是一种假想的分析方法。因此,无论是由何种方式组合的组合体,绘制它们的投影图时,都必须正确处理好各个相邻形体表面间的连接关系,即有线或无线的关系。

8.2.2　组合体正立面图的选择

在绘制形体的投影图时,要能用最少数量的投影图把形体完整、清晰地表达出来,主要考虑以下几个方面：

1）形体的放置方式

对于大多数的土木工程建筑形体，主要考虑正常工作位置和自然平稳的放置方式，比如房屋放在地面上。但对于机械类的形体相对要复杂一些，需要考虑在生产、加工时的安放位置，比如零件按加工位置放置等。

2）正立面图的选择

将形体的放置方式确定之后，则需对其正立面图进行选择。而正立面图的选择，实际上就是正视方向 V 向的选择。为了简化作图和读图，应尽量将反映形体的外貌特征与位置特征的面作为正立面（V 面），并尽可能减少三视图中绘制虚线。

图 8-11(a)所示组合体为台阶，其工作位置明显。围绕组合体可有 A、B、C、D 四个投射方向。图 8-11(b)~(e)画出了四组三视图，其中 D 方向画出的三视图中没有虚线，正视图清楚地反映了组合体各部分上下、左右的组合关系，所以选择 D 方向作为该组合体的正视方向比较合适。

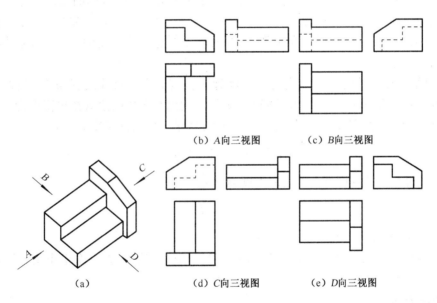

（b）A向三视图　　（c）B向三视图

（a）

（d）C向三视图　　（e）D向三视图

图 8-11　组合体正立面图选择

选择工程形体的正立面图时，还要考虑工程图样的表达习惯，如建筑图中将房屋的正面作为正立面图，这些将在专业制图的章节中作详细介绍。

3）投影数量的选择

在保证能完整清晰地表达出形体各个部分形状与位置的前提下，投影图数量应尽可能少，这是基本原则。对于能用一个投影图表达清楚的形体，则选择一个投影图即可；能用两个投影图表达清楚的形体，则不需要用三个投影图表达。通常，一般的组合体用三面投影就可以清楚地表达其形状和特征，而对于复杂的形体则需适当增加投影图。

8.2.3 组合体视图的绘制

1）组合体形体分析

图 8-12(a)所示的组合体可以看成由图 8-12(b)所示的几个基本体组合而成：一个大四棱柱切去了一个小四棱柱的底板Ⅰ、面墙Ⅱ和支撑板Ⅲ，这三个形体叠合组成了工程中常见的挡土墙。其中形体Ⅱ又由一个四棱柱和一个半圆柱叠合组成。各基本形体在叠合的时候，形体Ⅱ的底面与形体Ⅰ的顶面共面，没有交线；其他基本形体在叠合的时候均相交，有表面交线。

2）正立面图选择

根据形体的工作位置，并考虑各组成部分相对位置的表达，及尽可能减少视图中的虚线来进行选择。图 8-12(c)选择形体工作状态时的位置作为正立面图的投射方向最为合适。

3）图幅选择

进行图幅的选择，应先了解组合体的总体尺寸和比例尺。组合体的总体尺寸即组合体的总长、总宽和总高，了解总体尺寸是为了计算视图可能占用图纸的长度和宽度。而比例尺的确定应在分析清楚组合体复杂程度的基础上，选择一个合适的绘图比例（1：m），能使视图图线清晰可读。

假设该组合体的长度为 a，宽度为 b，高度为 c，高度方向的尺寸线有 m 条（相邻尺寸线间距 7 mm），正立面图和侧立面图的图间距设为 d，视图与图框两边共留出富余为 $2d$（因为图线不能紧贴图框，需留有富余），则组合体三视图在图纸上所占的长度 L 为：

$$L = a + b + 3d + m \times 7$$

同理，计算出视图在图纸上所占的宽度 B 为：

$$B = c + b + 3d + n \times 7$$

其中 n 为尺寸线的条数。

进行完视图在图纸上所占范围的计算及比例尺的确定后，选择一个不小于计算面积的标准图幅来进行绘图。

4）图面布置

确定图幅后，先用细实线画出图框和标题栏外框，然后进行图面的布置。图面的布置主要是确定各视图的绘图基准。绘图基准就是绘制图形时所依据的点、线或面。通常选择形体的端面、结合部位、对称线等作为绘图基准。

图 8-12(d)中，组合体的长度基准选为形体的对称中心线，宽度基准选为后端面，高度基准选择了底板的下表面。由于绘图基准是绘图时的参考坐标系，因此，选用的各视图基准应精准定位。

5）绘制底图

将视图的绘图基准确定后，就开始绘制组合体三视图的底图。绘底图时应采用细实线，先画出能反映形体特征的视图，再画出与其对应的其他两面视图。这样既能保证形体视图满足投影规律和相对位置的对应，又能提高绘图的速度。

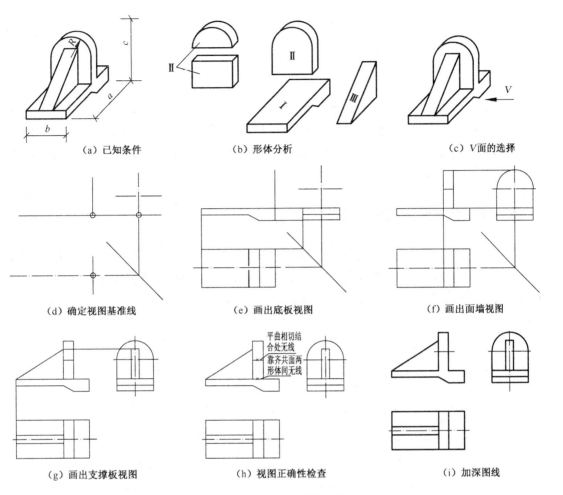

（a）已知条件　　　　　　　　（b）形体分析　　　　　　　　（c）V面的选择

（d）确定视图基准线　　　　　（e）画出底板视图　　　　　　（f）画出面墙视图

平曲相切结
合处无线
靠齐共面两
形体间无线

（g）画出支撑板视图　　　　　（h）视图正确性检查　　　　　（i）加深图线

图 8-12　组合体画图步骤

绘制该组合体底图的过程见图 8-12 中的（e）、（f）和（g）。

6）作图检验

完成底图后，先擦去多余的作图线，然后根据组合体的构成特点检查底图是否正确，有无多画或漏画的图线，或有无错画的线型。将所绘视图与组合体仔细对照，做到有错必纠，确保视图的正确性。

例如，图 8-12（h）正视图中，多画了两段图线，又少画了半圆柱的轴线，应予以改正。

7）加深图线

视图经检查确定无误后，用规定的线型宽度加深图线，如图 8-12（i），并将图框线也加深为规定线宽。

8）填写标题栏

将视图完成后，画出标题栏的分栏线，并用长仿宋体认真仔细地填写标题栏。填写完标题栏，绘图结束。

8.3　组合体视图的尺寸标注

　　组合体的投影图只能反映组合体的几何形状,而组成组合体的各基本形体的形状大小、形体间的相互位置,以及组合体的总体大小则要由投影图上标注的尺寸来确定。因此,绘制好组合体的投影图后,还必须标注尺寸。组合体视图的尺寸标注要求正确、完整、清晰、合理,同时还要遵守相关制图标准的规定。

8.3.1　基本形体的尺寸注法

　　组合体是由基本形体组合而成的。因此,在进行组合体的尺寸标注之前,应先掌握基本形体的尺寸标注。任何基本形体都有确定其形状大小的长、宽、高三个方向尺寸,所以,基本形体的尺寸标注,就是将反映其长、宽、高三个方向的尺寸标注出来。图8-13为常见基本体的尺寸标注。

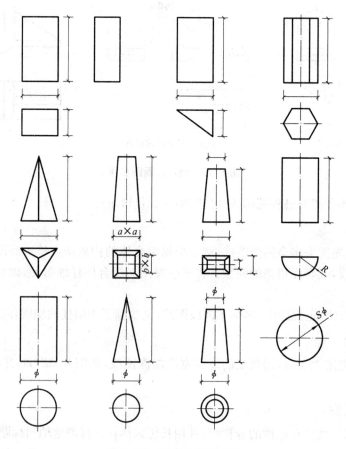

图8-13　基本体尺寸注法

8.3.2 组合体尺寸注法

对已绘制好的组合体投影图应进行尺寸标注。在进行尺寸标注时,应先考虑以下几个方面的问题,再合理标注尺寸。

1）尺寸的种类

组合体的尺寸分三类,即定形尺寸、定位尺寸、总体尺寸。

（1）定形尺寸,即为组合体中各个基本体的形状大小尺寸。如各基本体的长、宽、高。

（2）定位尺寸,即为组合体中各个基本体的相对位置尺寸。

（3）总体尺寸,即为组合体的总长、总宽和总高的尺寸。

2）尺寸基准

在组合体的视图上标注尺寸时,应在长、宽、高三个方向分别选定尺寸标注的起点,即确定长、宽、高的尺寸基准。通常选择形体的对称中心线或端面作为尺寸基准。

3）尺寸配置的原则

组合体视图上标注的尺寸是工程施工的重要依据,为了让看图人员能快速、准确地读懂尺寸的含义,进行尺寸标注时应满足以下原则:

（1）尺寸标注应正确、完整。尺寸标注正确、完整是标注中的基本要求,不能出现错误的、不全的标注,以免造成施工下料偏差。

（2）尺寸标注要清晰

① 尺寸标注应清晰明了。一般标注在最能反映形体特征的视图上,尽量不在虚线上标注尺寸。如图 8-14(b)所示的尺寸标注"36"标注在虚线上,经过对比后显然采用图 8-14(a)所示的尺寸标注更合理。此外,尺寸标注还应符合工程施工要求。

② 尺寸标注应排列整齐。若为两个视图的共有尺寸,则应将尺寸集中标注在两视图之间;排列尺寸时,小尺寸在内大尺寸在外,同一方向的尺寸应尽量布置在一条直线上;相互平行的尺寸线间距要相等,且不允许任何图线穿过尺寸数字等。

③ 尺寸尽量标注在视图的轮廓线之外,必要时可将尺寸标注在轮廓线之内。

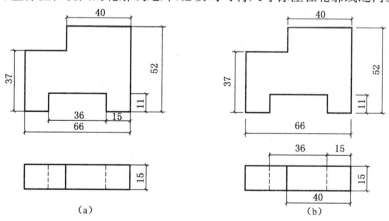

（a）　　　　　　　　　　（b）

图 8-14　尺寸标注应清晰

④ 标注的尺寸为回转体直径时,应尽量将直径尺寸标注在非圆的视图上;标注的尺寸为一部分回转体半径时,应在圆弧的视图上进行尺寸标注。如果回转体位于组合体的极限位置,在标注总体尺寸时从轴线位置计算。

（3）尺寸标注不能重复。在进行尺寸标注时,一个位置的尺寸只能出现一次。如组合体的三类尺寸中,若同一方向有多个尺寸数值相同,只能用一个尺寸标注。

（4）尺寸标注应合理。组合体出现在工程建筑物中就是建筑物的局部结构。组合体的尺寸标注就是建筑物局部结构的尺寸标注,因此,尺寸标注应符合工程施工要求。

判断尺寸标注是否合理的一种方法就是判断定位尺寸的基准确定是否合理。在图 8-15 中,挡土墙的高度尺寸标注基准选择在面墙顶部,需要增加支撑板、半圆柱轴线的定位尺寸①和②,还要修改总高数值。虽然这种选择满足尺寸齐全和清晰要求,但是定位尺寸指导挡土墙从上向下修建,这不符合挡土墙由下往上修建的施工过程,所以挡土墙的高度尺寸标注基准选择在面墙顶部是不合理的。

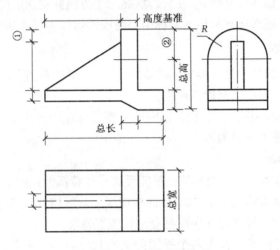

图 8-15　尺寸基准不合理

图 8-16 所示组合体,经过形体分析知道是由底板、面墙和支撑板三个形体所组成的土木工程中常见的挡土墙。下面为挡土墙视图标注尺寸,并以此例说明组合体的尺寸注法。

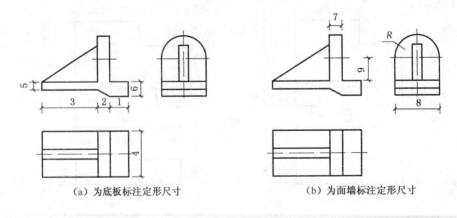

（a）为底板标注定形尺寸　　　　　　　　（b）为面墙标注定形尺寸

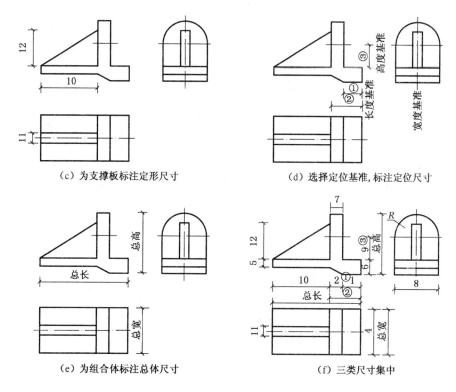

(c) 为支撑板标注定形尺寸

(d) 选择定位基准, 标注定位尺寸

(e) 为组合体标注总体尺寸

(f) 三类尺寸集中

图 8-16 组合体尺寸注法

4) 标注各形体定形尺寸

为挡土墙的底板、面墙和支撑板形体标注长、宽、高三个方向的定形尺寸,见图 8-16(a)、(b)、(c)。

5) 标注各形体定位尺寸

图 8-16(d)是为各形体标注定位尺寸,选择长、宽、高三个方向的尺寸基准点在底板右端面的前后对称面上。其中尺寸①为面墙确定长度方向位置,尺寸②为支撑板确定长度方向位置,尺寸③为半圆柱轴线确定高度位置。

6) 标注组合体总体尺寸

图 8-16(e)是为组合体标注总体尺寸,图 8-16(f)是将三类尺寸集中。

根据尺寸配置原则,对挡土墙视图标注的尺寸做综合调整。

(1) 相同尺寸数值,只保留一个尺寸。见图 8-17(b)所示。

长度方向:底板尺寸 1 与面墙定位尺寸①数值相等,保留一个尺寸;底板尺寸 3 与支撑板尺寸 10 数值相等,保留一个尺寸;支撑板定位尺寸②与底板尺寸 1、2 之和数值相等,去掉尺寸②,认为面墙为长度方向的辅助基准。

宽度方向:底板宽尺寸 4、面墙宽尺寸 8 和组合体总宽数值相等,保留一个尺寸。

高度方向:面墙平面体部分的定形尺寸 9 和半圆柱轴线定位尺寸③数值相等,保留一个尺寸。

(2) 检查错误,修改尺寸。根据要求③,修改总高尺寸,见图 8-17(c)。

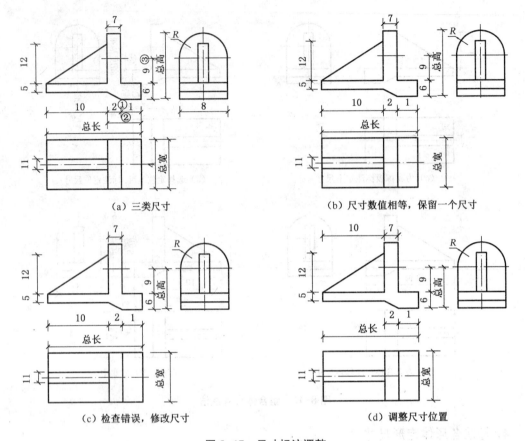

（a）三类尺寸

（b）尺寸数值相等，保留一个尺寸

（c）检查错误，修改尺寸

（d）调整尺寸位置

图 8-17　尺寸标注调整

（3）根据要求①调整尺寸线位置。见图 8-17(d)。

8.4　组合体视图的读法

读图就是运用正投影法，根据视图想象出空间物体的形状的过程。读图是一个由图及物的思维过程，但是，由于人们对事物的思维方式存在差异，所以读图没有一种简单固定的方法。本节只将读图的基本分析方法和基本步骤进行介绍。

8.4.1　读图时应注意的问题

1）要掌握的基本知识

读图是对前面所学知识的综合运用，只有熟练掌握读图的基础知识，如三面投影的规律、直线与平面的投影特性、常见基本体的投影特点等，并正确运用读图的基本方法，多读多练，才能具备快速准确的读图能力。

2）将几个视图联系起来看

很多形体用一个视图或两个视图均不能唯一确定其空间的形状,因此,看图时,应将各个视图联系起来看。如图 8-18(a)所示的四个形体,它们的正立面图都相同,但结合它们各自的水平投影就能找出它们相互之间的区别;再看图 8-18(b)所示的三个形体,它们的正立面图、侧立面图都一样,只有联系它们各自的侧立面图,才能得出形体准确的空间形状。

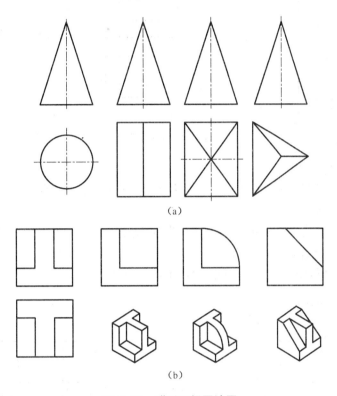

(a)

(b)

图 8-18　联系三视图读图

3）抓特征视图看

特征视图是最能反映形体基本体形状的视图,特征视图有形状特征视图和位置特征视图两类。最能反映出形体形状特征的那个视图称为形状特征视图,最能反映形体位置特征的那个视图称为位置特征视图。在读图时,应善于抓住特征视图来帮助理解形体的形状。图 8-19(a)中的 H 面投影反映了形体的形状特征,该视图即为形状特征视图;图 8-19(b)中的 W 面投影反映了形体的位置特征,该视图即为位置特征视图。

4）弄清视图中图线的含义

视图中的图线或线框可能有多种几何意义,了解它们的多义性有利于视图的阅读。

（1）"线"的含义

如图 8-20(a)所示,视图中的线有多种含义:

① 可以表示为立体的表面交线。

② 可以表示为具有积聚性的面。

③ 可以表示为曲面立体的转向轮廓线。

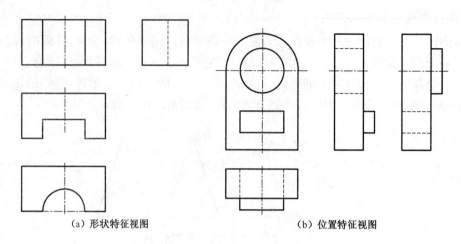

(a) 形状特征视图　　　　　　　(b) 位置特征视图

图 8-19　找特征视图读图

(2)"线框"的含义

① 视图中由多条图线围成的线框,可以表示为一个面(平面或曲面),也可以表示为一个立体,如图 8-20(b)所示。

② 线框中间有图线则表示相邻的两面不共面,这不共面的两面可以是两平面的位置有前后或左右或上下的错动,也可以是相邻两面的交线。

③ 线框内有线框,则内部的那个线框不是凸出来就是凹下去。

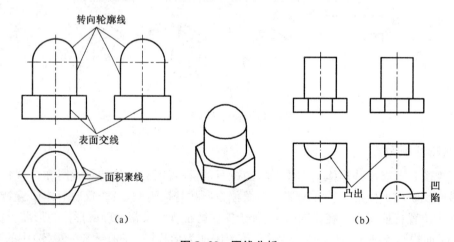

图 8-20　图线分析

5) 了解一个面的投影

任何一种位置的平面,在视图中无类似必积聚,这在采用线面分析法分析形体时非常实用。

8.4.2　读图的基本方法

常用的读图基本方法有形体分析法和线面分析法,下面详细介绍这两种分析方法。

1）形体分析法

形体分析法是读组合体视图的基本方法。这种读图方法的主要分析过程是：把比较复杂的视图按线框分成几个部分，运用三视图的投影规律分别想出各形体的形状及相互连接方式，最后综合起来想出整体。这种分析方法多用于叠合形式明显的形体分析中。

现以图 8-21(a)所示形体的投影图为例，讲述采用形体分析法进行读图的一般步骤。

(1) 分析视图，划分线框

在划分线框的过程中，往往会出现实线线框与虚线线框两种情况，但由于虚线线框一般反映形体的方位不够明显，因此，通常会先划分实线线框而后划分虚线线框，并以实线框划分为主，虚线框划分为辅。如图 8-21(a)所示，将正立面图分成 a'、b'、c'、d'、e' 五个实线框，f'、g' 两个虚线框。

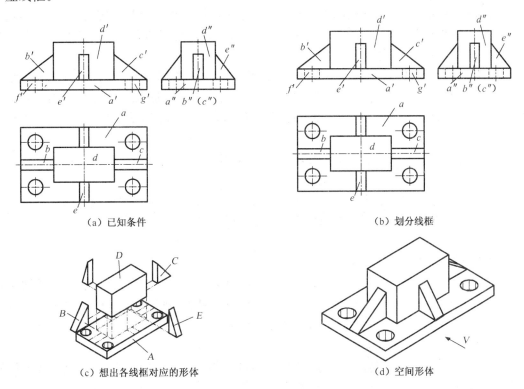

（a）已知条件　　　　　（b）划分线框

（c）想出各线框对应的形体　　　　　（d）空间形体

图 8-21　形体分析法读图

(2) 对照投影，想出形体

对照投影线框想象出形体形状时，应考虑到线框的多义性，因此需要对想象出的形体进行正确性检验，即将想象出的形体在相应位置作投影，若得出的投影符合给定的投影线框，则说明想象的形体正确，否则为不正确。

按照投影规律及基本形体的投影特性可得出：矩形线框 a' 的 H 面投影 a、W 面投影 a'' 均为矩形线框 a''，则该线框对应的立体为一四棱柱 A；三角形对称线框 b'、c' 的 H 面投影、W 面投影也都为矩形线框，故这两个线框对应的立体为三棱柱 B、C；同理可以分析出线框 d' 对应的立体形状为三棱柱 D，线框 e' 对应的立体形状为四棱柱 E，由于 f'、g' 在矩形线框 a' 内，因此，该线框不是凸出就是凹陷，对照投影图很容易知道 f'、g' 两线框对应的是四个大小一致的圆柱孔。如图 8-21(b)所示。

（3）确定位置，想出整体

从以往的投影知识中得知，三面投影中的每个投影图均能完整反映出形体的某些方位，比如 H 面投影能完整反映形体的左右、前后，V 面投影能完整反映形体的左右、上下，W 面投影能完整反映形体的上下、前后。由此得出四棱柱 D 处于形体的中间上方，三棱柱 B、C 对称地放在四棱柱 D 的左右两侧，三棱柱 E 放在四棱柱 D 的前方，在四棱柱 D 后方还放有一个与三棱柱 E 对称的三棱柱，四棱柱 A 放在形体的下方，如图 8-21(c)所示。再根据各基本体的叠合形式，处理相邻表面的连接方式，平齐则无线，不平齐则有线。最后得出形体的整体图形，如图 8-21(d)所示。

2）线面分析法

线面分析法也是读组合体视图的基本方法。这种读图方法主要是运用线、面的投影规律分析视图中图线和线框所代表的意义和相互位置，从而看懂视图的方法。这种方法主要用来分析视图中的局部复杂投影。

在运用线面分析法看图时，要注意综合运用线、面的投影知识，如投影面平行面的投影具有实形性和积聚性，投影面垂直线的投影具有实长性和积聚性，投影面垂直面及一般位置平面的投影具有类似性等。此外，看图时还需特别注意看斜线和曲线，因为斜线对应斜面，曲线对应曲面。

现以图 8-22(a)所示形体的投影图为例，讲述采用线面分析法进行读图的基本步骤。

（1）从已知投影中初步分析形体的形状

由投影图可以确定所示形体为一平面立体，且为一四棱柱经某些平面截切而成。对于截切后的这些平面的位置和投影规律则需通过线面分析法确定。

（2）线面分析

① 划分线框，将封闭线框编号

在进行线框划分时，也以实线框划分为主、虚线框划分为辅，且按先大框后小框的顺序来划分。由于投影的线框数量一般较多，形状也较复杂。因此，划分时为线框编注序号十分必要。如图 8-22(b)所示，正立面线框为 a'，侧立面线框分成 b''、c''。

② 分析线框

由于面的投影具有"无类似必积聚"的特点，因此，找线框的其他两面投影时就应先找类似形，若无类似形，则线框在该投影面上必积聚为一条线段。

正立面图中的线框 a'，按"高平齐"的投影规律，在 W 面的投影中没有类型形线框与其对应，只有两条满足条件的斜线与其对应，说明其 W 面投影一定积聚，由此得出 A 是一个侧垂面。但由于线框 a' 在 V 面投影是可见的，故 a'' 应为前面的一条积聚斜线（需注意前后两平面是对称的）。根据平面的投影规律，侧垂面的 H 面投影与 V 面投影互为类似形，所以在 H 面上，与线框 a' 长对正位置处的线框 a 应为平面 A 的 H 面投影（由于平面对称，后面也有一个相似线框），且线框 a 的宽度与积聚线段 a'' 宽相等，如图 8-22(c)所示。

另外，在正立面图中有一条斜线，一般斜线代表斜面，按"高平齐"的投影规律，斜线在 W 面的投影应为一线框，而线框 b'' 正好满足此条件。因此，平面 B 为正垂面。根据正垂面的投影特性，得出它的 H 面投影不仅与斜线 b' 长对正，而且还应与 W 面投影线框 b'' 的形状类似，所以就确定 H 面的四边形线框 b 是它的 H 面投影。侧立面图中还有一个 c'' 线框，按

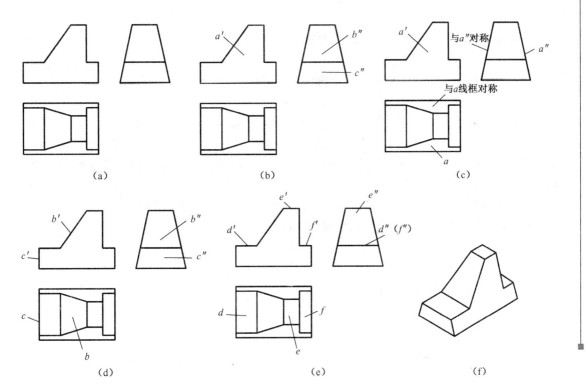

(a)　　　　　　　　　　(b)　　　　　　　　　　(c)

(d)　　　　　　　　　　(e)　　　　　　　　　　(f)

图 8-22　线面分析法读图

"高平齐"的投影规律,V 面投影没有相似的线框与其对应,只有两条满足条件的积聚线段与其对应,由于 c' 线框在左侧面可见,因此 c' 应为形体左侧的一条积聚线段(同时应注意到左右两平面有对称性),故得出平面 C 为侧平面。由侧平面的投影特性得知,它的 H 面投影积聚为一条与 OY_H 轴平行的直线,而 H 面上,与 c' 长对正的位置 c 即为平面 C 的 H 面投影。如图 8-22(d)所示。

　　V 面、W 面的线框都分析完了,将 H 面上还未分析的线框编上序号 d、e、f,按照"长对正"的投影规律,在 V 面的对应位置上均没有出现这三个线框的类似形,由平面"无类似必积聚"的特点,在相应位置上找出三条积聚的平行直线,故得出平面 D、E、F 均为水平面。根据水平面的投影特性,得出它们的 W 面投影也为积聚的水平线,所以,在 W 面的相应位置找出 d''、e''、f'',如图 8-22(e)所示。

　　(3)确定各平面的相对位置

　　根据三面投影中每个投影图均能完整反映出形体某些方位的特点,对应出各平面的相对位置。平面 A 在形体的最前侧,后侧面有一个与之对称的平面,平面 E 在形体的最上方,平面 D、F 处于中间同一个水平位置,平面 B 位于平面 E 和平面 D 之间,分别与平面 E 和平面 D 相交。

　　(4)综合起来想形体

　　通过分析,将形体的空间形状想出,如图 8-22(f)所示。

　　需要注意的是,在读图时,形体分析法和线面分析法是相辅相成的,经常一起使用。通常,先采用形体分析法分析出形体大致由哪几个部分组成,再采用线面分析法针对投影图中局部复杂的部分进行分析。

8.4.3 阅读两视图补画第三视图

阅读组合体的两个视图补画第三个视图是练习读图、画图的一种好方法,通常称为"知二求三",通过这种练习能够提高图示、图解和空间想象能力。

从以往的投影知识中可以得出,已知的两个视图若能完全确定形体的形状时,是可以由两个已知的投影图补画出形状唯一的第三个视图。但若给定的两个投影不能完全地表达形体的形状时,那么由此补画出的第三个投影的形状不唯一,会有多种形状,这时只要补画出的投影满足已知条件就是正确的作图。

现以讲述例 8-1、例 8-2 来介绍"已知两个视图,补画第三个视图"的基本步骤。

【例 8-1】 阅读图 8-23(a)中两个视图,补画第三视图。

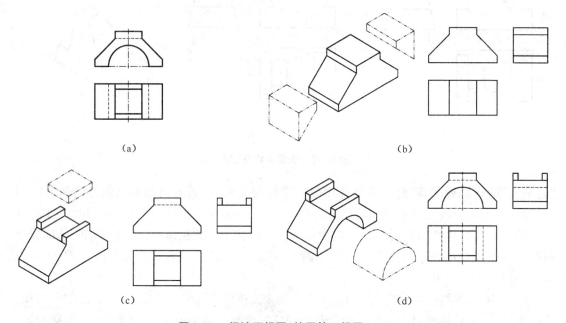

(a)   (b)

(c)   (d)

图 8-23 阅读两视图,补画第三视图(一)

【解】 (1)组合体构成分析,确定阅读方法

已知的两视图为 H、V,从已知视图可以看出该组合体为一切割型组合体,可采用线面分析法分析。形体在没被切割前,可想象该形体为一长方体 M。

(2)组合体视图阅读,想象组合体形状

想象出形体切割之前的形状后,可以开始进行切割。显然,在长方体的基础上,在形体的左右对称各切去了一个四棱柱,切去四棱柱后,在形体的表面上产生表面交线,这些表面交线为一个正垂面和一个侧平面截切产生。因此,通过平面投影特性分析,正垂面的 V 面投影积聚为斜线段,H、V 面投影为类似形,侧平面的 W 面投影反映实形,H、V 面投影积聚为与投影轴分别平行的线段,故在 V 面上留下的表面交线都积聚,在 H 面、W 面上留下的表面交线投影如图 8-23(b)所示。

在前一次挖切的基础上,形体再进行挖切,在其上方又挖切了一个四棱柱,如图 8-23(c)

所示。挖切之后在形体表面产生表面交线,而这个表面交线为一个水平面、两个正平面截切产生。因此,根据平面投影性质分析,水平面水平投影反映实形,正平面的水平投影积聚与投影轴平行的线段,水平面的正面投影积聚为一平行线段,正平面的正面投影反映实形,由此得出增加的表面交线投影为虚线,如图 8-23(c)所示。

形体截切还没有完成,在已经截切三个四棱柱的基础上,形体在下方的中间继续挖切了一个半圆柱的通道,如图 8-23(d)所示。由于通道的正面投影反映半圆的实形,因此,根据圆柱的投影特性,其 H 面、W 面投影为矩形,并且均为不可见。故在 H 面、V 面投影对应的位置处有一个虚线矩形框。

通过以上三次切割,形体变成了题中已知的组合体形状,根据切割后各个面的相对位置,最终想象出形体的形状如图 8-23(d)所示。

(3) 补画第三视图

对于切割式组合体,挖切部分采用线面分析法来进行绘制,结果如图 8-23(d)所示的三视图。

(4) 正确性检验,线型处理

对绘制的图 8-23(d)做正确性检验,即根据绘出的 W 面投影对照 H、V 面投影进行线面、基本形体分析,正确无误后即可加粗线型,完成组合体第三视图的绘制。

【例 8-2】　阅读图 8-24(a)中两个视图,补画第三视图。

(1) 组合体构成分析,确定阅读方法

从已知的 V、H 两面投影视图可以看出,视图可分析为一个由四部分组成的综合型组合体,分别用线框Ⅰ、Ⅱ、Ⅲ、Ⅳ加以标明。线框Ⅰ、Ⅱ代表的基本形体的投影较简单,采用形体分析法;而线框Ⅲ、Ⅳ代表的基本形体的投影较复杂,则可以采用线面分析法。

(2) 组合体视图阅读,想象组合体形状

由于形体Ⅰ的 V、H 两面投影均为矩形,故可想象出形体Ⅰ为一四棱柱底板,如图 8-24(b)所示。

线框Ⅱ的 V 面投影为一矩形,H 面投影为一半圆形,故可想象出形体Ⅱ为一半圆柱形,且左右对称。如图 8-24(c)所示。

线框Ⅲ的 V 面投影是一个凹形八边形,在 H 面上也有两个凹形八边形,说明这两面投影形状相似,且前后对称,故线框Ⅲ代表侧垂面,且前后各一个侧垂面。

线框Ⅳ的 V 面投影为一矩形,其长对正的 H 面投影却有两个四边形,且前后对称各有一组,因此,可以判别出 H 面的两个四边形中,一定有一个四边形在 V 面投影中积聚,而另一个四边形的 V 面投影也为四边形,且两个四边形形状为类似形。故线框Ⅳ对应两个平面,一个水平面,一个侧垂面。

另外,从图 8-24(a)的 H 面投影图中还发现一个工字形的线框没分析,根据"一个面的投影无类似必积聚"的投影特点,判别出该工字形线框的 V 面投影积聚为一水平线段,显然,只有 V 面投影中最上方的一水平线段和它对应才合理。

(3) 补画第三视图

根据以上分析,依据投影规律补画第三视图,线框Ⅰ、线框Ⅱ代表的形体 W 投影可直接绘出,关键要绘制线框Ⅲ、线框Ⅳ所对应的形体 W 投影,根据各平面、线段的相互位置及连接方式、投影规律,将切割型形体的形状绘制出来。例如,工字形线框在形体的上方,凹形八边形侧

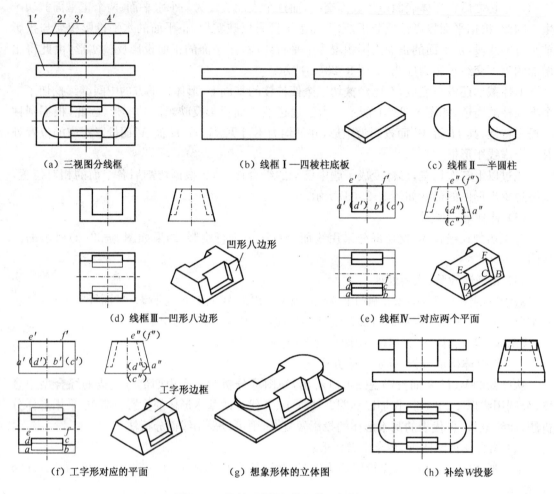

(a) 三视图分线框　　　　(b) 线框Ⅰ—四棱柱底板　　　(c) 线框Ⅱ—半圆柱

(d) 线框Ⅲ—凹形八边形　　　　　　　(e) 线框Ⅳ—对应两个平面

(f) 工字形对应的平面　　　(g) 想象形体的立体图　　　(h) 补绘W投影

图8-24　阅读两视图,补画第三视图(二)

垂面前后对称,从形体的上表面延伸至底板的上底面,是形体的前后两侧面。线框Ⅳ对应的两平面中,一个侧垂面也从形体的上表面延伸至底板的上底面,一个水平面的W投影也积聚为一水平线段等,如图8-24(d)所示。在整个W面绘制过程中,要注意满足三视图的投影规律。绘制结果见图8-24(e)。

(4) 正确性检验,线型处理

将绘制的图8-24(e)做正确性检验,即根据绘出的W面投影对照H、V面投影进行线面、基本形体分析,正确无误后即可加粗线型,完成组合体第三视图的绘制。

9 工程形体的图样表达方法

工程中的建筑形体形式各样,要在平面上表达清楚一个形体,需要对形体本身的复杂情况进行分析,选择合适的视图个数。在前面的正投影图学习过程中得知,对于一般形体来说,三个投影已足够确定其形状和大小。但在实际的生产、施工等过程中,仅用前面所述的投影法基本原理和三视图,并不能将形体较为复杂的内外结构准确、完整、清晰地表达出来。为了表达清楚这个结构形状,本章将介绍国家标准中规定的一些图样表达方法——视图、剖面图、断面图、简化画法和其他规定画法等。本章着重介绍一些常用的表达方法。

9.1 视图

9.1.1 基本视图及其配置

对于形状比较复杂的形体,用两个或三个视图不能完整、清楚地表达它们的内外形状时,则可根据相关国标的规定,在原有三个投影面的基础上,再增设三个对称的投影面,组成一个正六面体,这六个投影面则称为基本投影面,形体向基本投影面投射所得的视图,称为基本视图,如图 9-1 所示。

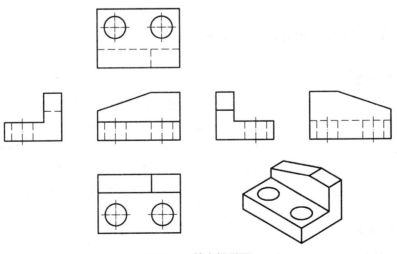

图 9-1 基本投影图

基本视图除了前面已介绍的三个视图以外，又增加了三个新的视图，由右向左投射所得的视图为右侧立面图，由下向上投射所得的视图为底面图，由后向前投射所得的视图为背立面图。在土木建筑制图中，该六个基本视图称为正立面图、平面图、左侧立面图、右侧立面图、背立面图和底面图。但在建筑工程的图样中，通常不采用底面图，而采用镜像视图（详见后面小节）来表达。因此，常采用的基本视图只有五个。

当基本视图在同一张图纸中展开时，相应的视图展开配置如图 9-1 所示，五个投影之间仍保持"长对正，高平齐，宽相等"的投影规律，按这种方式配置的五个基本视图一律不需标注视图的名称。若不能按图 9-1 配置视图时，它们的图名应写在视图的下方，并且在图名下标一条粗横线，其长度以图名所占长度为准，如图 9-2 所示。

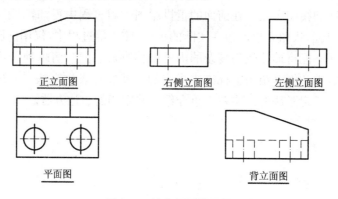

图 9-2　基本视图的配置

9.1.2　视图数量的选择

尽管形体可以用六个基本视图来进行表达，但实际上需画哪几个视图应视具体情况而定。选择的基本原则是在保证能完整清晰地表达形体的前提下，应使视图数量尽可能少，且应尽量少用或不用虚线，避免重复表达。当视图用第一分角画法绘制出的投影图不易表达时，可用镜像投影法绘制。

9.1.3　镜像投影图和立面展开画法

1）镜像投影图

在建筑工程中，有些构造，如板、梁、柱，由于板在上面，梁、柱在下面，如果直接作出正投影绘制的平面图，其梁、柱、墙、洞口等不可见的轮廓需要用虚线绘制，如图 9-3(c) 所示，这给读图带来不便，也与视图的选用原则相背离。为了解决这个矛盾，可以用镜面代替 H 投影面，形体向镜面做投影时，在镜面上就能得到这些形体的反射图像，这样就将原来平面图中的虚线都变成可见的实线，给读图带来便利。这种在镜面中反射得到的投影图像就称为镜像投影图。用镜像投影图表达形体时，应在图名后加注"镜像"二字。

2）展开投影图

有些建筑形体的各个面之间并不是相互垂直的，有些面与基本投影面平行，有些面与

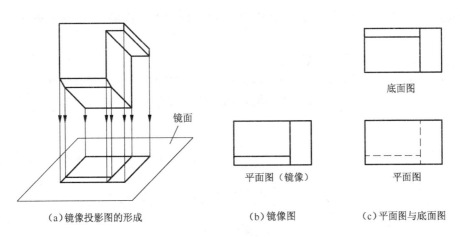

（a）镜像投影图的形成　　　　　（b）镜像图　　　　（c）平面图与底面图

图 9-3　镜像投影图

基本投影面倾斜。在绘制形体的投影图时,在与平面平行的基本投影面上,可以画出该平面实形的投影,而与基本投影面倾斜的平面则不能在基本投影面上反映出该平面的实形。为了表达倾斜平面的实际形状和大小,国标规定,在画立面图时,可假想将这些平面展开至与某选定的基本投影面平行,再向该基本投影面作正投影,这种经展开后再向基本投影面投影所得的正投影图称为展开投影图。展开投影图不需做特殊标注,只要在图名后加注"展开"二字即可,如图 9-4 所示。

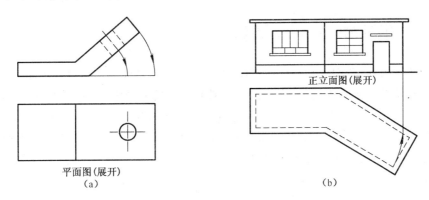

平面图（展开）

（a）

正立面图（展开）

（b）

图 9-4　立面展开图

3）辅助投影图

有些建筑形体的某些平面与任何基本投影面均不平行,则在基本视图中都不能反映该平面的实际形状和大小,这给作图带来一定的困难,读图也不方便。为了清晰地表达这些与基本投影面倾斜的平面实形,可以引入一个与该平面平行的辅助投影面,然后将该平面向辅助投影面作正投影。这样,就能在辅助投影面上得到反映该平面实形的投影图,这种向不平行于任何基本投影面的平面投影所得的视图,称为辅助投影图。

为了表示出辅助投影面与基本投影面的区别,须用箭头表示辅助投影图的观看方向,箭头必须垂直于斜面,并用大写英文字母编号,在所得辅助投影图的下方注写对应的大写英文字母"X",如图 9-5 所示。因为辅助投影图只是为了表达它们的倾斜结构的局部形状,所以画出了它所需要表达的实形部分后用波浪线断开,不画出其他部分的投影,波浪线的画法如图9-5、图9-6所示。

画辅助投影图时应注意:

(1) 辅助投影图一般按投影关系配置,必要时也可配置在其他适当的位置。

(2) 在不致引起误解时,允许将图形旋转,标注形式为"×向旋转",如图9-5所示。

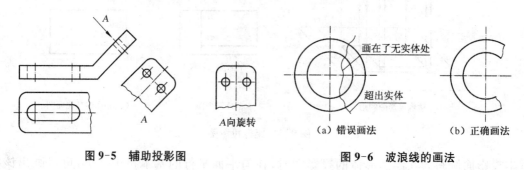

图9-5 辅助投影图   图9-6 波浪线的画法

9.2 剖面图

9.2.1 剖面图的概念和绘制方法

在前面的学习中,我们得知在建筑形体的正投影图中,形体内部不可见的轮廓线应绘制成虚线。但若形体的内部结构复杂,势必在投影图上出现较多的虚线,甚至虚线、实线相互重叠交错,这给读图带来困难,也不便于进行尺寸标注。为了解决这个问题,可以采用"国标"中规定的剖面图画法来表达形体。剖面图就是采用假想的剖切面剖开形体,将处在观察者和剖切面之间的部分移去,而将剩余的部分向投影面作正投影所得的图形。如图9-7所示的正立面图就为一剖面图。

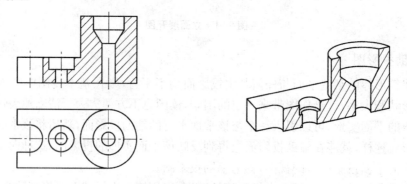

图9-7 形体剖切示意图

在图9-7中,假想用一个平行于V面的平面作为剖切面,对形体进行对称剖切,移去了观察者和剖切面之间的一半,将剩下的一半再向V面作垂直投影,就得到图9-7中处于正立面图位置上的剖面图。

要绘制出正确、合理的形体剖面图,应注意剖面图的绘制方法和步骤:

(1)确定剖切面的位置及数量

如图9-8所示,选取平行于 V 面的对称面作为剖切面。选择剖切面时要注意剖切面应选择平行或垂直于某个基本投影面为宜,并且通过形体的孔、槽的中心线位置或通过形体对称面的位置,避免剖切出不完整的要素。这样就能使切断面的投影反映出实形,方便读图、画图。另外,选择剖切面的数量可为一个或多个,根据形体的复杂程度而定。

(2)画剖面图轮廓

如图9-8所示,假想将形体剖开并移去前半部分,将形体后半部分向 V 面作正投影,画出剖切图。具体画法为:先擦去原投影图中已被移去部分的可见轮廓线,再将原投影图不可见的虚线改为实线(剖切之后即可见)。由于剖面图是用假想平面剖开形体后画出的,因此,当形体的一个投影图画成剖面图后,其他的投影图不受影响,仍应完整地画出。

(3)画材料图例

为了使剖面图清晰易辨,应将剖面图中剖到部分(断面)与未剖到部分区分开来。"国标"规定:在剖切到的实心断面上要画上形体相应的材料图例。如图9-8中绘制的是未注明形体材料时的材料图例,该图例符号采用与水平方向成 $45°$、间隔均匀的细实线画出,向左或向右倾斜均可,通常称为剖面线,但在同一个剖面图中,剖面符号的方向和间隔必须一致。工程中常用的材料图例参见表9-1。

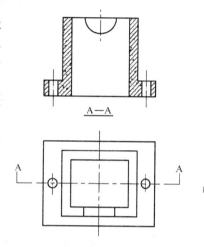

图 9-8 剖面图的绘制步骤

表 9-1 常用建筑材料图例

名　称	图　例	说　明
自然土壤		包括各种自然土壤
夯实土壤		
普通砖		(1)包括砌体、砌块 (2)当断面较窄、不易画出图例线时,可涂红
混凝土		(1)本图例仅适用于能承重的混凝土及钢筋混凝土 (2)包括各种标号、骨料、添加剂的混凝土
钢筋混凝土		(3)当断面较窄、不易画出图例线时,可涂黑 (4)在断面图上画出钢筋时,不画图例线
饰面砖		包括铺地砖、马赛克、陶瓷锦砖、人造大理石等
沙、灰土		靠近轮廓线的点较密
毛　石		

续表 9-1

名　称	图　例	说　明
金　属		(1) 包括各种金属 (2) 图形小时,可涂黑
木　材	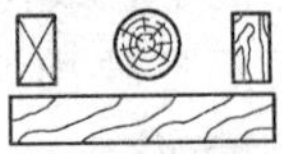	(1) 上图为横断面,左起为垫木、木砖、木龙骨 (2) 下图为纵断面
防水材料		构造层次较多或比例较大时,采用上面图例
塑　料	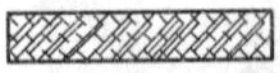	包括各种软、硬塑料及有机玻璃等
粉　刷	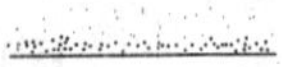	本图例采用较稀的点

（4）剖面图的标注

绘制剖面图时,需要在剖切视图上标注剖切位置（剖切符号）、投射方向、剖面图的名称,下面进行详细说明。

① 剖切位置的表示。作剖切图时,一般都选择平行于基本投影面的平面来剖切形体,从而使断面的投影能反映实形。根据投影面平行面的投影特性,它在所垂直的投影面上投影积聚为一条与投影轴平行的线段,因此可以在剖切平面垂直的投影面上,用积聚的线段表示出剖切位置,如图 9-8 所示。剖切平面垂直于 H 面,故在 H 面投影图上确定出剖切面的位置,用剖切符号标注出剖切位置,剖切符号用断开的两段粗实线表示,长度为 6～10,并且不能与图形的轮廓线相交。

② 剖视方向。剖视方向即为剖切后形体剩下部分的投射方向。为了表明剖视方向,在断开的两段剖切线外侧各画一段与其垂直的短粗线来表示投射方向,这两段短粗线的长度要比剖切线略短,长为 4～6。绘制时,剖视方向符号也不应与其他图线相接触。

③ 编号。对建筑形体的剖切次数有时不止一次,视形体结构的复杂程度而定。因此,为了加以区分,对每一次的剖切都需进行编号。国标规定用阿拉伯数字、罗马数字或拉丁字母（房屋建筑制图用粗阿拉伯数字）,按剖切顺序由左至右、由下向上连续编排,并应在剖视方向线的端部注写"×",在所得剖面图的下方写上剖面图的名称"×—×剖面图",如"1—1剖面图"。

当剖面图按投影关系配置,中间又没有其他图形隔开时,可省略剖面图。当单一剖切平面通过形体的对称平面或基本对称的平面,且剖面图按投影关系配置,中间又没有其他图形隔开时,可省略标注。图 9-7 中的剖面图标注可全部省略。

9.2.2　剖面图的分类

1）全剖面图

用剖切平面完全地剖开形体所得的剖面图,称为全剖面图。

当形体的外形比较简单,内形比较复杂,外形结构不对称或对称时可进行全剖。如图 9-9

中所示,假想用一个剖切平面沿该形体的前后对称面将它完全剖开,移去前半部分,向正立投影面、侧立投影面作投影,便得出其全剖面图。全剖面图一般都要进行标注,只有满足省略标注的条件时可省去标注。图9-9中的"1-1剖面图"可省去标注。

适用条件:主要适用于外形简单,内部形状复杂的形体。

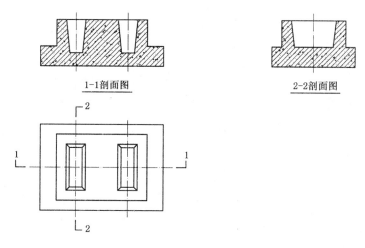

图9-9　形体的全剖面图

2) 半剖面图

当形体具有对称面且外形又比较复杂时,可以绘制出以对称中心线为界,一半为剖面图,另一半画成外形视图的拼接图形,这种拼接剖面图称为半剖面图。图9-10为形体的半剖面图,从图中可知,该形体结构是前后、左右均对称的。表达这个结构时,图9-10所示的剖示方法是将形体的三个投影图都画成了半剖面图。

画半剖面图时,必须注意以下几点:

(1)在半剖面图中,一半视图表达外形,一半表达剖面图,两者之间用细单点画线分开,不能画成粗实线。一般情况下,外形视图与剖面图的位置关系为:左边画视图,右边画剖面图或后面画视图,前面画剖面图。

(2)对于对称图形,形体的内部结构已在半个剖面图中表示清楚,所以在表达外部形状的半个视图中,不可见的轮廓(虚线)应省略不画出。但是,如果形体的某些内部形状在半剖面图中没有表示出来,则在表达外部形状的半个视图中,还是应该用虚线画出。

(3)半剖面图的标注与全剖面图的标注完全相同。当剖切平面与形体的对称平面重合,且半剖面图又置于基本投影图的位置时,其标注也可以省略。如图9-10中的正立面图和侧立面图位置的半剖面图,因其剖切平面均通过形体的前后对称面,所以完全省略了标注。而水平面图所作的半剖面图,由于其剖切平面未通过形体的对称面,所以按规定进行了标注"1-1剖面图"。

适用条件:半剖面图主要适用于外形与内部形状复杂,且在剖切的视向方向具有对称平面的形体;当形体基本对称且不对称的部分已另有图形表达清楚时,也允许画成半剖面图。如图9-11所示。

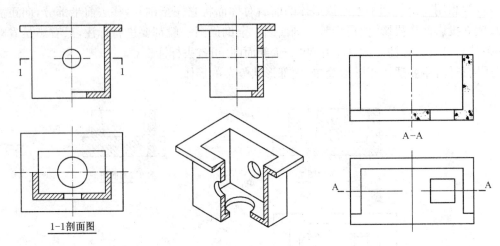

图 9-10 形体的半剖面图（一） 图 9-11 形体的半剖面图（二）

3）局部剖面图

当形体只有某一个局部需要剖切表达时，就在它的投影图上只将这一局部画成剖面图，这种局部剖切所得的视图，称为局部剖面图。

由于局部剖视的方法简明、灵活，在工程中的使用也较为广泛。图 9-12 为一杯型基础的局部剖面图。将其水平投影画成局部剖面图，表示出基础内部钢筋的配置情况，这样通过表达局部就可以知道整体的情况，但在绘制局部剖面图时，局部剖面图与视图之间需用波浪线分隔开。

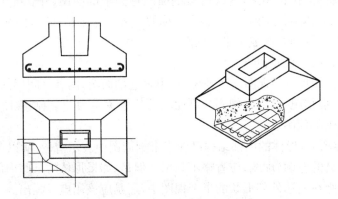

图 9-12 杯型基础局部剖面图

适用条件：局部剖面图主要适用于外形与内部形状复杂，且结构不对称的形体，或者只需通过表达局部就能知道整体的形体。

另外，当剖面图中既不宜采用全剖面图也不宜采用半剖面图时，则可采用局部剖面图来表达。如图 9-13 所表示的三个形体，虽然前后、左右都对称，但形体的正中都分别有外轮廓或内轮廓存在，因此正立面图不宜画成半剖面图，而应画成局部剖面图。在作波浪线时，尽可能巧妙地把形体的外轮廓或内轮廓清晰地显示出来。

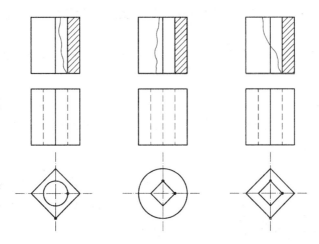

图 9-13 适宜采用局部剖视图的情况

在房屋工程中,常用分层局部剖面图来表达楼面、地面和屋面的材料和构造,如图 9-14 所示。

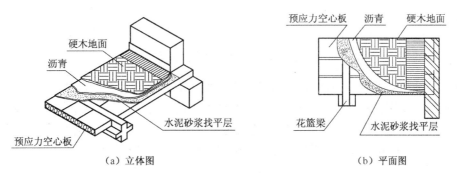

（a）立体图　　　　　　　　　　　　　　（b）平面图

图 9-14 分层局部剖面图

画局部剖面图时必须注意:

(1) 局部剖面图中剖切平面的剖切位置较为明显,一般不作标注,如图 9-15 所示。

(2) 局部剖面图中,视图部分与剖面图部分的分界线用波浪线隔开,可视作实体上断裂面的投影,并且波浪线不应与图样上其他图线重合。

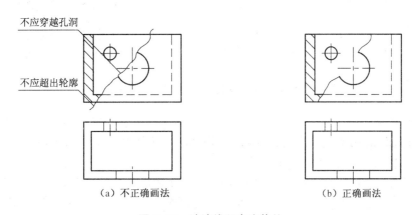

（a）不正确画法　　　　　　　　　　　　（b）正确画法

图 9-15 波浪线画在实体处

（3）波浪线为依附实体上的不规则的断裂线，因此不应超出轮廓线，也不应穿越孔、洞，如图 9-15。

（4）在一个视图中，局部剖视的数量不宜过多，以免使图形过于破碎以致影响图形的清晰。

4）阶梯剖

当形体的内部结构较复杂，用一个平面无法都剖切到，这时可以假想用几个平行的剖切平面来剖切形体，这样得到的剖面图称为阶梯剖面图。阶梯剖面图适用于构件上的孔、槽及空腔等内部结构不在同一平面内时。

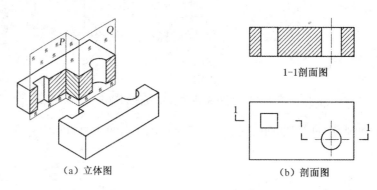

（a）立体图　　　　　　　（b）剖面图

图 9-16　形体的阶梯剖面图

如图 9-16 所示的形体，左侧四棱柱孔洞对称线与右侧的圆柱孔洞轴线不在同一平面上，这时选用了分别过孔洞轴线的两个相互平行的剖切平面将形体剖开，两个剖切面在转折的地方就像一个台阶，将形体内部两处孔洞处的结构清楚地表达出来。进行剖切后，结构外形线虽然被剖切掉了，但仍可将正立面图与平面图结合分析，掌握其外形结构特征。

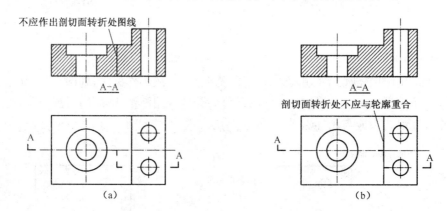

图 9-17　剖切面转折处的位置选择（一）

画图时应注意：

（1）由于是假想用剖切平面进行剖切，两平行的剖切面之间的转折面并不存在于实体上，因此，在作剖面图时不应绘出，如图 9-17(a)。

（2）剖切面的转折处应选择适当位置，应避免与图中的轮廓线重合，如图 9-17(b)。

（3）应完整剖切孔洞的结构，避免出现不完整的要素，如图 9-18(a)。但如果两个要素在图形上具有公共的对称中心或轴线时，可允许在阶梯剖面图中，以对称中心或轴线为界各画一

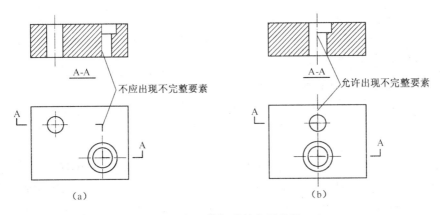

（a）

（b）

图 9-18　剖切面转折处的位置选择（二）

半，如图 9-18（b）所示。

5）旋转剖

有的建筑形体为带孔的回旋体，不能用一个或几个相互平行的平面进行剖切，而需要两相交的剖切平面（该两相交平面的交线应垂直于某一基本投影面）进行剖切。剖切后，将倾斜于基本投影面的剖切平面绕两平面的交线旋转到与基本投影面平行的位置后，再向平行的基本投影面投影得到的剖面图称为旋转剖面图。显然，倾斜部分经旋转之后再作投影得到的剖视图就是个展开视图，因此，"国标"规定，旋转剖面图应在图名后加注"展开"二字。如图 9-19（a）所示的摇杆，为清楚地表达摇杆体的内部形状，采用通过孔轴线的两相交平面剖切，遥杆的正垂轴线为两相交平面的交线，剖切后，将倾斜结构的右上部分结构绕轴线旋转到与 H 面平行，与左边的剖切平面重合，再一起向 H 面进行投影。这样，就可在一个剖面图上得到反映由两个相交平面剖切的形体内部结构的真实形状，如图 9-19（a）中的 A—A 旋转剖面图。

如图 9-19（b）所示形体，为清楚地表达该形体的左侧和右前侧的内孔形状，采用通过孔轴线的两相交平面剖切，形体主孔的铅垂轴线为两相交平面的交线，剖切后，将倾斜结构的右前侧部分结构绕轴线旋转到与 V 面平行，与左边的剖切平面重合，再一起向 V 面进行投影。得到图 9-19（b）中的 1-1 旋转剖面图。

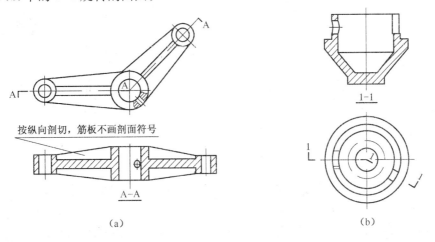

（a）

（b）

图 9-19　旋转剖面图

绘制旋转剖面图注意事项：

① 剖切平面后的其他结构一般仍按原来位置投影,如图 9-19(b)平面图中右前侧孔,其水平投影仍按原来的投影位置画出。

② 剖切后产生不完整要素时,该部分应按不剖画出。

③ 标注时,在剖切平面的起、讫转折处画上剖切符号,并注写剖面图名称"×－×",在起、讫处画短粗实线(方向线)表示投影方向。当投影方向已知且符合省略粗短实线(方向线)标注条件时,一般可省略短粗实线(方向线),转折处的字母有时也可省略。

④ 如图 9-19(a)中所示形体,左、右侧连接板上还有起加强连接作用的筋板。工程制图标准规定:对于构件的筋、轮辐、薄壁等,如按纵向剖切,这些结构都不画材料符号,而用粗实线将它与邻接部分分开,如图 9-19(b)中平面图所示。但若按横向剖切,这些结构需要画出材料符号。

9.3 断面图

1) 基本概念

假想用剖切平面将形体的某处切断,仅画出形体切断面的投影,这种图形称为断面图,简称断面。在工程设计、生产实际中,需要单独画出形体的断面图以表达其断面形状。如图 9-20 所示。

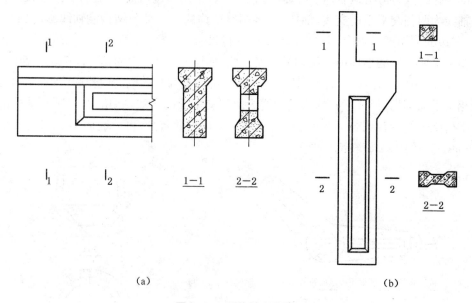

图 9-20 形体的断面图

断面图与剖面图有一定的关联,断面图只画出形体被剖开后的断面投影,而剖面图除了要画出形体被剖开后的断面投影外,还需画出其后视可见的形体轮廓。因此,剖面图包含了断面图,两种图在绘制时有所区别,只有当剖切平面通过空洞剖切形体而使得断面图出现完全分离的两个断面图形时,断面图按剖面图绘制。

此外,断面图的标注与剖面图也有不同,断面图虽然也用两段断开的短粗实线表示剖切位置线,长为 6～10 mm,但不用画线来表示投影方向,而是通过编号的注写位置来表达。如图 9-20(a)中一根变径梁的断面图,编号写在右侧则表示向右侧投影;图 9-20(b)中柱的断面图,编号写在下方则表示向下方投影。

2)断面图的种类

断面图分为移出断面图、中断断面图和重合断面图三种。

(1) 移出断面图

如图 9-21(a)、(b)所示,画在视图外的断面称为移出断面。移出断面的轮廓线用粗实线绘制,单个断面图应尽量配置在剖切符号或剖切平面迹线的延长线上。剖切平面迹线是剖切平面与投影面的交线,用细单点画线表示,断面图一般应按顺序排列。

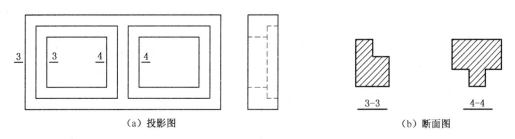

(a) 投影图　　　　　　　　　　　　(b) 断面图

图 9-21　移出断面

(2) 中断断面图

如图 9-22 所示,将断面图直接画在视图的中断处称为中断断面。对于较长构件且只有单一断面形状的杆件,或形体的剖面图形对称时常可采用这种断面形式。中断断面图不需要进行标注。

(a)　　　　　　　　　　　　　　　(b)

图 9-22　中断断面

(3) 重合断面图

在不影响图形清晰的条件下,断面也可按投影关系画在视图内。画在视图内的断面图称为重合断面图,如图 9-23。这时可不加任何标注,只需在断面图的轮廓线之内沿轮廓线绘出

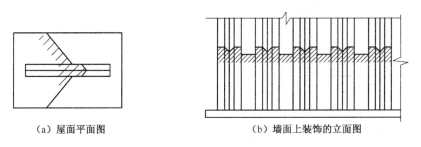

(a) 屋面平面图　　　　　　　(b) 墙面上装饰的立面图

图 9-23　重合断面

材料图例符号。当断面尺寸较小时,可将断面图涂黑。

9.4 图样中的简化画法

为了便于图纸的合理利用,节约绘图时间,建筑制图的有关国家标准允许采用下列简化画法。

1）对称画法

平面图形如果具有对称线,可只画出一半,并在对称线的两端画上对称符号。对称线用细点画线表示,对称符号用一对平行等长的细实线表示(长度约 6～10 mm)。如图 9-24(a)所示的正锥壳基础的平面图。

对于左右对称、上下对称的平面图形,可只画出四分之一,并在两条对称线的端部都画上对称符号(图 9-24(b))。

对称图形也可画出一大半,然后画上细折断符号或细波浪线作为图形的边界。此时不画对称符号。如图 9-24(c)所示的木屋架立面图。

对称的构件需画剖面图时,可以画成半剖面图,一半画外形投影图,一半画剖面图,中间画对称线,并在对称线的两端画上对称符号。

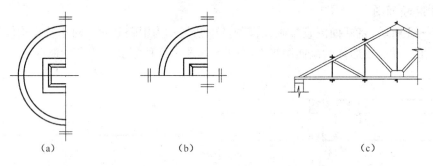

图 9-24 对称画法

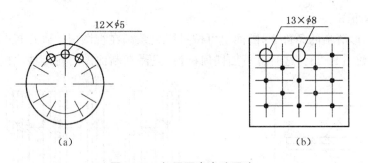

图 9-25 相同要素省略画法

2）相同要素的省略画法

当建筑物或构配件的图形上有多个完全相同且排列规则的构造要素时,可仅在两端或适当位置画出几个要素的完整形状,其余要素只需画出中心线或中心线的交点,以确定位置。如图 9-25(a)所示。

如果相同要素的个数少于中心线的交点数,则应在各要素实际位置的中心线交点处用小圆点表示。如图 9-25(b)所示。

3)折断省略画法

较长的构件,如果在较大范围内断面不变或按一定规律变化,可断开省略绘制,断开处应以折断符号或波浪线表示。此时,应标注完整构件的长度,如图 9-26(a)、(b)、(c)所示。

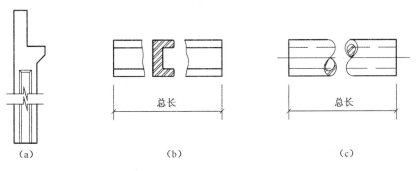

图 9-26 折断省略画法

4)构件局部不同的省略画法

构件甲如果与构件乙仅小部分不相同,在绘制构件甲的图形时,可参照构件乙的图形,只画出构件甲不同的部分。但应在两个构件的相同部分和不同部分的分界线上,分别画上连接符号(折断线),两个连接符号应对齐,如图 9-27 所示。

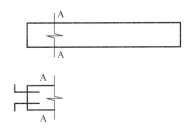

图 9 27 局部构件不同的简化画法

149

10 建筑施工图

10.1 概述

建筑物按照使用性质，通常可以分为生产性建筑物(即工业建筑、农业建筑)和非生产性建筑物(即民用建筑)，而民用建筑根据建筑物的使用功能，又可以分为居住建筑和公共建筑两大类。

10.1.1 房屋的组成及其作用

一幢建筑，一般由构件、配件，如基础、墙(柱)、楼板(地坪)层、屋顶、楼梯、门窗等部分组成。

基础是指建筑物与土层直接接触的部分，而地基则是指支承建筑物重量的土层。基础承受房屋的全部荷载，并经它传递给地基。墙是建筑物的承重结构和维护结构，分为外墙和内墙，外墙起着承重、围护(挡风雨雪、保温防寒)作用，内墙起分隔的作用，有的内墙也起承重作用。房屋的第一层也叫底层，其地面叫底层地面。第二层以上各层叫楼板层，分隔上下层的楼面，还起承受上部的荷载并将其传递到墙或柱上的作用。房屋的最上面是屋顶，也叫屋盖，由屋面板及板上的保温层、防水层等组成，是房屋的上部围护结构。内外墙上的窗，起着采光、通风和围护作用，为防寒，外墙上的窗做成双层。门、走廊和楼梯等，起着沟通房屋内外和上下交通作用。屋顶上做的坡面、雨水管及外墙根部的散水等，组成排水系统。内外墙面做有踢脚、墙裙和勒脚，起保护墙体的作用。此外，还有阳台、烟道及通风道等。

如图 10-1 所示是一栋钢筋混凝土构件和砖墙组成承重系统的混合结构建筑。

10.1.2 施工图的产生及分类

房屋的建造一般在整个基本建设程序中，包含设计和施工两大环节，设计工作是其中的重要环节且具有较强的政策性和综合性，房屋的设计工作分为初步设计和施工图设计两个阶段。对于技术要求简单的民用建筑工程，经有关主管部门同意，可以用方案设计阶段代替初步设计阶段，在方案设计审批后直接进入施工图设计阶段。而有些复杂的工程项目，还需要在初步设计阶段和施工图设计阶段之间插入技术设计阶段。

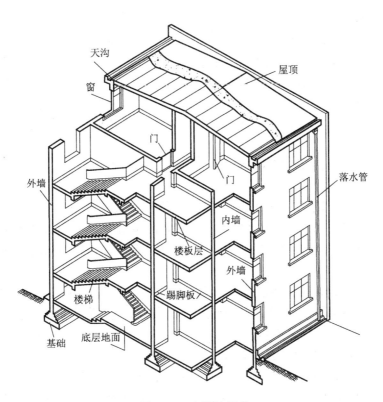

图 10-1 房屋的组成

1）初步设计阶段

初步设计的目的是提出方案,说明该建筑的平面布置、立面处理、结构造型等。包含以下内容。

（1）设计前的准备。包含接受任务,明确要求,调查研究,收集资料。

（2）方案设计。此阶段主要有设计说明书(包括各专业设计说明以及投资估算等内容)、设计图纸(总平面图、工艺图、平面图、立面图、剖面图)、设计委托或设计合同中规定的透视图、鸟瞰图、模型等。

（3）初步设计。在方案完成以后,建筑、结构、设备(水、暖、通风、电气等)、工艺等专业的技术人员应进一步具体解决各种技术问题,经过充分的讨论,合理地解决各专业之间在技术方面存在的矛盾,互提要求,反复磋商,取得各专业的协调统一,并为各专业的施工图设计打下基础。

初步设计文件应具备一定的深度以满足设计审查、主要材料及设备订购、施工图设计的编制等方面的需要。初步设计文件应包括:设计总说明、各专业设计说明,有关专业的设计图纸,工程概算书。

2）施工图设计阶段

在初步设计得到有关监督和管理部门批准后,即可进行施工设计。施工图设计阶段主要是为了修改和完善初步设计,将工程施工的各项具体要求反映在图纸中,使整套图齐全统一。根据其专业内容或作用的不同,一般均包含:

（1）图纸目录。列出整套施工图中各图纸的编号及名称。

（2）设计总说明。

（3）建筑施工图（简称建施）。包括建筑设计说明、总平面图、各层平面图、立面图、剖面图和构造详图。本章主要研究这些图样的画法和读法。

（4）结构施工图（简称结施）。包括结构设计说明、基础和梁板布置平面图、楼梯结构布置图及各构件结构详图。

（5）设备施工图（简称设施）。包括给水排水、采暖通风、电气设备等的平面布置图和详图。

10.1.3　建筑施工图的图示特点

建筑施工图简称"建施"，一般由设计部门的建筑专业人员进行设计绘图。建筑施工图主要反映一个工程的总体布局，表明建筑物的外部形状、内部布置情况以及建筑构造、装修、材料、施工要求等，用来作为施工定位放线、内外装饰做法的依据，同时也是结构施工图和设备施工图的依据。

建筑施工图包括设备说明和建筑总平面图、建筑平面图、立面图、剖面图等基本图纸，以及墙身剖面图和楼梯、门窗、台阶、散水、浴厕等详图与材料、做法说明等。建筑室内装饰、工程地面平面图用垂直于各个地面正投影的形式表示；顶棚平面图多以仰视的垂直于各顶棚的正投影表示；各墙面立面图以垂直于各个墙面的正投影面表示；而细部则以详图的形式来表示。

本章将列出一般民用建筑建筑施工图中较主要的图纸，以作参考。

（1）施工图的各图样主要是用正投影法绘制的。通常在 H 面上作平面图，在 V 面上作正、背立面图，在 W 面上作剖面或侧立面图。由于工程项目中房屋体型较大，所以施工图一般都用较小比例绘制，且平、立、剖面图可分别单独画出。

（2）建筑施工图中的平、立、剖面图一般都以 1∶200、1∶100 等的比例绘制，而内部构造较复杂的部位，在平、立、剖面图中一般比例难以表达清楚，所以需要添加相应的大比例（1∶10、1∶20等）详图加以说明。

（3）建筑施工图中建筑物的构、配件和材料种类较多，为作图简便起见，"国标"规定了一系列标注符号，因此施工图中会出现大量的图例和符号。

（4）施工图根据不同内容，采用不同规格的图线绘制，选取相应的线型和线宽，用以表明图形空间的层次感。

10.1.4　建筑施工图的阅读步骤

施工图的绘制将前述各章投影理论、图示方法及有关专业知识综合应用，因此读懂施工图之前需掌握以下技能：

（1）掌握投影图的作用原理和各种表示方法。

（2）熟识施工图中常用的图例、符号、线型、尺寸和比例的意义。

（3）施工图中常涉及一些专业上的问题，应在学习过程中注意观察和了解房屋的组成和构造的基本情况。更详细的知识留待专业课学习。

一套建筑施工图纸，少则几张，多则几十张甚至上百张。因此，当拿到图纸时，首先，根据图纸目录，检查和了解这套图纸有多少类别，每类有几张，是否有缺损或有重复利用的旧图未配齐。检查无误后,按图纸目录顺序通读一遍,对情况有一个大概的了解。然后,不同专业(或工种)的技术人员,根据不同要求,重点深入阅读不同类别的图纸。阅读时,应按先整体后局部、先文字后图样、先图形后尺寸等原则仔细阅读。同时,应特别注意各类图纸之间的联系,以避免发生矛盾而造成质量事故和经济损失。

10.1.5　建筑施工图中常用的符号与图例

1) 图线

画在图纸上的线条统称图线。房屋的建筑制图中,图线的宽度 b,宜从 1.4 mm、1.0 mm、0.7 mm、0.5 mm、0.35 mm、0.25 mm、0.18 mm、0.13 mm 线宽系列中选取。图线的宽度不应小于 0.1 mm。每个图样应根据复杂程度与比例大小,先选定基本线宽 b。图线具体的线宽详见表 10-1 的相关内容。

表 10-1　图线

名称		线型	线宽	使用方向	用　途
实线	粗	——	b	总图制图	1. 新建建筑物±0.00 高度可见轮廓线 2. 新建铁路、管线
				建筑专业、室内设计专业制图	1. 平、剖面图中被剖切的主要建筑构造(包括构配件)的轮廓线 2. 建筑立面图或室内立面图的外轮廓线 3. 建筑构造详图中被剖切的主要部分轮廓线 4. 建筑构配件详图中的外轮廓线 5. 平、立、剖面的剖切符号
	中粗	——	$0.7b$	总图制图	1. 新建构筑物、道路、桥涵、边坡、围墙、运输设施的可见轮廓线(或 $0.5b$) 2. 原有标准轨距铁路(或 $0.5b$)
				建筑专业、室内设计专业制图	1. 平、剖面图中被剖切的次要建筑构造(包括构配件)的轮廓线 2. 建筑平、立、剖面图中建筑构配件的轮廓线 3. 建筑构造详图及建筑构配件详图中的一般轮廓线
	中	——	$0.5b$	工程建设制图	可见轮廓线、尺寸线、变更云线
				建筑专业、室内设计专业制图	小于 $0.7b$ 的图形线、尺寸线、尺寸界限、索引符号、标高符号、详图材料做法引出线、粉刷线、保温层线、地面、墙面的高差分界线等
	细	——	$0.25b$	总图制图	1. 新建建筑物±0.00 高度以上的可见建筑物、构筑物轮廓线 2. 原有建筑物、构筑物、原有窄轨、铁路、道路、桥涵、围墙的可见轮廓线 3. 新建人行道、排水沟、坐标线、尺寸线、等高线
				建筑专业、室内设计专业制图	图例填充线、家具线、纹样线等

续表 10-1

名称		线型	线宽	使用方向	用　途
虚线	粗	—— —— ——	b	总图制图	新建建筑物、构筑物地下轮廓线
				工程建设制图	结构图上不可见钢筋及螺栓线
	中粗	— — — —	$0.7b$	建筑专业、室内设计专业制图	1. 建筑构造详图及建筑构配件不可见轮廓线 2. 平面图中的超重机(吊车)轮廓线 3. 拟建、扩建建筑物轮廓线
	中	— — — —	$0.5b$	总图制图	计划预留扩建的建筑物、构筑物、铁路、道路、运输设施、管线、建筑红线及预留用地各线
				建筑专业、室内设计专业制图	投影线、小于 $0.5b$ 的不可见轮廓线、图例线
	细	— — — — —	$0.25b$	总图制图	原有建筑物、构筑物、管线的地下轮廓线
				建筑专业、室内设计专业制图	图例填充线、家具线等
单点长画线	粗	——·——	b	总图制图	露天矿开采界限
				建筑专业、室内设计专业制图	起重机(吊车)轨道线
	中	—·—·—	$0.5b$	总图制图	土方填挖区的零点线
	细	—·—·—	$0.25b$	总图制图、建筑专业、室内设计专业制图	分水线、中心线、对称线、定位轴线
双点长画线	粗	——··——	b	总图制图	用地红线
	中粗	—··—··—	$0.7b$	总图制图	地下开采区塌落界限
	中	—··—··—	$0.5b$	总图制图	建筑红线
	细	—··—··—	$0.25b$	工程建设制图	假想轮廓线、成型前原始轮廓线
折断线	中	—／\—	$0.5b$	总图制图	断线
	细	—／\—	$0.25b$	建筑专业、室内设计专业制图	部分省略表示时的断开界线
波浪线	细	～～～	$0.25b$	建筑专业、室内设计专业制图	1. 部分省略表示时的断开界线,曲线形构件断开界限 2. 构造层次的断开界线

注:根据各类型图纸所表示的不同重点确定使用不同粗细线型。同一张图纸内,相同比例的各图样,应选用相同的线宽组。

参考:总图制图标准(GB/T 50103—2010),建筑制图标准(GB/T 50104—2010),房屋建筑制图统一标准(GB/T 50001—2010)等。

2）比例

房屋建筑体型庞大,通常需要微缩后才能画在图纸上。图样的比例,应为图形与实物相对应的线性尺寸之比。比例宜注写在图名的右侧,字的基准线应取平;比例的字高宜比图名的字高小一号或二号。

建筑施工图中,各种图样常用比例见表 10-2。

表 10-2　建筑施工图样常用比例

分　类	图　名	比　例
总图制图标准 (GB/T 50103—2010)	现状图	1:500、1:1000、1:2000
	地理交通位置图	1:25000～1:200000
	总体规划、总体布置、区域位置图	1:2000、1:5000、1:10000、1:25000、 1:50000
	总平面图,竖向布置图,管线综合图,土方图,铁路、道路平面图	1:300、1:500、1:1000、1:2000
	场地园林景观总平面图、场地园林景观竖向布置图、种植总平面图	1:300、1:500、1:1000
	铁路、道路纵断面图	垂直:1:100、1:200、1:500 水平:1:1000、1:2000、1:5000
	铁路、道路横断面图	1:20、1:50、1:100、1:200
	场地断面图	1:100、1:200、1:500、1:1000
	详图	1:1、1:2、1:5、1:10、1:20、1:50、 1:100、1:200
建筑专业、室内设计专业建筑制图标准 (GB/T 50104—2010)	建筑物或构筑物的平面图、立面图、剖面图	1:50、1:100、1:150、1:200、1:300
	建筑物或构筑物的局部放大图	1:10、1:20、1:25、1:30、1:50
	配件及构造详图	1:1、1:2、1:5、1:10、1:15、1:20、 1:25、1:30、1:50
房屋建筑制图统一标准 (GB/T 50001—2010)	常用比例,优先采用	1:1、1:2、1:5、1:10、1:20、1:30、 1:50、1:100、1:150、1:200、1:500、 1:1000、1:2000
	可用比例	1:3、1:4、1:6、1:15、1:25、1:40、 1:60、1:80、1:250、1:300、1:400、 1:600、1:5000、1:10000、1:20000、 1:50000、1:100000、1:200000

注:一般情况下,一个图样应选用一种比例。根据专业制图需要,同一图样可选用两种比例。特殊情况下也可自选比例,这时除应注出绘图比例外,还应在适当位置绘制出相应的比例尺。

参考:总图制图标准(GB/T 50103—2010),建筑制图标准(GB/T 50104—2010),房屋建筑制图统一标准(GB/T 50001—2010)等。

3) 定位轴线

根据国标《房屋建筑制图统一标准》(GB/T 50001—2010)规定,施工图中将确定建筑承重构件(基础、墙、柱等)的定位轴线用细点画线画出。定位轴线应编号,编号应注写在轴线端部的圆内。圆应用细实线绘制,直径为 8～10 mm。定位轴线圆的圆心应在定位轴线的延长线上或延长线的折线上。

除较复杂需采用分区编号或圆形、折线形外,平面图上定位轴线的编号,宜标注在图样的下方或左侧。横向编号应用阿拉伯数字(1、2、…、9)从左至右顺序编写;竖向编号应用大写拉丁字母,字母 I、O、Z 不用,以免与数字 1、0、2 混淆,从下至上顺序编写。当字母数量不够使用时,可增用双字母或单字母加数字注脚。定位轴线的编号顺序如图 10-2。

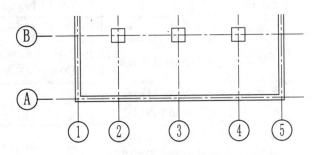

图 10-2　定位轴线的编号顺序

两条轴线之间如有附加轴线时,编号要用分数表示,如 1/4,2/A 所示,其中分母表示前一轴线的编号,分子表示附加轴线的编号。

部分定位轴线见表 10-3 所示。

表 10-3　定位轴线

符　号	用　途	符　号	用　途
○	通用详图的编号,只用圆圈,不注写编号	②⑥	表示详图用于两个轴线
⑪	1 号轴之前的附加轴线分母应用 01 表示		
⑩Ａ	A 号轴之前的附加轴线分母应用 0A 表示	① 2、4…	表示详图用于三个或三个以上轴线
附加轴线　 ①/④	表示 4 号轴线以后附加的第一根轴线		
②/Ａ	表示 A 号轴线以后附加的第二根轴线	① ～ ⑬	表示详图用于三个以上连续编号的轴线

圆形与弧形平面中的定位轴线,其径向轴线应以角度进行定位,其编号宜用阿拉伯数字表示,从左下角或 -90°(若径向轴线很密,角度间隔很小)开始,按逆时针顺序编写;其环向轴线宜用大写英文字母表示,从外向内顺序编写,如图 10-3 所示。

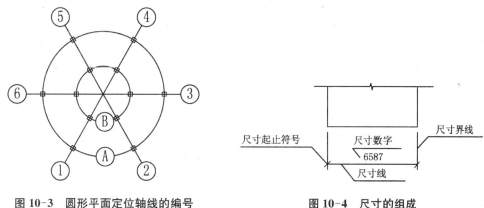

图 10-3　圆形平面定位轴线的编号　　　　图 10-4　尺寸的组成

4）尺寸标注

图样上的尺寸，应包括尺寸界线、尺寸线、尺寸起止符号和尺寸数字，如图 10-4 所示。相应的要求参照第二章尺寸标注的要求进行。

图样上的尺寸，应以尺寸的数字为准，不得从图上直接量取。图样上的尺寸单位，除标高及总平面以米为单位外，其他必须以毫米为单位。

尺寸宜标注在图样轮廓线以外，不宜与图线、文字及符号等相交。互相平行的尺寸线，应从被注写的图样轮廓线由近向远整齐排列，较小尺寸应离轮廓线较近，较大尺寸应离轮廓线较远。

5）标高标注

在总平面图、平面图、立面图和剖面图上，经常用标高符号表示某一部位的高度。各图上所用标高符号应以细实线绘制的等腰直角三角形表示。标高符号的尖端应指至被注高度的位置。标高数字应以米为单位，注写至小数点后第三位数，在总平面图中可注写到小数点以后第二位。

各种标高符号的画法见表 10-4。

表 10-4　标高符号的画法

内　　容	符号画法
（1）标高符号的画法	
（2）室外地坪标高符号	
（3）平面图上楼地面标高符号	（数字）
（4）立面图上的标高符号	（数字）　所注位置的引出线
（5）多层标注	（9.00）（6.00）3.00

在"建施"图中的标高数字表示其完成面的数值。零点标高应注写成 ±0.000，正数标高不

157

注"+",负数标高应注"-",如 3.000、-0.600。

在总平面图中,建筑物应以接近地面处±0.00 标高的平面作为总平面。字符平行于建筑长边书写,且总图中标注的标高应为绝对标高,当标注相对标高时则应注明相对标高与绝对标高的换算关系。在总平面图中,室外地坪标高符号宜用涂黑的三角形表示,标高数值书写在标高符号横线上。

6) 剖切符号

剖视的剖切符号应由剖切位置线及剖视方向组成,均应以粗实线绘制。剖切位置线的长度宜为 6~10 mm;剖视方向线应垂直于剖切位置线,长度应短于剖切位置线,宜为 4~6 mm;也可采用国际统一和常用的剖视方法,剖视剖切符号不应与其他图线相接触。

剖视剖切符号的编号宜采用粗阿拉伯数字,按剖切顺序由左至右、由下向上连续编排,并应注写在剖视方向线的端部;需要转折的剖切位置线,应在转角的外侧加注与该符号相同的编号;建(构)筑物剖面图的剖切符号应注在包含剖切部位最下面一层的平面图上。如图 10-5。

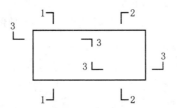

图 10-5　剖视图的剖切符号

断面的剖切符号应只用剖切位置线表示,并应以粗实线绘制,长度宜为 6~10 mm;断面剖切符号的编号宜采用阿拉伯数字,按顺序连续编排,并应注写在剖切位置线的一侧;编号所在的一侧应为该断面的剖视方向。

7) 索引符号

为方便施工时查阅局部构件图样,需要引用详图时,常常会用索引符号注明所画详图的位置、详图的编号以及详图所在的图纸编号。

国标(GB/T 50001—2010)规定,索引符号应按要求编写:索引符号是由一引出线指出要详细表示的地方,在线的另一端画一个 8~10 mm 的圆。当索引符号用于索引剖面详图时,应在被剖切的部位绘制剖切位置线。引出线所在一侧应为剖视方向。引出线应对准圆心,圆内过圆心画一水平线,上半圆中用阿拉伯数字注明该详图的编号,下半圆中用阿拉伯数字注明该详图所在图纸的图纸号。如详图与被索引的图样同在一张图纸内,则在下半圆中间画一水平细实线。索引出的详图,如采用标准图,应在索引符号水平直径的延长线上加注该标准图册的编号。图 10-6 和图 10-7 中的 J105 即为标准图册的编号。

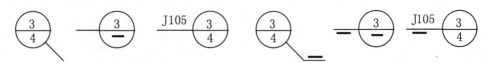

图 10-6　索引符号　　　　　　　　10-7　用于索引剖面详图的索引符号

8）详图符号

详图符号表示详图的位置和编号,应以直径为 14 mm 的粗实线圆绘制。详图与被索引的图样同在一张图纸内时,应在符号内用阿拉伯数字注明详图编号。如不在同一张图纸内,应用细实线在符号内画一水平直径,上半圆中注明详图编号,下半圆中注明被索引图纸编号。如图 10-8。

9）指北针

指北针用来标注图纸上建筑物的方向。指北针用直径为 24 mm 的细实线圆绘制,针尖为北向,应注"北"或"N",指针尾部宽度宜为 3 mm。当图比例较小,需采用较大直径绘指北针时,指针尾部宽度宜为直径的 1/8,如图 10-9 所示。

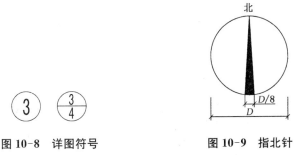

图 10-8　详图符号　　　　　　　图 10-9　指北针

10.2　建筑总平面图

1）图示方法及作用

将拟建工程四周一定范围内的新建、拟建、原有和拆除的建筑物、构筑物连同其周围的地形地物状况,用水平投影方法和相应的图例所画出的图样,称为建筑总平面布置图,简称为总平面图。总平面图反映出拟建工程的平面形状、位置、朝向及与周围环境的关系等,因此是该区域道路、绿化规划、施工定位、土方施工及有关专业管线布置等的重要依据。

2）图示特点

（1）总平面图因包括的地方范围较大,所以绘制时都用较小的比例,如 1∶2000、1∶1000、1∶500 等(参看总图制图标准 GB/T 50103—2010)。

（2）总平面图上标注的尺寸,一律以米为度量单位。

（3）由于比例较小,总平面图上的内容一般按图例绘制,所以总图中使用的图例符号较多。常用图例符号如表 10-5 所示。在较复杂的总平面图中,若用到一些国标没有规定的图例,必须在图中另加说明。

表 10-5　常用图例符号(详见 GB/T 50103—2010)

名称	图例	说明	名称	图例	说明
新建建筑物	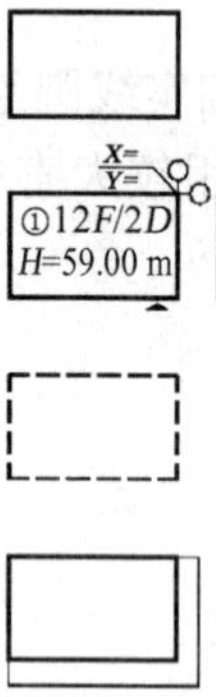 X= Y= ①12F/2D H=59.00 m	新建建筑物以粗实线表示与室外地坪相接处±0.00外墙定位轮廓线；建筑物一般以±0.00高度处的外墙定位轴线交叉点坐标定位。轴线用细实线表示，并标明轴线号；根据不同设计阶段标注建筑编号，地上、地下层数，建筑高度，建筑出入口位置(两种表示方法均可，但同一图纸采用一种表示方法)；地下建筑物以粗虚线表示其轮廓；建筑上部(±0.00以上)外挑建筑用细实线表示；建筑物上部连廊用细虚线表示并标注位置	新建的道路	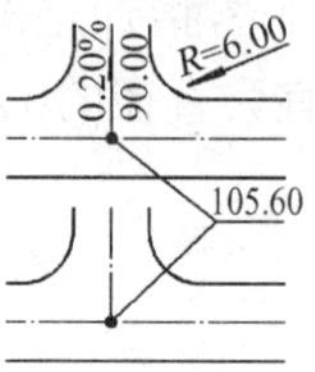 0.20% 90.00 R=6.00 105.60	“R6”表示道路转弯半径为6 m，“105.60”为道路中心线交叉点设计标高，两种表示方法均可。同一图纸采用一种方式表示。“90.00”为变坡点之间的距离，“0.20%”表示为纵向坡度，—► 表示坡向，“64.00”表示变坡点间距离
原有的建筑物	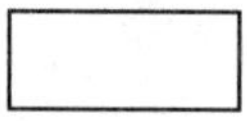	用细实线表示	原有的道路	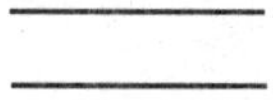	—
计划扩建的预留地或建筑物	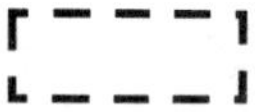	用中虚线表示	计划扩建的道路	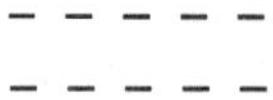	—
拆除的建筑物	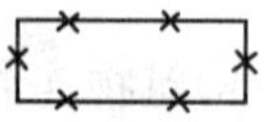	用细实线表示	拆除的道路	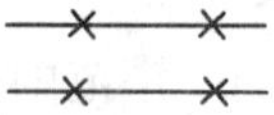	—
坐标	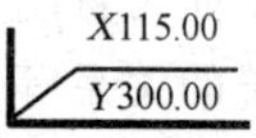 X115.00 Y300.00	表示测量坐标	桥　梁	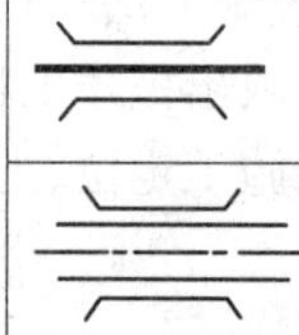	1. 上图表示铁路桥，下图表示公路桥 2. 用于旱桥时应注明
	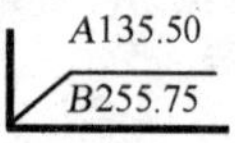 A135.50 B255.75	表示建筑坐标			
围墙及大门	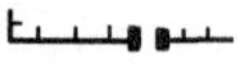	上图表示实体性质的围墙，下图为通透性质的围墙，如仅表示围墙时不画大门	填挖边坡	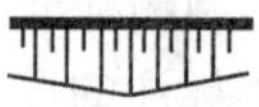	—
	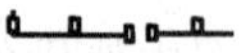				
绿化乔木	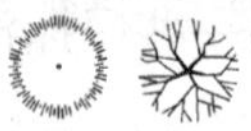	左图为常绿针叶乔木，右图为落叶阔叶乔木	挡土墙	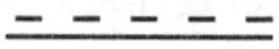	被挡的土在“突出”的一侧
铺砌场地	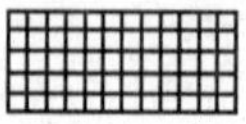	—	挡土墙上设围墙	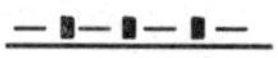	

3）图示内容及读图方法

以图 10-10 某工程总平面图为例,一般总平面图图示内容有:

(1)新建筑物。图 10-10 是按 1:500 的比例绘制的总平面定位图,拟建房屋用粗实线框表示,并在线框内用数字表示建筑层数。

(2)明确新建建筑物的位置和朝向。总平面图的主要任务是确定新建建筑物的位置,可用定位尺寸或坐标表示。图示有测量坐标网(代号用"X、Y"表示)或建筑坐标网(坐标代号用"A、B"表示)。

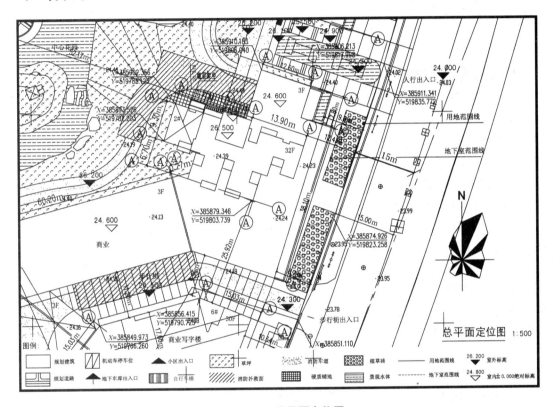

图 10-10　总平面定位图

(3)新建建筑物的室内外标高。我国将绝对标高定为青岛市外的黄海海平面作为零点所测定的高度尺寸,在总平面图中,用绝对标高表示高度数值,单位为 m。在图 10-10 中,该工程拟建筑建筑物底层地面的绝对标高是 24.800 m。

(4)相邻有关建筑、拆除建筑的位置或范围。原有建筑物用细实线框表示,并在右上角用数字表示建筑层数。要拆除的建筑物用粗虚线表示。本节所示图例中未表示。

(5)附近的地形地物,如等高线、道路、水沟、河流、池塘、土坡等。

(6)指北针或风向频率玫瑰图。在总平面图中应画出指北针或风向频率玫瑰图来表示建筑物的朝向。风向频率玫瑰图一般画出十六个方向的长短线来表示该地区常年的风向频率,有箭头的方向为北向。图 13-10 中所示,该地区全年最大的风向频率为东北风。

(7)绿化规划、管道布置。

(8)道路(或铁路)和明沟等的起点、变坡点、转折点、终点的标高与坡向箭头。

（9）补充图例，如图 10-10。

以上内容并不是在所有总平面图上都是必需的，可根据具体情况加以选择。

在阅读总平面图时应首先阅读标题栏，以了解新建建筑工程的名称，再看指北针和风向频率玫瑰图，了解新建建筑的地理位置、朝向和常年风向，最后了解新建建筑物的形状、层数、室内外标高及其定位，以及道路、绿化和原有建筑物等周边环境。

10.3 建筑平面图

1）图示方法及作用

假想用一个水平剖切面沿房屋门窗洞口的位置把房屋切开，将切面以下部分向下投影画出的水平剖面图，称为建筑平面图，简称平面图。它作为建筑施工图中最基本的图样之一。主要反映建筑物的平面形状、大小、房屋布置、墙或柱等承重构件的定位、楼梯和走道安排等。

一般情况下，应按房屋的层次绘制建筑平面图，并在图的下方注明相应图名，如沿底层或二层门窗洞口切开后得到的平面图，称为首层平面图、二层平面图。若某些楼层平面相同时，可以只画出其中一个平面图，称其为标准层平面图。此外还有屋面平面图（房屋顶面的水平视图），需要专门绘制其水平投影图。

在同一张图纸上绘制多于一层的平面图时，各层平面图宜按层数的顺序从左至右或从下至上布置。建筑物平面如较长较大或组合式形状，一张图布置不下，可分区绘制平面图，但应在每个分区平面的右侧绘制整个建筑物外轮廓的缩小平面，明显示意该分区所在位置。

平面图采用 1∶100～1∶200 比例时，断面上抹灰层的面层线可不画，断面材料简化画出，钢筋混凝土材料填涂黑色。当比例大于 1∶50 时，应画出材料图例和抹灰层的面层线。大于 1∶100 比例应用于夹层、高窗、顶棚、散水、檐沟等复杂构件的放大详图。

2）图示内容

（1）标定建筑物墙、柱等承重构件位置的定位轴线。

（2）墙柱轮廓线，楼梯、阳台、门窗、台阶、散水、雨棚等构件尺寸。

（3）厨房内厨具、卫生间内洁具、隔断等及重要设备位置。

（4）剖面图剖切、剖视图符号及编号（一般注在首层），标注有关构件的节点详图的索引符号。

（5）图例。钢筋混凝土断面可涂黑，砖墙一般不画图例。

（6）指北针（一般取上北下南）。

（7）门窗编号等。

以上内容，根据具体建筑物的实际情况进行取舍。需要特别注意的是，在平面图中，门窗、卫生设施及建筑材料均应按规定的图例绘制，并在图例旁注写它们的代号和编号，代号"M"用来表示门，"C"表示窗，编号可用阿拉伯数字顺序编写，如 M_1、M_2、C_1、C_2 等，也可直接采用标准图上的编号。虽然门、窗用图例表示,但门窗洞的大小及其型式都应按投影关系画出。如窗洞有凸出的窗台,应在窗的图例上画出窗台的投影。门及其开启方向用45°方向倾斜的中实线线段表示,用两条平行的细实线表示窗框及窗扇的位置。常用建筑图例如表10-6所示。

表 10-6 构造及配件详图(详见 GB/T 50104—2010)

名　称	图　例	说　明
楼梯	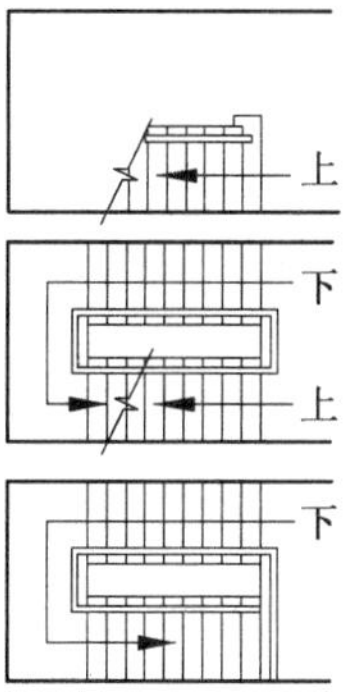	(1) 上图为底层楼梯平面;中图为中间层楼梯平面;下图为顶层楼梯平面; (2) 需设置靠墙扶手或中间扶手时,应在图中表示
单面开启单扇门(包括平开或单面弹簧)	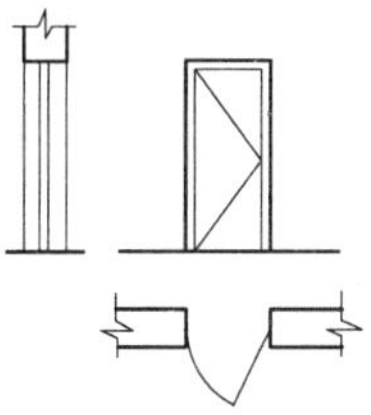	(1) 门的代号用 M 表示; (2) 平面图上门线应 90°、60° 或 45° 开启,开启弧线宜绘出; (3) 立面图上开启方向线交角一侧为安装合页的一侧,实线为外开,虚线为内开,立面图上开启方向线在一般设计图上不需表示,在立面大样图中可根据需要绘出; (4) 剖面图中,左为外,右为内; (5) 附加纱扇应以文字说明,在平、立、剖面图中均不表示; (6) 立面形式应按实际情况绘制
单面开启双扇门(包括平开或单面弹簧)	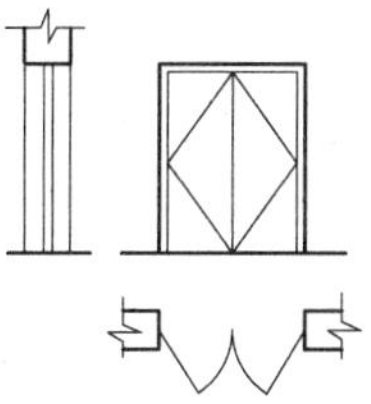	
单层外开平开窗	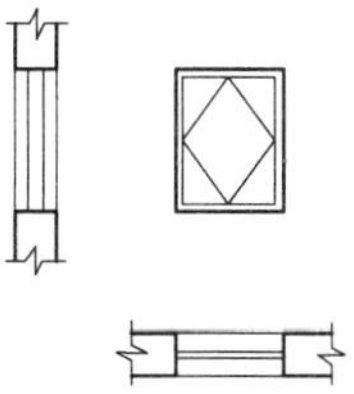	(1) 窗的名称代号用 C 表示; (2) 平面图中,下为外,上为内; (3) 立面图中斜线表示开关方向,实线为外开,虚线为内开,开启方向线交角的一侧为安装合页的一侧,一般设计图中可不表示,在门窗立面大样图中需绘出; (4) 平、剖面图上的虚线仅说明开启方式,在设计图上不需表示; (5) 窗的立面形式应按实际情况绘制
固定窗	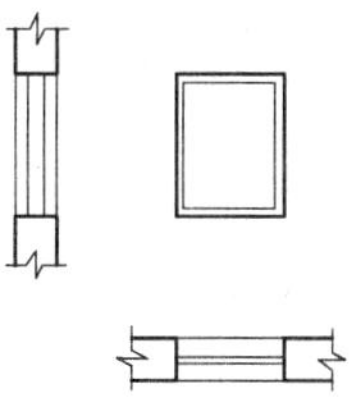	

3) 实例

现以一栋别墅的一层建筑平面图(图10-11—图10-13)为例,说明平面图的内容及阅读方法。

（1）图名上显示了该建筑施工图表达的是哪类（如平面、立面、剖面、详图等）和哪一层,以及该图的比例。本实例为一栋别墅的一层平面图,比例为1：100。

（2）图示指北针,指出建筑物的朝向。

（3）图中注有三道外部尺寸线:第一道尺寸线,表示建筑物外轮廓的总尺寸,是指从一端外墙线到另一端外墙线的尺寸,即建筑物的总长和总宽;第二道尺寸线,表示轴线间的距离,标明了房间的开间和进深;第三道尺寸线,表示各构件的位置及大小,如门窗洞口的宽度和位置、墙柱的尺寸和定位等。

外部的构件,如台阶、坡道、散水等的尺寸,可单独标注。

为了注写尺寸和读图方便,三道尺寸线之间应留适当的距离,一般为7～10 mm,第三道细部尺寸离图形最外轮廓线10～15 mm。为便于读图和施工,一般只在图形的左侧及下方注写外部标注,但若建筑物前后或左右不对称,则需在相应方向两边注写标注。

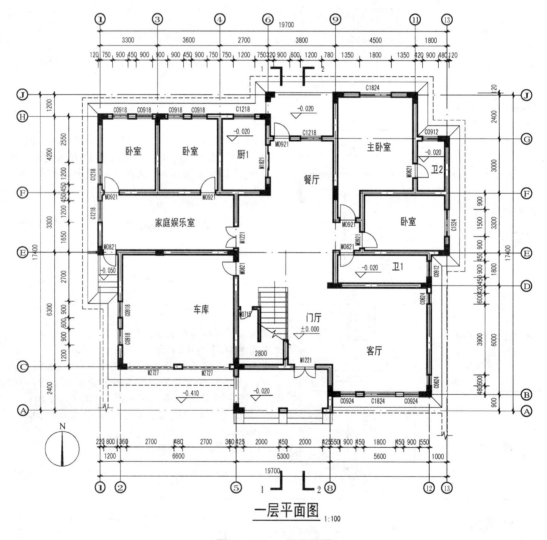

图 10-11　一层平面图

（4）为了说明房间空间的大小及房间内各设施的大小位置,会在平面图上清楚地注写出有关的内部尺寸和各房间的室内标高。一般起居室内地面标高±0.000 m,厨房、卫生间、阳台等接触到水的房间,地面较其他房间约低 0.020 m,表示为－0.020 m。

(5)一层平面图中绘制了门窗的平面图例,可了解到门窗的类型、尺寸、位置。可将宽 0.9 m、高 2.1 m 的门编号为 M0921;宽 1.5 m、高 1.8 m 的窗编号为 C1518。同一编号的门窗尺寸大小均相同,一般情况下,会在一层平面图(或同册其他图纸)上绘制门窗表,表中列出门窗的编号、名称、尺寸、数量及其所选图集的编号。门窗的具体做法详见图集或门窗构造详图。

(6)图中还绘制了其他细部(如楼梯、衣柜、床铺、空调、卫生洁具设备等)的布置情况。

(7)一层平面图中还应有剖切符号,如 1-1、2-2,以便施工时查阅剖面图的剖切位置和剖视方向。

(8)一般来说,各层平面图是将投影方向能看到的部分绘出,但通常会省略重复的地方,例如散水、明沟、台阶等只在一层平面图中表示,而其他层次平面图则不绘出,雨篷也只在二层平面图中表示。

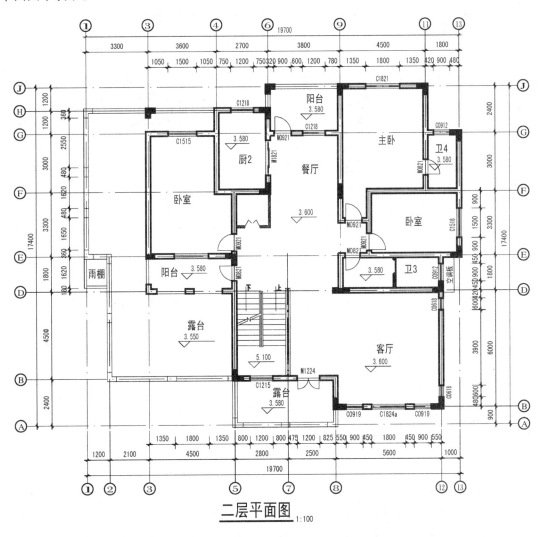

二层平面图 1:100

图 10-12　二层平面图

在平面图中,如果某些局部平面因设备多或因内部组合复杂、比例小而表达不清楚时,可画出较大比例的局部平面图或详图。

（9）屋顶平面图主要表示屋面排水的情况(有分水线,用箭头、坡度表示排水方向),以及天沟、雨水管、水箱等的位置。

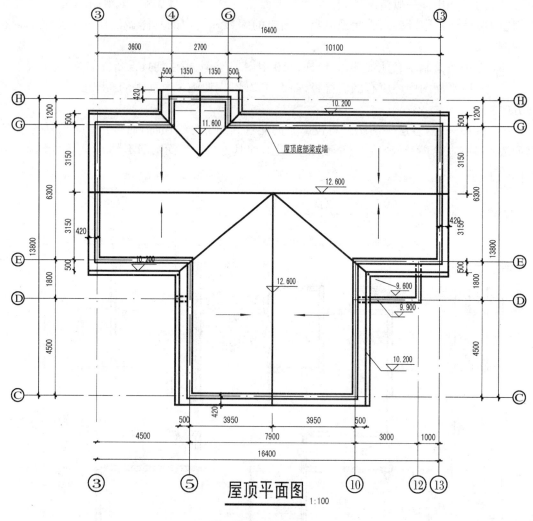

图 10-13　屋顶平面图

10.4　建筑立面图

1）图示方法及作用

建筑物在四个与地坪垂直的方位所作的正投影图,称为建筑立面图。建筑立面在设计阶段主要用来研究建筑物的美观和采光通风,而在施工中,它主要反映立面构件的尺寸、位置和立面装修的一般做法,如外墙面的面层材料、色彩、门窗样式、阳台的形式等。

根据朝向,可命名为东立面、南立面、西立面、北立面等;根据主要出入口,可命名为正立面、左侧立面、背立面、右侧立面;根据立面图两端轴线编号及主出入口,可混合命名,如①～⑬轴正立面图、①～⑥侧立面图等。

按照投影原理,需在立面图上绘制所有看得见的细部,但是图纸大小有限,无法以小比例表示出较复杂构造,例如檐口构造、阳台栏杆、门窗扇等,因此简化为图例表示,并索引出详图或文字说明。

或建筑物中有圆弧部分、曲面或折线形,可将该部分展开到投影平面,再用正投影法绘制出相应立面,但应在图名后注写"展开"字样进行说明。

2）图示内容

(1) 比例。图名上显示了该建筑施工图表达的是哪类(如平面、立面、剖面、详图等)和哪一个方位,以及该图的比例。本节内容实例为一栋别墅的正立面图(如图 10-14),比例通常与平面图相同,为 1∶100。

(2) 定位轴线和标注。一般立面图只画出该建筑物两端和分段的轴线及其编号,以便与平面图对照。其编号应与平面图一致。如例所示的立面图中,只标出轴线①和⑬,⑥和①。

注出外墙各主要构件的标高,如室外地坪、台阶、出入口、窗台、门窗顶、阳台、雨篷、檐口、屋面女儿墙等处完成面的标高。

一般可不注写高度方向的尺寸,但对于外墙留洞除注出标高外,还应注出其尺寸及定位。

(3) 图线。制图时,建筑立面图最外边的外轮廓用粗实线表示;室外地坪线用 1.4 倍的加粗实线(线宽为粗实线的 1.4 倍左右)表示;门窗洞口、檐口、阳台、雨篷、台阶等可见轮廓用中实线表示;其余的,如门窗亮子、阳台栏杆花纹、雨水管以及引出线等均用细实线表示。

(4) 图示。建筑立面图,按投影方向,绘制可见的部分,不可见的一律忽略不表示。由于比例较小,门窗等构件都是用图例表示,某些较复杂构造和装饰节点部分很难表示清楚,可标出这些部分详图的索引符号。也可用图例、文字或列表说明外墙面的装修材料及做法。

3）实例

(1) 读立面图的名称和比例,可与平面图对照以明确立面图表达的是房屋哪个方向的立面。如图 10-14 表示①～⑬轴正立面图,图 10-15 表示①～⑥轴侧立面图。绘图比例均为 1∶100。

(2) 从两张建筑立面图上可分析立面图图形外轮廓,了解建筑物的外貌风格,以及屋顶、门窗、阳台、雨篷、勒脚等细部的形式和位置。由图可知,该建筑物为三层小别墅,坡屋面,主出入口在正南方向①～⑬上。

(3) 图中标注出了各构件的标高位置。房屋的室外地坪面为 -0.410 m,室内地面 ±0.000 m,首层层高 3.6 m,二层层高 3.0 m。屋脊线在 12.60 m 的水平面上。标高一般注写在立面图图外,且标高符号整齐排列,大小一致。有时为了使标高更清楚,也可标在图内(如窗台、栏杆等)。

(4) 可以参照平面图及门窗表,综合分析外墙上门窗的种类、形式、数量和位置。

(5) 参考详图,了解立面上的细部构造,如台阶、雨篷、阳台等。

(6) 从图中标示的索引符号、文字说明及详图,可了解到房屋外墙的装修材料及做法。例如,外墙贴白色面砖,窗台、檐沟等涂咖啡色外墙漆,蓝灰色英式瓦屋面。

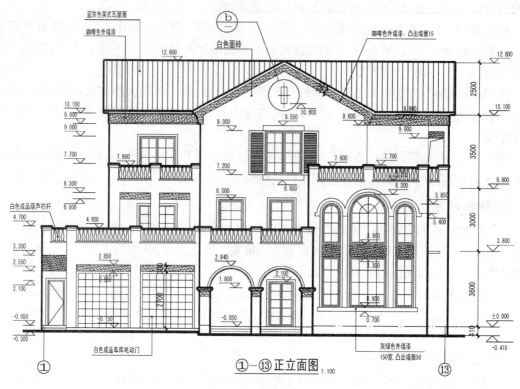

图 10-14 ①～⑬轴正立面图

10.5 建筑剖面图

1）图示方法及作用

假想用一个或多个垂直于外墙轴线的铅垂剖切平面,把房屋剖开投影所得出的图形,称为建筑剖面图,简称剖面图。剖面图用以表示房屋内部的结构或构造形式、各构件的联系、材料及其高度等。

剖面图的剖切位置应选择在能反映房屋内部构造较复杂、具有代表性的位置。一般常取楼梯间、门窗洞口、层高不同、层数不同及构造比较复杂的典型部位,用以表示房屋内部垂直方向上的内外墙、各楼层、楼梯间的梯段板和休息平台、屋面等的构造的相互位置关系等。根据房屋的复杂程度,剖面图可以绘制一个或数个,视具体情况而定,且剖面图的图名编号应与平面图上所标注的剖切符号对应,如图 10-16 为 1-1 剖面图,图 10-17 为 2-2 剖面图。

2）图示内容

（1）比例,应与建筑平面图一致。

（2）墙柱及其定位轴线。

（3）剖面图中需绘出被剖切到的断面图,还应绘出剖视方向上能见到的部分,且室内地坪

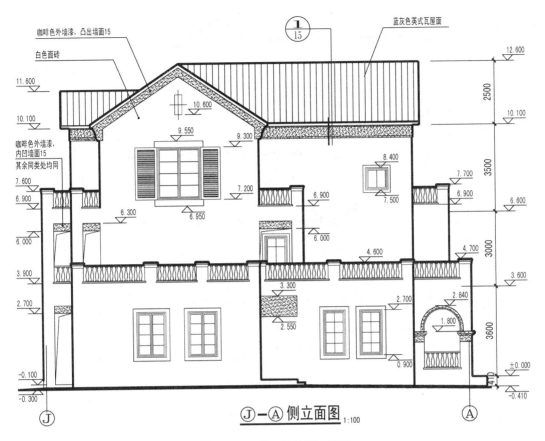

咖啡色外墙漆,凸出墙面15

白色面砖

咖啡色外墙漆,
内凹墙面15
其余同类均同

蓝灰色英式瓦屋面

Ⓙ—Ⓐ 侧立面图 1:100

图 10-15　Ⓙ～Ⓐ轴侧立面图

以下的基础部分一般不在剖面图中表示。剖面图中表示的内容一般包括首层的室内外地面、各层楼面、顶棚、屋顶(及其细部构造)、门窗、楼梯、阳台、雨篷、散水、防潮层等。

　　(4)图中断面显示的材料图例均与建筑平面图相同。

　　(5)各部位完成面的标高尺寸。包括室内外地面、各层楼面、屋面、女儿墙顶面、楼梯平台、窗台顶面、高出屋面构件顶面尺寸等处完成面的标高。一般注三道尺寸,最外面为室外地坪到屋顶女儿墙压顶,为室外地面以上的总高度;第二道为层高;第三道依次为勒脚高度、门窗洞尺度、檐口等的细部尺寸。有时第一道和第二道也可不注写。

　　(6)剖面图上剖到的墙体及楼面等的构造,图中比例较小无法表示清楚时,一般可用引出线说明。引出线指向所说明的构造,并按其层次顺序逐一加以说明。也可在构造处添加索引符号,索引出详图进行说明。

　　3)实例

　　(1)由图 10-16 和图 10-17 可知,剖面图上的图名和轴号编号与平面图上对应,且比例也与平面图上相同。

　　(2)分析建筑物内部的空间组合与布局,了解建筑物的分层情况。

　　(3)了解建筑物的内部空间布局与构造形式,墙、柱等之间的相互关系以及建筑材料和做法。

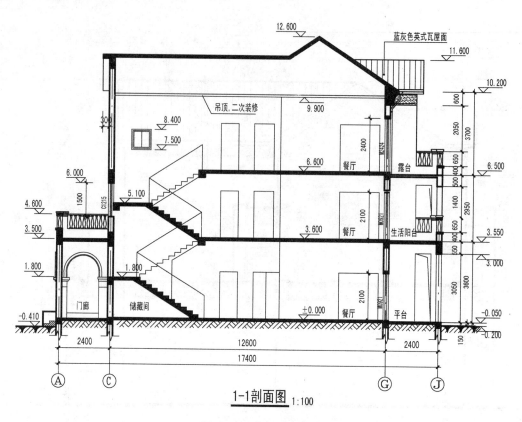

1-1剖面图 1:100

图 10-16　1-1 剖面图

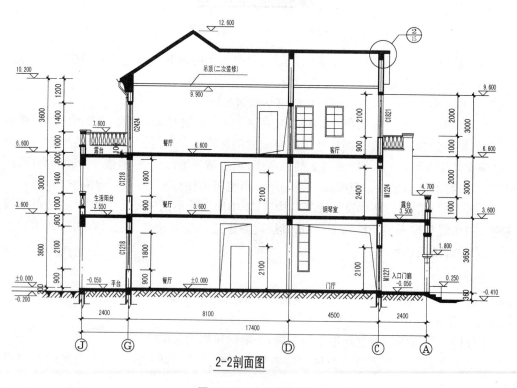

2-2剖面图

图 10-17　2-2 剖面图

（4）图示标高均为相对标高，首层地面标高为±0.000 m,室外地坪在正南方向为
−0.410 m,正北方向为−0.200 m,二楼楼面标高为3.600 m,三楼楼面标高为6.600 m。

所有门窗洞的尺寸均被标示，楼梯的详细尺寸则在其他详图中进行说明。

10.6　建筑详图

当建筑物某一部位的细部构件、配件无法用较小的比例表示清楚时，可采用(1：50、1：
25、1：20、1：10、1：5、1：2、1：1)等比例，按正投影图的做法，将这些构配件的形状、材料及
做法详细表示出来的图样，即建筑详图，简称详图。

详图有三个特点：一是比例大；二是图示详细，文字说明清楚具体；三是尺寸标注齐全。

通常根据建筑物的复杂程度及平、立、剖面建筑施工图的深化程度来决定详图的数量。现
以外墙和门窗为例进行说明。

1）外墙详图

将建筑剖面图外墙体局部放大，就是外墙详图，它表示了房屋女儿墙、屋面、楼层、地面、檐
口、阳台、窗台、散水及勒脚等的构造情况，是施工的重要依据。

建筑中，若各层的构造情况相同，可绘出底层、中间各标准层及顶层表示，画图时用折断符
号，在窗洞中间部位断开，成为节点详图的组合。也可不绘制整体的墙身大样，按需求单独绘
制某一个楼层墙身的节点大样。图10-18为某一高层的局部墙身大样，表示了Ⓓ轴线上两个
标准层和一个屋面层的墙身节点做法。从图10-18可看出，凡有窗台的楼层，窗台高均为 H
(本层标高)+0.500,且其构造做法均相同；没有窗台的楼层，构造做法也相同。

图10-18所示的墙身大样中，大量采用了图集表示法，在需详细表达的部位用索引符号，
注明所参考图集、页码和详图编号。如栏杆锚固钢筋的做法，参考图集98ZJ411(阳台、外廊栏
杆图集)，第45页，编号为M-4的详图。

从图中可了解屋面的承重层，女儿墙、防水、保温及排水的构造。

在本详图中，屋面的承重层是现浇钢筋混凝土板，按1%的保温层找坡。从楼板与墙身连
接部分，可了解各层楼板(或梁)的构造及与墙身的关系。

2）楼梯详图

为了满足行走方便和人流疏散，两层及以上的房屋必须设置楼梯，且楼梯的位置、数量、梯
段宽度及楼梯间形式均应满足要求。为了保证足够的坚固、耐久、安全和防火，目前多采用现
浇钢筋混凝土楼梯。

楼梯的结构较复杂，细小部位较多。剖面图中通常会剖取到楼梯，但因比例较小，一些细
部结构、尺寸、工艺要求等需要补充详图来进行说明。

楼梯详图一般也包括楼梯平面图、剖面图、踏步等的详图。

（1）楼梯平面图

三层及以内的建筑，每层均需绘制楼梯平面图。三层以上的建筑，或中间楼梯的位置、构
造(梯段数、梯段踏步数、踏步高、休息平台位置及尺寸等)相同，则只需绘制首层、标准层(取其

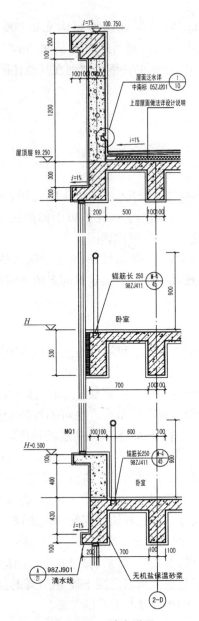

图 10-18 墙身详图

中任一层）和顶层三个平面图即可。如图 10-19。

楼梯平面图的水平剖切平面应通过每层上行第一梯段及门窗洞口的任一位置，大约成年人站在楼层平面上眼睛所处的高度。各层被剖切到的梯段，按规定，应在平面图中以一根 45°折断线示意剖切位置，并用一长箭头，注写"上"（也可注明具体步数）、"下"，表示从被剖切到的梯段，往上或往下走，可以到达上一层或下一层的楼地面。

在底层平面图中，还应注出楼梯剖面图的剖切位置和投影方向。如图 10-19 所示的一层平面图。

（2）楼梯剖面图

图 10-20 所示为 4-4 楼梯剖面图，它的剖切位置和投影方向已表示在图 10-19 的一层平

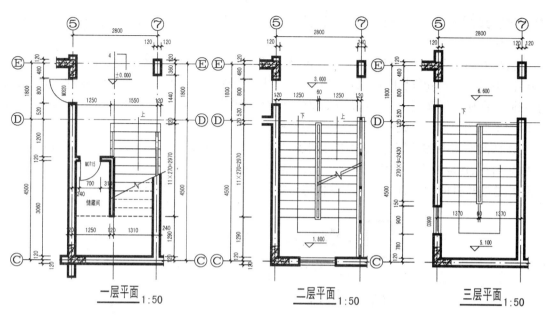

图 10-19 楼梯平面图

面图中。

楼梯的剖面图能清晰地表达出房屋的层数、梯段数、步级数以及楼梯的类型和结构形式。如本例为三层小别墅,取 4-4 楼梯剖面图,从中可以看出本例楼梯为现浇钢筋混凝土板式楼

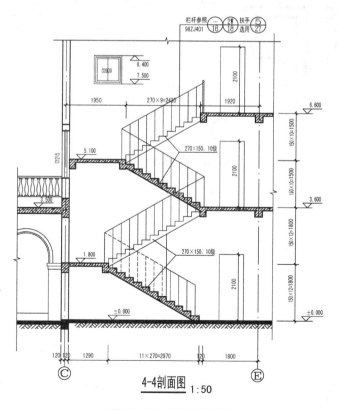

4-4剖面图 1:50

图 10-20 楼梯剖面图

梯,每层为两个梯段,一层和二层、三层的层高不同,而梯段的长度相同,踏步数相同,则踏步高度不一样。

楼梯剖面图中,还应注明地面、平台板、楼面等的标高和梯段上各构配件的基本尺寸。而剖面图中,栏杆的高度尺寸,是从踏面中间算至扶手顶面,一般为 900 mm,扶手坡度与梯段坡度相同。在楼梯平面图中,每梯段踏步面的个数均比楼梯剖面图中对应的踏步个数少一个,这是因为平面图中梯段的最上面一个踏步面与楼面平齐。

楼梯剖面图中,常用索引符号引出踏步、扶手、栏板等的详图。如果索引自图集,需要具体到图集名称、选取的页码和详图图名。如果是索引自该建筑物的建筑施工图,则需用更大的比例绘出这些构件的型式、材料、大小及构造。如图 10-21 所示楼梯栏杆构造。

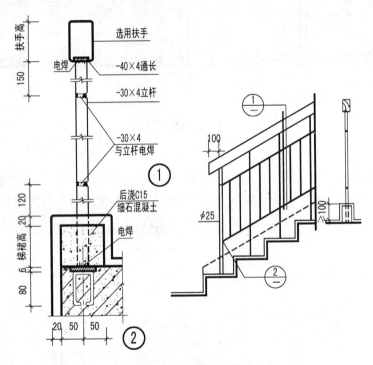

图 10-21　楼梯栏杆构造

11 结构施工图

结构施工图是关于承重构件的布置、使用材料、样式、尺寸定位及内部构造做法的工程图样,是建筑物受力构件施工的依据。结构施工图包括房屋建筑、水工建筑、道路桥梁建筑等土木工程的施工图纸,主要用来说明板、梁、柱、剪力墙、支撑、桁架、基础等各种构件。结构设计虽然是根据建筑设计各方面的要求进行的,但两者必须密切配合协商解决有关的争议问题。承重构件所用的材料主要有钢筋混凝土、钢、木及砖石等,本章仅介绍钢筋混凝土结构图。

图 11-1 所示为钢筋混凝土梁、板、柱体系结构示意图,图中说明了梁、板、柱基础在房屋中的位置、作用及相互关系。

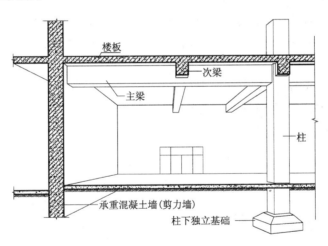

图 11-1 钢筋混凝土结构示意图

11.1 钢筋混凝土结构

11.1.1 混凝土和钢筋混凝土

混凝土由水泥、砂子、石和水按一定比例浇捣而形成,凝固后坚硬如石。将边长 150 mm 的标准立方体试块在标准养护室(温度 $20°±3°$,相对湿度不小于 90%)养护 28 天后,用标准方法测得的抗压强度,称为混凝土强度等级,例如 35 N/mm² 的混凝土强度等级为 C35。规范中标定的混凝土等级有 C15、C20、C25、C30、C35、C40、C45、C50、C55、C60、C65、C70、C75、C80 共 14 种等级。

11.1.2 钢筋混凝土结构简介

混凝土是由水泥、砂、石和水,按一定配合比例拌和均匀,经凝固养护后得到的一种受压性能良好的人工建筑材料。混凝土的抗压强度很高,而抗拉强度却很低,容易因受拉而断裂。图 11-2 为钢筋混凝土梁受力情况。

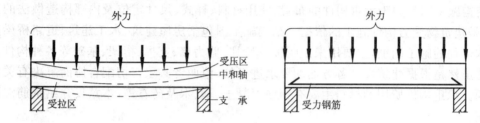

图 11-2 钢筋混凝土梁受力示意图

为了解决这个矛盾,充分发挥混凝土的抗压能力,可以在混凝土构件的受拉区域内放入一定数量的钢筋,使两种材料固结成一个整体,分工承担两种荷载,从而大大提高了构件的承载能力。这种在混凝土中添加钢筋的组合材料,使混凝土承受主要压力,钢筋承受拉力,就称为钢筋混凝土。

用钢筋混凝土制成的梁、板、柱、墙、基础等构件,称为钢筋混凝土构件。如果在施工现场直接浇铸而成的,称为现浇钢筋混凝土构件;如果在工厂或者工地上预先用混凝土浇铸好构件,然后运到工地现场进行安装的,称为预制构件。

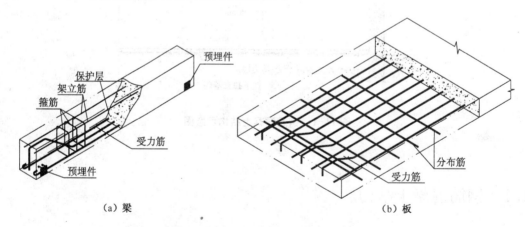

（a）梁　　　　　　　　　　　　　　　　（b）板

图 11-3 钢筋混凝土梁、板配筋示意图

钢筋混凝土结构中用钢筋扎成骨架再浇铸混凝土,其中钢筋因位置不同,各有不同的作用(如图 11-3 所示)。

(1)受力筋。主要用于承受拉应力、压应力的钢筋。用于梁、板、柱等各种钢筋混凝土构件。

（2）箍筋。承受部分斜拉应力,并固定受力筋的位置,多用于梁和柱(包括剪力墙)内。

（3）架立筋。一般位于梁的上部,用来固定梁内箍筋的位置,构成梁钢筋的骨架。结构设计师在配置梁内钢筋时,有时会用梁面受力筋代替架立筋。

（4）分布筋。用于各种板内(屋面板、楼面板等),与受力筋垂直布置。用以抵抗热胀冷缩所引起的温度应力,同时将承受的荷载均匀地传递给板的受力筋,并固定受力筋的位置。

（5）其他。因构件构造要求或施工需要的构造配筋,如吊筋、拉筋、腰筋及预埋锚固筋等。

为了保护钢筋,使它不裸露、防止腐蚀、防火以及加强钢筋与混凝土的黏结力,在钢筋混凝土构件中配置的钢筋外面都留有一定厚度的混凝土保护层。根据钢筋混凝土结构设计规范规定,梁、柱保护层最小厚度为 25 mm,板和墙体保护层厚度为 10~15 mm。

由于构件连接、吊装等需要,制作构件时常将一些铁件预先固定在钢筋骨架上,并使其一部分或一两个表面伸出或露出在构件的表面,浇筑混凝土时便将其埋在构件之中,这就叫预埋件,如图 11-3 中的预埋件。

11.1.3   钢筋的一般表示方法

混凝土构件内部钢筋配置情况需要用图表显示出来。配筋图通常包括平面图、立面图和断面图,需要表达组成钢筋混凝土骨架的各种钢筋的直径、形状、位置、长度、数量、间距等,是钢筋混凝土构件图中不可缺少的图样,必要时,还要把配筋图中的各号钢筋分别"抽"出来,画成钢筋详图(也称抽筋图),并列出钢筋表(反映钢筋各种情况的汇总表)。

1）钢筋代号及强度标准值 f_{yk}

在混凝土结构设计规范中,将普通钢筋按其种类和强度标准值等级不同,分别给定不同符号,便于标注及识别,如表 11-1 所示。

表 11-1   钢筋符号及强度标准值 f_{yk}

牌号	代号	公称直径 d(mm)	屈服强度标准值 f_{yk}（N/mm²）	极限强度标准值 f_{stk}（N/mm²）
HPB 300	Φ	6~22	300	420
HRB 335 HRBF 335	Φ	6~50	335	455
HRB 400 HRBF 400 RRB 400	Φ	6~50	400	540
HRB 500 HRBF 500	Φ	6~50	500	630

2）钢筋的图例

构件中的钢筋有直的也有弯的,端部带钩的或不带钩的等,这都需要在图中绘制清楚并进行文字说明。表 11-2 列出了一般钢筋的常用图例。其他如预应力钢筋、焊接网等可查阅有关标准。

表 11-2　一般钢筋常用图例

序号	名　称	图　例	说　明
1	钢筋横断面	●	
2	无弯钩的钢筋端部		下图表示长短钢筋投影重叠时可在短钢筋的端部用45°短画线表示
3	带半圆形弯钩的钢筋端部		
4	带直钩的钢筋端部		
5	带丝扣的钢筋端部		
6	无弯钩的钢筋搭接		
7	带半圆形弯钩的钢筋搭接		
8	带直钩的钢筋搭接		
9	花篮螺丝钢筋接头	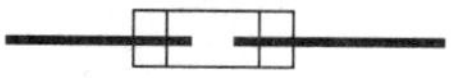	

11.2　结构平面图

　　目前建筑结构施工图纸普遍采用建筑结构施工图平面注写方法,简称平法。平法施工图在传统的结构施工图设计表达方法上做了大的变革,它将各构造做法统一制成详图,再将结构构件的尺寸和配筋按照平面整体表示方法的制图规则,直接表达在结构平面布置图上,再与统一的标准构造详图配合,构成一套完整的设计图纸,避免了将各构件逐一绘制配筋详图。

　　中国建筑标准设计研究院将各混凝土构件构造做法统一成了标准设计图集《混凝土结构施工图 11G101》系列,结构施工图根据构件种类不同,分为柱平法施工图、剪力墙平法施工图、梁平法施工图、有梁楼盖平法施工图、无梁楼盖平法施工图及结构布置平面图(表示板的尺寸、厚度、钢筋布置及其他构造等),如图 11-4 和图 11-5 所示。

　　1)图示方法和内容

　　(1)楼层的各平法施工图及结构布置平面图,均是假想沿楼板面将建筑水平剖开后所作的楼层结构水平视图,用来表示该楼层的梁、板、柱、剪力墙等承重构件的平面布置和钢筋配置,如图 11-4 和图 11-5。对于多层建筑一般应分层绘制。当有两个及两个以上楼层的构件类型、大小、数量、布置等完全相同时,可只画一个,并注明楼层编号。

　　(2)结构图中钢筋的种类、直径、间距以原位标注的方式注写在图纸上该钢筋所在处,图中相同钢筋可以集中注写在图纸说明处,如图 11-4 和图 11-5 所示。

　　(3)标注出与建筑图一致的轴线网及轴线间尺寸,墙、柱、梁等构件的位置。若构件对称时,可在同一图中,一半绘制板配筋平面,另一半绘制梁配筋平面。

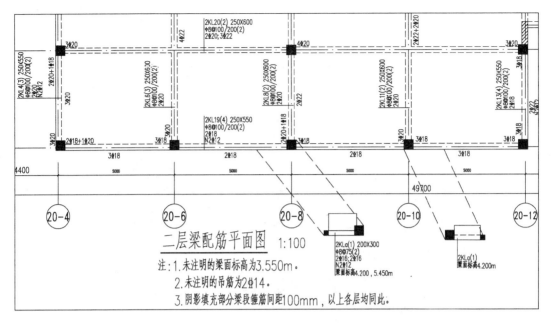

图 11-4　某结构施工图二层梁配筋平面图

（4）注出梁和板的结构标高，板结构布置平面上绘出板编号和相应布筋，梁结构布置平面上注明梁的断面尺寸、布筋和编号。

（5）在配筋图中，为了突出钢筋，钢筋应用比构件轮廓线粗的单线画出，如表 11-2 所示。钢筋的横断面用涂黑的圆点表示，不可见的钢筋用粗虚线、预应力钢筋用粗双点画线画出。

（6）注出有关剖切符号或详图索引符号。

（7）附注说明各种材料的强度等级，梁、柱的箍筋类型编号，板内分布筋的种类、直径、间距及其他要求。

2）现浇混凝土板

对于水平放置，纵、横向尺寸都比较大的构件，如图 11-6 所示的现浇钢筋混凝土板，可只用配筋平面图表达（图 11-7）。其中用中粗虚线表示的是板下支座（墙或梁）的不可见轮廓线。①号钢筋是直径为 6 mm 的一级钢筋，两端带有向上弯起的半圆弯钩，间距是 150 mm；②号钢筋直径 8 mm，间距 150 mm；③号钢筋是支座处的构造筋，在板的上层，直钩向下弯，直径 6 mm，间距 200 mm，伸入支座的部分用尺寸标出来；④号钢筋是中间支座的负弯矩钢筋，布置在板的上层，直钩向下弯，直径 8 mm，间距 200 mm，跨过支座的长度用尺寸标出来。习惯上，由于分布筋一般都是直筋，其作用是固定受力筋和构造筋的位置，不需计算。施工时根据具体情况放置，一般是 $\phi4 \sim \phi6$，@250～300，所以现浇钢筋混凝土板的配筋平面图中，可不画出分布筋。

3）钢筋混凝土梁

图 11-4 为某结构施工图二层梁配筋平面图，此图的梁布筋采用平面注写（简称平法）表示方法。图中线条，虚线代表不可见构件（梁）的轮廓线。现截取梁布置平面的一榀框架说明

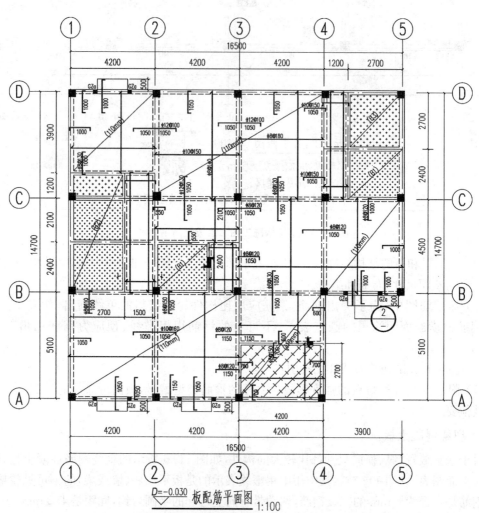

$\nabla\ D=-0.030$ 板配筋平面图 1:100

注:1.未注明的板面结构标高为 −0.030m.
　　▧ 所示区域的结构标高为 −0.430m,板的配筋为Φ8@200双层双向.
　　▨ 所示区域的结构标高为 −0.070m.
　2.未注明的板厚均为100mm.
　3.未注明的楼板受力钢筋Φ8@200,未注明板分布钢筋均为Φ6@200.
　4.结构标高与建筑标高有高差处,楼板上用加气混凝土砌块和建筑面层垫至建筑标高.
　　以上各层均同此.
　5.隔墙砌筑在现浇板上时,应按结构设计总说明设置板底加强钢筋,板底加强钢筋
　　应锚固于砼梁内.以上各层均同此.
　6.未注明定位尺寸的梁轴线逢中或平墙、柱边.以上各层均同此.

图 11-5　板配筋平面图

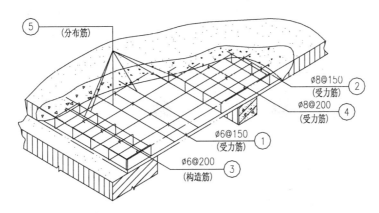

图 11-6　钢筋混凝土板结构示意图

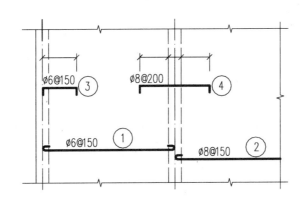

图 11-7　现浇钢筋混凝土板配筋平面图

梁结构的平法表示方法,如图 11-8。

平面注写包括集中标注与原位标注,集中标注表达梁的通用数值,原位标注表达梁的特殊数值。当集中标注的某项数值不适用于梁的某部位时则将该项数值原位标注,施工图原位标注取值优先。如图 11-8 中的梁底面钢筋,采用原位标注。

图 11-8 中四个梁截面系采用传统表示方法绘制,用于对比按平面注写方式表达的同样内容。实际采用平面注写方式表达时,不需绘制梁截面配筋图。从本图例中可知道,梁集中标注有五项必注值和一项选注值(集中标注可从梁的任意跨引出)。

(1) 梁编号。见表 11-3。图 11-8 中,2KL31(2A)中,"2"代表楼层号为"2"层,"KL"代表楼层框架梁,编号为第 31 号梁,"(2A)"代表共有 2 跨且一端悬挑。

(2) 梁截面尺寸。如图中集中标注所示,250×650,即梁宽为 250 mm,梁高度 650 mm。

(3) 梁箍筋。包括钢筋级别、直径、加密区与非加密区间距及肢数。如图 11-8,集中标注处所示,φ8@100/200(2),代表采用 HPB 300 且直径为 8 mm 的钢筋作为箍筋,加密区间距100 mm,非加密区间距 200 mm,采用双肢箍。上图悬挑梁下部标示的原位标注为 φ8@100(2),代表悬挑梁采用 HPB 300、直径为 8 mm 的钢筋作为箍筋,双肢箍,且全长加密,间距为 100 mm。

(4) 梁上部通长筋或架立筋配置。图示为 2Φ20,即面部受力钢筋采用 HRB 400、直径为20 mm 的两根钢筋通长配置,同时替代架立筋。

(5) 梁侧面纵向构造钢筋或受扭钢筋配置。梁侧面采用四根 HPB 235、直径为 8 mm 的

181

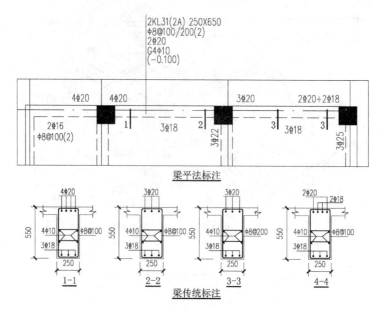

图 11-8　平面注写方式表示

钢筋作为纵向构造配筋。

平面注写方式表达不清时,可以采用传统标注的形式提供详图,钢筋画法参考表 11-3。

表 11-3　梁编号

梁类型	代号	序号	跨数及是否带有悬挑
楼层框架梁	KL	××	(××)、(××A)或(××B)
屋面框架梁	WKL	××	(××)、(××A)或(××B)
框支梁	KZL	××	(××)、(××A)或(××B)
非框架梁	L	××	(××)、(××A)或(××B)
悬挑梁	XL	××	(××)、(××A)或(××B)
井字梁	JZL	××	(××)、(××A)或(××B)

11.3　基础施工图

土层与建筑物直接接触的部分称为基础,建筑物的全部荷载传递给基础,基础再将荷载传递给地基。基础是建筑物的一个组成部分。常见的基础有条形基础(即墙基础)和独立基础(即柱基础)。条形基础埋入地下的墙称为基础墙。当采用砌体墙和砌体基础时,在基础墙和垫层之间做成阶梯形的砌体,称为大放脚。图 11-9 中,条形基础上有三层大放脚,每层高 120 mm,伸出宽度为 60 mm。独立基础又称单独基础即柱下基础,多用于普通高层民居。

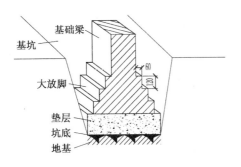
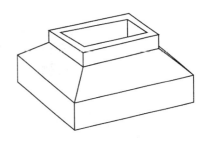

图 11-9　常见的基础形式

多层民居多采用钢筋混凝土的框架结构体系,通过柱子把上部荷载传到基础上,所以一般情况下柱子的基础是各自独立的,故称独立基础。图 11-10 为独立基础平面布置图。图中方框表示独立基础的外轮廓线,即垫层边线,用细实线绘制,其中黑色小方块为矩形钢筋混凝土柱断面,大比例时用粗实线表示,小比例时可涂黑显示。基础沿定位轴线布置。图示基础代号及编号为 J-5、J-6,其中 J-5 在图示四角,有四个,J-6 在图示中间位置,有四个。八个基础分布在 C 轴和 B 轴上。

图 11-10 绘制独立基础的尺寸,例如,J-5 外轮廓尺寸为 3 m×3 m,以及各基础的定位,如左上角的 J-5,其外边线与 C 轴上下距离各为 1370 mm 和 1630 mm,与纵向轴线的左右距离分别为 1370 mm 和 1630 mm。

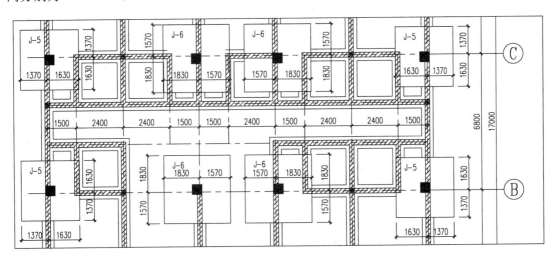

图 11-10　独立基础平面布置图

图 11-11 为独立基础详图。断面图中一半绘出了两种型式基础的外形轮廓线,另一半绘出了内部钢筋的配置情况,左右部分用对称符号分开。基础内部横纵向配有两端带弯钩、HRB 335、直径为 12 mm、间距为 100 mm 的钢筋,底下有保护层,厚度一般取 35 mm,不必在图中标示。

基础详图与基础平面布置图配合使用。基础平面布置图上布置了各基础与轴线间的位置关系,详图中则注明基础本身的各构造尺寸,如底的长、宽、深、基础顶面、底面标高等。图中不能详尽表达的,可另绘制独立基础明细表,集中注明基础编号、类型、基础平面尺寸、高度及钢筋配置等。

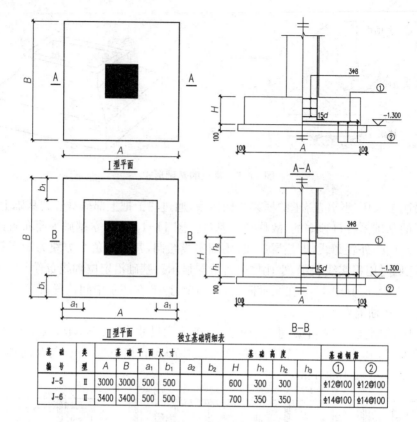

独立基础明细表

基础编号	类型	基础平面尺寸						基础高度				基础钢筋	
		A	B	a_1	b_1	a_2	b_2	H	h_1	h_2	h_3	①	②
J-5	II	3000	3000	500	500			600	300	300		Φ12@100	Φ12@100
J-6	II	3400	3400	500	500			700	350	350		Φ14@100	Φ14@100

图 11-11 独立基础详图

12

路桥工程图

道路是供各种车辆(无轨)和行人等通行的工程设施,是一种带状三维空间结构物,其组成结构主要包括路基、路面、桥涵、隧道、防护设施、排水设施等。按所辖部门不同,道路主要可分为公路、城市道路两种。城市规划区的边界线是公路与城市道路的分界,位于城市边界线内的道路称为城市道路,位于城市边界线外的道路称为公路。

道路工程的组成复杂,涉及的学科领域广,其三维空间尺寸,道路的长度尺寸远远大于道路的宽度尺寸和高度尺寸,其三维空间线形、空间位置受地形的影响大。在道路工程中,道路中线的空间位置称为路线,路线在水平面上的投影称为路线平面图,沿道路中线竖直剖切再行展开的断面图称为路线纵断面图,沿道路中线上任一点的垂直平面剖切再展开的断面称为路线横断面图。由于道路主要服务于车辆的行驶,因此,为了保证车辆安全、平稳、快速地行驶,道路的路线需满足一定的线形要求,具体体现为路线平面图中的线形设计和路线纵断面图中的线形设计。而路线的横断面图则能反映出道路的宽度、工程的填挖情况等。

由于道路是连接各地市的带状工程物,因此,路线需穿越山川、田地、河流及其他的道路,为了保持道路畅通,在遭遇具体的障碍时就需用到桥梁、隧道、涵洞等构造物,因此,桥梁、隧道、涵洞是道路工程的重要组成部分。

本章主要简单的介绍道路的路线工程图和桥梁工程图,具体的专业知识详见专业课程。另须注意,绘制道路及桥涵工程图时,应遵守《道路工程制图标准》(GB 50162—92)中的有关规定。

12.1 道路路线工程图

12.1.1 路线平面图

1) 图示方法

道路的路线是指道路中心线的空间位置。路线平面图是道路路线的水平投影图,是用标高投影法所绘制的道路沿线周围区域的地形图。由于公路是修筑在大地表面上,其竖向坡度和平面弯曲情况都与地形紧密联系,因此,路线平面图需在地形图上进行设计和绘制,它是敷设在地形图上的平面图。

在路线平面图中,主要表达了路线的走向、平面的线形以及路线两侧一定范围内的地形、地物情况。

2)画法特点和表达内容

现以图12-1为例说明公路路线平面图表达的内容和读图要点,并说明路线平面图的绘制注意事项。

(1)地形部分

① 比例。道路路线平面图所用比例一般较小,通常在城镇区为1:500或1:1000,山岭区为1:2000,丘陵区和平原区为1:5000或1:10000。

② 方向。在路线平面图上应画出测量坐标网或指北针,用来指明道路在该地区的方位与走向。若是用坐标网表示方位,则X轴指向为南北方向,Y轴指向为东西方向;坐标值的标注应靠近被标注点,书写方向应平行于网格或在网格延长线上。数值前应标注坐标轴线代号X、Y。若图中无坐标轴线代号时,图纸上应绘制指北针,指北针的箭头指向为正北方向。

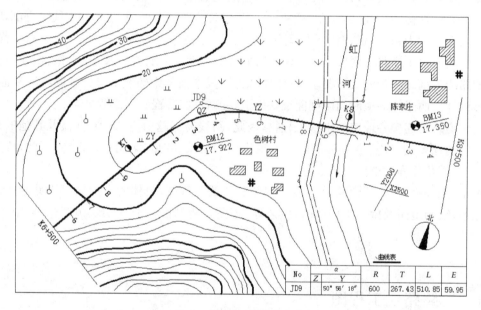

图12-1 公路路线平面图

③ 地形。平面图中的地形起伏情况主要是用等高线表示,本图中每两根等高线之间的高差为2 m,每隔四条等高线画出一条粗的计曲线,并标有相应的高程数字。根据图中等高线的疏密可以看出西北方和西南方各有一座小山丘,东北方和东南方地势较平坦。有一条虹河从北方流向东南方。

④ 地貌地物。在平面图中,地形图上的地貌地物如河流、房屋、道路、桥梁、电力线、植被等都应按规定图例绘制。常见的地形图图例如表12-1所示。对照图例可知,西面靠山处的平地上种有经济林,并有旱地。有一条道路和小桥连陈家庄和色树村,北部有大片稻田等。图中还表示了陈家庄、色树桩两个村庄通讯线缆的通过方向。

表 12-1　线路平面图中的常用图例

名称	符号	名称	符号	名称	符号	名称	符号
路线中心线	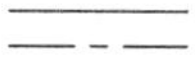 —·—·—	房屋	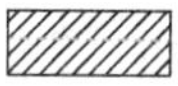 ▨	涵洞	 >—<	水稻田	 ↓↓↓
水准点	⊗ BM编号 高程	大车路	 — — —	桥梁	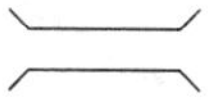 ⌣⌣	草地	 ‖ ‖
导线点	⊡ 编号 高程	小路	 ----	菜地	 Y Y Y	经济林	 ♂ ♂ ♂
转角点	 ∧ JD编号	堤坝	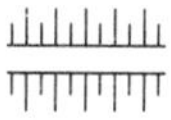 ⊥⊥⊥⊥	旱田	 ⊥ ⊥ ⊥	用材林	 ○ ○ ○ 松
通讯线	 •—•—•—•	河流	 〰	沙滩	 ⬭	人工开挖	 ⬭

（2）路线部分

① 设计路线。设计道路的中线在水平面上的投影称为路线平面图。为了满足汽车的行驶需求,路线的平面设计有直线、缓和曲线和圆曲线(后两种曲线又称为平曲线)三种线形,将三种线形按照一定的技术要求和方式相互组合,就形成设计路线。设计路线是在地形图上绘制的,一般用加粗的实线($2b$)在地形图上表示设计路线。

② 里程桩。道路路线的总长度和各段之间的长度用里程桩号表示。里程桩号应从路线的起点至终点依次顺序编号,在平面图中,常见的里程桩号有 20 m 桩、25 m 桩、50 m 桩、百米桩几种,根据需要选择合适间距的里程桩。但无论选择何种间距的里程桩,均需注明公里桩和百米桩两种。公里桩宜注在路线前进方向的左侧,用符号"⊖"表示,公里数注写在符号的上方,如"K11"表示离起点 11 km。百米桩宜标注在路线前进方向的右侧,用垂直于路线的细短线表示,数字注写在短线的端部,例如在 K11 公里桩的后方注写的"6",表示桩号为 K11+600,说明该点距路线起点距离为 11600 m。

③ 平曲线。路线在平面上有直线、缓和曲线和圆曲线三种线形,直线线形有快捷、顺直、线形单一的特点,为满足减少里程、给同方向行驶车辆提供超车路段的需要,应设置足够长度的直线线型;为了顺应地形变化、减少司乘人员的疲劳感等需要,经常需改变线形的方向,改变方向后,原有路线方向与新的路线方向就存在相交的转折点,称为交点,用 JD 表示。为满足汽车的顺畅行驶,在路线的 JD 处应设平曲线。平曲线有圆曲线和缓和曲线两种,其基本几何中要素如图 12-2 所示,JD 为交角点,是路线的两直线段的理论交点;α 为转折角,是路线前进时向左(α_z)或向右(α_y)偏转的角度;R 为圆曲线半径,是连接圆弧的半径长度;T 为切线长,是切点(如 ZY 点或 YE 点)与交角点之间的长度;E 为外距,是曲线中点到交角的距离;L 为曲线长,是圆曲线两切点之间的弧长。

在路线平面图中,转折处应注写交角点代号并依次编号,如 JD$_4$ 表示第 4 个交角点。还要注出曲线段的起点 ZY(直圆)、中点 QZ(曲中)、终点 YZ(圆直)的位置,对带有缓和曲线的路线则需标 ZH(直缓)、HY(缓圆)和 YH(圆缓)、HZ(缓直)的位置。为了将路线上各段平曲线的几何要素值表示清楚,一般还应在图中的适当位置列出平曲线要素表。

④ 水准点。用以控制标高的水准点用符号"⊗ $\frac{BM12}{17.922}$"表示。图 12-1 中的 BM12 表示第 12 号水准点,基本标高为 17.922 m。

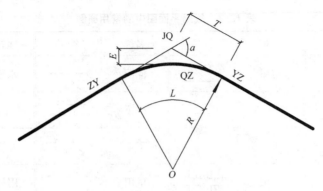

图 12-2　平面线几何要素

⑤ 导线点。用以导线测量的导线点用符号"$\boxed{\cdot}\ \dfrac{D19}{298.300}$"表示。D19 表示第 19 号导线点,其标高为 298.300。

3）平面图的拼接

由于道路很长,不可能将整个路线平面图画在同一张图纸内,通常需分段绘制,使用时再将各张图纸拼接起来。每张图纸的右上角应画有角标,角标内应注明该张图纸的序号和总张数。平面图中路线的分段宜在整数里程桩处断开,并垂直于路线画出细点画线作为接图线,相邻图纸拼接时,路线中心对齐,接图线重合,并以正北方向为准,如图 12-3 所示。

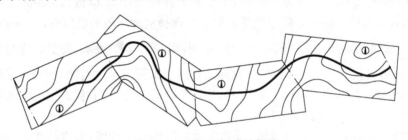

图 12-3　路线平面图的拼接

12.1.2　路线纵断面图

1）图示方法

路线纵断面图是在完成路线平面设计后进行的。在已经设计好的路线平面线形的基础上,用假想的铅垂剖切面沿设计道路的中心线纵向剖切,然后展开绘制。由于道路路线是由直线和平曲线组合而成的,所以纵向剖切面既有平面又有柱面。为了清楚地表达路线的纵断面情况,将纵断面拉直展开并绘制在图纸上,这就形成了路线的纵断面地面高程图,在路线纵断面地面高程图的基础上,将路线的纵断面线型进行设计,即得路线的纵断面图。

2）画法特点和表达内容

路线纵断面图主要表达道路沿线地面的高低起伏状况以及纵向设计线形。高低起伏的地面线是由路线平面图上得出各个桩号的地面高程点,并将相邻两地面高程点连线形成。它是路线纵向线形设计的基础,路线的纵向线形有直坡段和曲线段两种。

在路线纵断面图上,有图样和数据表两个组成部分,纵断面图的图样应布置在图幅上部,测设数据应采用表格形式布置在图幅下部,高程标尺应布置在测设数据表的上方左侧(如图所示)。测设数据表宜按图 12-4 的顺序排列,表格可根据不同设计阶段和不同道路等级的要求而增减。图 12-4 所示为某公路从 K6+000 至 K7+600 段的纵断面图。

(1) 图样部分

① 比例。纵断面图的水平方向表示路线的里程(即路线的长度),竖直方向表示设计线和地面的高程。由于路线的高差比路线的长度尺寸小得多,为了把高差显著地表示出来,绘图时,一般将竖向比例相比于水平比例放大 10 倍。例如,本图的水平比例为 1:2000,而竖向比例为 1:200。为了便于画图和读图,一般还应在纵断面图的左侧按竖向比例画出高程标尺。

② 设计线和地面线。在纵断面图中道路的设计线用粗实线表示,原地面线用细实线表示,设计线应根据地形起伏和公路等级按相应的工程技术标准确定,并应考虑填挖量小和填挖平衡的原则,设计线上各点的标高通常是指路基边缘的设计高程。

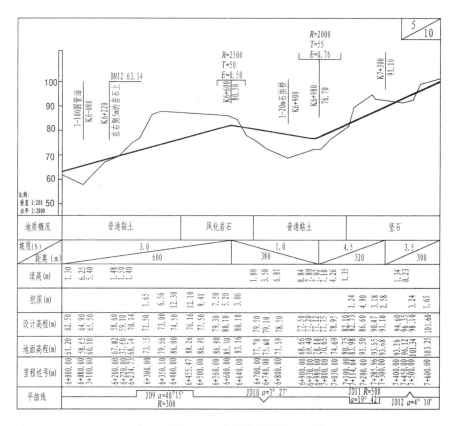

图 12-4 路线纵断面图

③ 竖曲线。设计线是由直坡线和曲线组成,在设计纵向线形时,为顺应地形,一个直坡不会一直延续,需要进行变坡,变坡后的直坡线与原来的直坡线就存在转折点,称为变坡点。在变坡处,为了便于车辆行驶,应按技术标准的规定设置竖曲线。竖曲线分为凸形和凹形两种,在图样中分别用"┬"和"┴"符号表示。符号中部的竖线应对准变坡点,竖线左侧标注变坡点的里程桩号,竖线右侧标注变坡点的高度。符号两端部的竖线应对准竖曲线的起点和终

点,并将竖曲线的要素(半径 R、切线长 T、外距 E)标注在水平线上方。

在本图中的变坡点 K6＋600 处设有一处凸形竖曲线(如:$R＝2500$ m,$T＝50$ m,$E＝0.50$ m),在变坡点 K6＋980 处设有凹形竖曲线($R＝2000$ m,$T＝55$ m,$E＝0.76$ m),在变坡点 K7＋300 处由于坡度变化较少,可注明不设竖曲线。

④ 工程构筑物。道路沿线的工程构筑物如桥梁、涵洞等,应在设计线上方或下方用竖直引出线标注,竖直引出线应对准构筑物的中心位置,并注出构筑物的名称、规格和里程桩号。例如图中在涵洞中心位置用"0"表示,并进行标注,表示在里程桩 K6＋080 处设有一座单孔直径为 100 cm 的圆管涵洞。

⑤ 水准点。沿线设置的测量水准点也应标注,竖直引出线对准水准点,左侧注写里程桩号,右侧写明其位置,水平线上方注出其编号和高程。如水准点 BM12 设置在里程 K6＋220 处的右侧距离为 5 m 的岩石上,高程为 63.14 m。

（2）数据表部分

绘图时图样和资料表应上下对齐布置,以便阅读。资料表主要包括以下项目和内容:

① 地质概况。根据实测资料在表中注出沿线各段的地质情况。

② 坡度/距离。标注设计各段的纵向坡度和水平长度距离。表格中的对角线表示坡度方向,如图中第一格的标注"3.0/600",表示此段路线是上坡,坡度为 3.0％,路线长度为 600 m。

③ 标高。表中有设计高程和地面高程两栏,它们应和图样互相对应,分别表示设计线的地面线上各点(桩号)的高程。

④ 挖填高度。设计线在地面线下方时需要挖土,设计线在地面线上方时需要填土,挖或填的高度值应是各点(桩号)对应的设计标高与地面标高之差的绝对值。

⑤ 里程桩号。沿线各点的桩号是按测量的里程数值填入表中,单位为米,桩号从左向右排列。在平曲线的起点、中点、终点和桥涵中心点等处均应设置桩号点。

⑥ 平曲线。为了表示该路段的平面线型,通常在表中画出平曲线的示意图。直线段用水平线表示,道路左转弯用凹折线表示,如"⌐___⌐",右转弯用凸折线表示,如"⌐‾‾⌐",有时还需注出平曲线各要素的值。当路线的转折角小于规定值时可不设平曲线,但需画出转折方向,"∨"表示左转弯,"∧"表示右转弯。

12.1.3　路线横断面图

1）图示方法

路线横断面图是用假想的剖切平面,垂直于道路中心线剖切而得到的图形。

在横断面图中,路面线、路肩线、边坡线、护坡线均用粗实线表示,路面厚度用中粗实线表示,原有地面线用细实线表示,路中心线用细点画线表示。

横断面图的水平方向和高度方向宜采用相同比例,一般比例为 1∶200,1∶100 或 1∶50。

2）路基横断面图

用一铅垂面在路线中心桩处垂直剖切路线的中心线,得到路基的横断面图。路基横断面图主要表达各桩号横向地面情况,以及路基横断面的设计形状。工程上要求平面图上的所有桩号均应根据测量资料和设计要求,依次画出每一个路基横断面图,并计算出每个桩号的填、挖面积,作为路基土石方数量计算和施工的依据。

（1）路基横断面形式

路基横断面形式有三种:挖方路基(路堑),填方路基(路堤),半填半挖方路基。这三种路基的典型断面图形如图 12-5 所示。

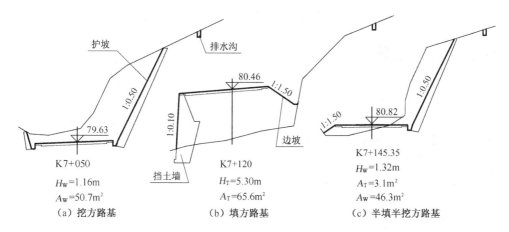

图 12-5　路基横断面的基本形式

（2）图样部分

① 里程桩号。在横断面图的下方,应标注里程桩号,如 K7+050,表示该横断面图为桩号 K7+050 对应的横断面图形。

② 填挖高度与面积。横断面图中,应将路线中心处的填挖高度表示出来,若为填,填方高度用 H_T 表示,若为挖,挖方高度则用 H_W 表示,高度单位为米(m);并将填方、挖方的面积按对应的面积计算公式计算出来,分别用 A_T(填方面积)、A_W(挖方面积)表示,面积单位为平方米(m²)。对于半填半挖路基,则将上述两种路基表示方法综合,如图 12-5(c)所示。

3）路基横断面图的绘制方法和步骤

（1）路基横断面图的布置顺序为:按桩号从下到上、从左到右布置。

（2）地面线用细实线绘制,路面线(包括路肩线)、边坡线、护坡线、排水沟等用粗实线绘制。

（3）每张图纸右上应有角标,注明图纸的序号和总张数。

（4）路基横断面图常用透明方格纸绘制,既利于计算断面的填挖面积,又给施工放样带来方便。也可采用计算机绘制,计算机绘图可不用方格纸。

12.2 桥梁工程图

桥梁是道路路线上常见的工程结构物,用来跨越河流、山谷和低洼地带,以保证车辆行驶和宣泻水流,并考虑船只通行。桥梁由上部结构(主梁或主拱圈和桥面系)、下部结构(基础、桥墩和桥台)、附属结构三部分组成。

桥梁的种类很多,按结构形式分有梁桥、拱桥、刚架桥、桁架桥、悬索桥、斜拉桥等,按建筑材料分有钢桥、钢筋混凝土桥、石桥、木桥等。其中以钢筋混凝土梁桥应用最为广泛。

桥梁工程图是桥梁施工的主要依据。它主要包括:桥位平面图、桥位地质断面图、桥梁总体布置图、构件结构图和大样图等。

下面着重介绍桥梁总体布置图和构件结构图。

12.2.1　桥梁总体布置图

一座桥梁主要可分为上部结构和下部结构两部分。上部结构由主梁或主拱圈、桥面铺装屋、人行道、栏杆等组成,其作用是供车辆和行人安全通过。桥梁上部结构的承重构件为主梁,常用形式有 T 梁、箱梁、板梁等。下部结构由桥墩、桥台、基础等组成,其作用是支承上部结构,并将荷载传给地基。桥墩的两边均支承着上部结构,桥台的一边支承上部结构,另一边与路堤相连接。每座桥梁均有两个桥台,桥墩可有多个或没有。在桥台的两侧为了保护路堤填土,常用石块砌成锥形护坡。

桥梁总体布置图主要表明桥梁的型式、跨径、净空高度、孔数、桥墩和桥台的型式、桥梁总体尺寸、各种主要构件的相互位置关系以及各部分的标高等情况,作为施工时确定墩台位置、安装构件和控制标高的依据。

图 12-6 为清水河桥的总体布置图,绘图比例为 1∶200,该桥为三孔钢筋混凝土空心板简支梁桥,总长度 34.90 m,总宽度 14 m,中孔跨径 13 m,两边孔跨径 10 m。桥中设有两个柱式桥墩,两端为重力式混凝土桥台,桥台和桥墩的基础均采用钢筋混凝土,桥上部承重构件为钢筋混凝土空心板梁。

1）立面图

桥梁一般是左右对称的,所以立面图常常是由半立面和半纵剖面合成的。左半立面图为左侧桥台、1 号桥墩、板梁、人行道栏杆等主要部分的外形视图。右半纵剖面图是沿桥梁中心线纵向剖开而得到的,2 号桥墩、右侧桥台、板梁和桥面均应按剖开绘制。图中还画出了河床的断面形状,在半立面图中,河床断面线以下的结构如桥台、桩等用虚线绘制,在半剖面图中地下的结构均画实线。图中还注出了桥梁各重要部位如桥面、梁底、桥墩、桥台等处的高程,以及常水位(即常年平均水位)。

2）平面图

桥梁的平面图也常采用半剖的形式。左半平面图是从上向下一步投影得到的桥面俯视图,主要画出了车行道、人行道、栏杆等的位置。由所注尺寸可知,桥面车行道净宽为 10 m,两边人行道各为 2 m。右半部采用的是剖切画法(或分层揭开画法),假想把上部结构移去,画出了 2 号桥墩和右侧桥台的平面形状和位置。桥墩中的虚线圆是立柱的投影。

3）横剖面图

根据立面图中所标注的剖切位置可以看出,A—A 剖面是在中跨位置剖切的,B—B 剖面是在边跨位置剖切的,桥梁的横剖面图是由左半部 A—A 剖面和右半部 B—B 剖面拼合成的。桥梁中跨和边跨部分的上部结构相同,桥面总宽度为 14 m,是由钢筋混凝土空心板拼接而成,图中由于板的断面形状太小,没有画出其材料符号。在 A—A 剖面图中画出了桥墩各部分,包括墩帽、

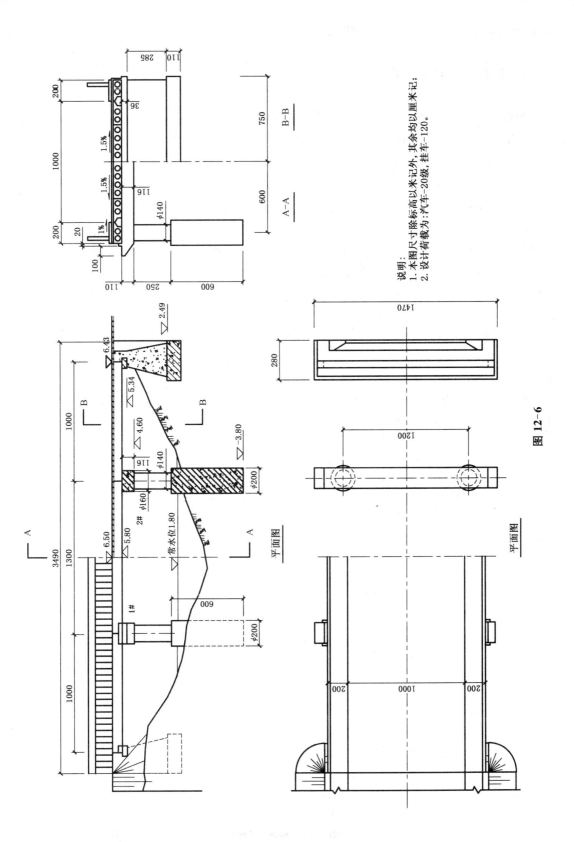

说明：
1. 本图尺寸除标高以米记外，其余均以厘米记。
2. 设计荷载为：汽车-20级，挂车-120。

图 12-6

A-A

B-B

平面图

平面图

立柱、承台等的投影。在 B—B 剖面图中画出了桥台各部分,包括台帽、台身、承台等投影。

12.2.2 构件结构图

在总体布置图中,由于比例较小,不可能将桥梁各种构件都详细地表示清楚。为了实际施工和制作的需要,还必须用较大的比例画出各构件的形状大小和钢筋构造,构件图常用的比例为 1∶10～1∶50,某些局部详细图可采用更大的比例,如 1∶2～1∶5。下面介绍桥梁中两种常见的构件图的画法特点。

1) 桥墩图

图 12-7 为桥墩构造图,主要表达桥墩各部分的形状和尺寸。这里绘制了桥墩的立面图、侧面图和Ⅰ—Ⅰ剖面图,由于桥墩是左右对称的,故立面图和剖面图均只画出一半。该桥墩由墩帽、立柱、承台和基桩组成。根据所标注的剖切的位置可以看出,Ⅰ—Ⅰ剖面图实质上为承台平面图,承台基本为长方体,承台下的基桩分两排交错(呈梅花形)布置,施工时先将预制桩打入地基,下端到达设计深度(标高)后再浇筑承台,桩的上端深入承台内部 80 cm,高为 250 cm。立柱上面是墩帽。墩帽全长为 1650 cm,宽为 160 cm。高度在中部为 116 cm,有一定的坡度,为的是使桥面形成 1.5% 的横坡。墩帽的两端各有一个 20 cm×30 cm 的抗震挡块,是防止空心板移动而设置的。墩帽上的支座,详见支座布置图。

桥墩的各部分均是钢筋混凝土结构,应按照本书第 11 章中有关钢筋混凝土结构图的画法来绘制钢筋布置图,由于篇幅所限,配筋图略。

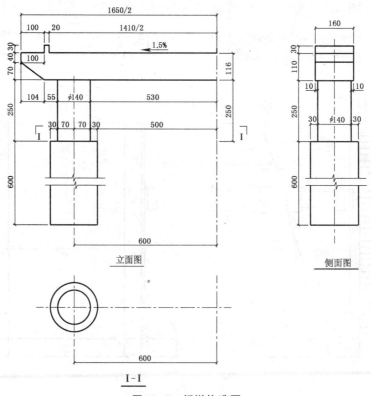

图 12-7 桥墩构造图

2）桥台图

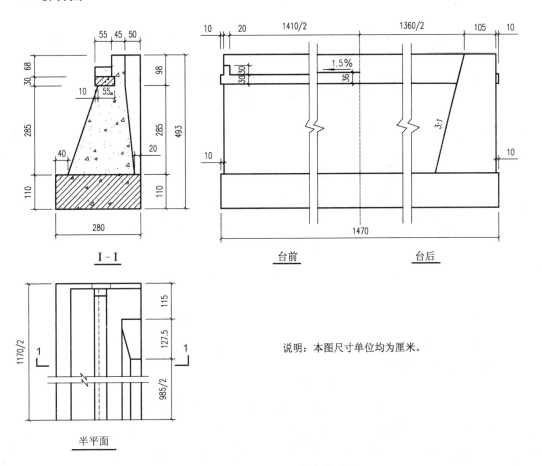

I-I

台前　　　　台后

说明：本图尺寸单位均为厘米。

半平面

图 12-8　重力式混凝土桥台构造图

桥台属于桥梁的下部结构，主要是支承上部板梁，并承受路堤填土的水平推力。图 12-8 为重力式混凝土桥台的构造图，用剖面图、平面图和侧面图表示。该桥台由台帽、台身、侧墙、承台的基桩组成。这里桥台的立面图用 I-I 剖面图代替，既可表示出桥台的内部构造，又可画出材料符号。该桥台的台身和侧墙均用 C30 混凝土浇筑而成，台帽和承台的材料为钢筋混凝土。桥台的长度为 280 cm，立高 493 cm，宽度为 1470 cm。由于宽度尺寸较大且对称，所以平面图只画出了一半。侧面图由台前和台后两个方向的视图各取一半拼成。所谓台前指桥台面对河流的一侧，台后则是桥台面对路堤填土的一侧。为了节省图幅，平面图和侧面图中都采用了断开画法。

以上介绍了桥梁中一些主要构件的画法，实际上绘制的构件图和详图还有许多，但表示方法基本相同，故不赘述。

13

正投影图中的阴影

在建筑物的正投影图(立面图)中,如果画上阴影,不仅会丰富图形的表现力,同时也会增加画面的美感,在一定程度上反映出该建筑立面的第三尺度。本章所说的阴影,仅是在理论上探讨理想光线照射下物体表面哪些是受光的,哪些是背光的,落影的位置和形状如何,为深入学习相关的后续课程打好基础。

13.1 阴影的基本知识

13.1.1 阴影的形成

物体在光线的照射下,迎光的表面显得明亮,称为阳面;背光的表面显得阴暗,称为阴面。阳面和阴面的分界线称为阴线。由于物体通常是不透明的,所以照射在阳面的光线受阻,以致在其后方的其他阳面上出现了落影。我们把落影的轮廓称为影线;落影所在的表面称为承影面。从图 13-1 可见,阴与影是相互对应的,影线正好是阴线在承影面上的落影。

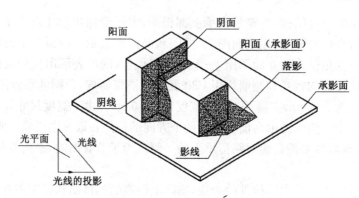

图 13-1 阴影的形成及各部分的名称

13.1.2 正投影图中加绘阴影的作用

采用轴测图、透视图表现建筑物的形象固然很好,但相对来说绘图程序要复杂些,因此作建筑设计方案时,也往往采用正投影图加绘阴影的表现形式,如图 13-2 所示。其中图 13-2(a)是未加绘阴影前的线条图,图 13-2(b)是加绘阴影及配景后的表现图。

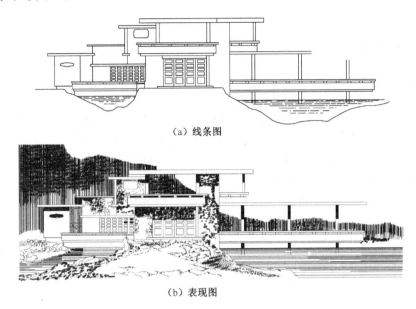

（a）线条图

（b）表现图

图 13-2　在正投影图中加绘阴影的作用

从图 13-2(b)可见,在立面图中加绘了阴影,由于阴影区的形式、大小、位置与建筑物的体量有着对应的关系,在一定程度上表现了原立面图中未能表示出的建筑物前后之间的尺度关系。即把建筑物立面的凸凹、曲折、空间层次反映出来,给人以特有的空间感。所以说,阴影的理论与实践对工程设计过程起着十分重要的作用。

13.1.3　常用光线

在正投影图中求作阴影,为了作图及度量的方便,通常采用一种特定方向的平行光线,这种光线的照射方向恰好与立方体对角线的方向一致,如图 13-3(a)所示。从图中可见,由于该立方体的三对互相垂直的表面分别平行于相应的三个投影面,所以这种光线反映在三面正投

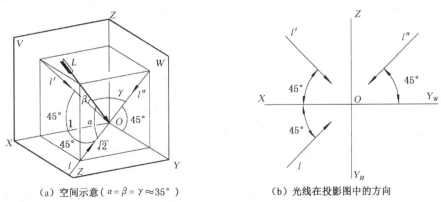

（a）空间示意（ $\alpha = \beta = \gamma \approx 35°$ ）　　　　（b）光线在投影图中的方向

图 13-3　常用光线

影图中的方向均与水平直线成45°角（如图13-3(b)所示）。但必须明确,空间光线对各投影面的实际倾角为$\alpha=\beta=\gamma\approx35°$。我们把这种光线称为常用光线。

13.2 点的落影

空间一点在某承影面的落影,就是照射于该点的光线延长后与该承影面的交点。

(1) 当承影面为投影面时,点的落影就是过该点的光线与投影面的交点。

图13-4(a)表示了当点A的坐标值$y_A<z_A$,图13-4(b)表示了当点A的坐标值$y_A=z_A$和点B的坐标$y=0$、$z\neq0$时,该两点在投影面上落影三种情况的空间分析。

图13-5则分别是上述点A、B在投影面上落影三种情况的投影图。

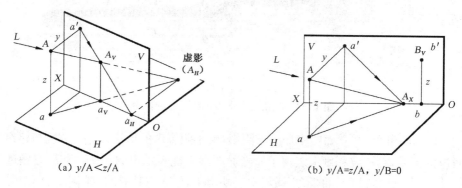

(a) y/A<z/A　　　　　　　　　　(b) y/A=z/A, y/B=0

图13-4　点在投影面上落影三种情况的空间分析

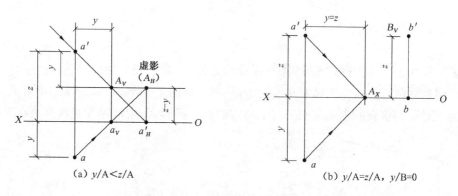

(a) y/A<z/A　　　　　　　　　　(b) y/A=z/A, y/B=0

图13-5　点在投影面上落影三种情况的投影图

为了方便说明,在投影图中将落影用相同的大写字母标记,并加注脚表示落在什么地方,如A_V、A_H、A_X分别表示点A落影在V面、H面或X轴上;同时为了有利于解题,在必要时可假定承影面是透明的,这样就可以在后方的承影面上获得落影,如图13-4(a)、图13-5(a)所示,这时则应将在后方承影面上获得的落影加括号表示,如(A_H),并称之为虚影。

需要特别指出的是:由于光线的投影与投影轴的夹角为45°,且45°直角三角形的两直角边相等,因此空间点在某投影面的落影与其同面投影之间的水平距离或垂直距离必等于该空间点到该投影面的距离。例如图 13-5(a)中点 A 的 V 面落影 A_V 与投影 a' 所反映的 y 坐标便是。

（2）当承影面为投影面平行面或垂直面时，点在该承影面上的落影，可利用承影面的投影集聚性求出（图 13-15、图 13-13）。

（3）当承影面为一般位置平面时，如图 13-6 所示，就必须应用求作一般位置直线与一般位置平面相交求交点的方法来求出过一点 A 的光线与承影面的交点，即落影的位置了。

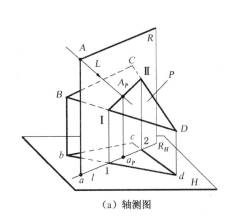
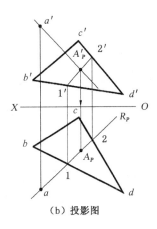

（a）轴测图　　　　　　　　　　　　　　　（b）投影图

图 13-6　点 A 在 $\triangle BCD$ 上的落影

13.3　直线的落影

直线在承影面上的落影，就是过属于该直线各点的光线所形成的光平面与该承影面的交线。

（1）当承影面为平面时，直线的落影一般仍为直线；若直线与光线方向平行，则其落影积聚为一点（图 13-7）。

（2）当直线段平行于承影面时，其落影与该直线段平行且等长（图 13-8）。

（3）平行两直线在同一承影面上的落影仍相互平行（图 13-9）。

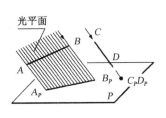
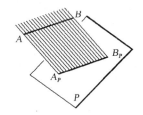
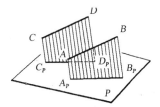

图 13-7　直线的落影　　　　图 13-8　P 面平行线的落影　　　图 13-9　两平行线的落影

（4）一直线在两平行承影面上的落影相互平行（图 13-10）。

（5）直线与承影面相交，该直线的落影必通过其交点（图 13-11）。

（6）直线在相交两承影面上的落影为折线，折影点在两承影面的交线上。

图 13-12 所示为以投影面为承影面时求落影的例子。其中图 13-12(a)为落影的空间分

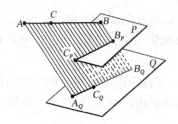

图 13-10   直线在两平行面上的落影

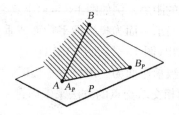

图 13-11   直线与承影面相交时的落影

析,图 13-12(b)为该直线在两投影面上落影的求法。图中利用了点 B 的虚影(B_H)与点 A 的落影A_H用直线相连的方法,从而在 OX 轴上得到折影点K_X。于是折线$A_H K_X B_V$就是所求直线 AB 在两个投影面的落影。

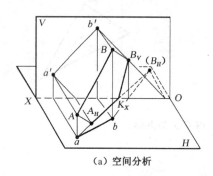

（a）空间分析

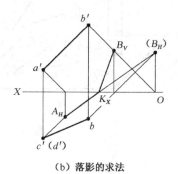

（b）落影的求法

图 13-12   直线在两投影面上的落影

图 13-13 所示则为直线在两相交铅垂承影面上落影的求法。从图中可以看出,三棱柱的两个前表面 P、Q 为铅垂面,直线 AB 两端点的落影A_P、B_Q可利用铅垂面水平投影积聚性求出。至于折影点K_0,图中表示了三种常用的求取方法,解题时可任选其一。

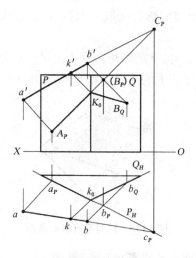

图 13-13   直线在相交两承影面上的落影

① 返回光线法:在水平投影中,过k_0作返回光线与 ab 相交于 k,再根据投影关系作出k',进而求出K_0。

② 线面相交法:延长 ab 与扩大后的 P 面迹线 P_H 相交于 c_P,再根据投影关系在 $a'b'$ 的延长线上定出 C_P 后,连接 $A_P C_P$,同样可得 K_0。

③ 端点虚影法:过 b 作光线于扩大后的 P 面迹线相交于 b_P,找到虚影 (B_P) 后,连接 A_P (B_P),也可得到 K_0。

(7)投影面垂直线在它所垂直方向的落影,不管承影面如何,其落影均是与光线投影一致的 45° 直线。如图 13-14 所示,直线 AB 垂直于地面(H 面),于是通过 AB 形成的光平面也垂直于地面(即该光平面为铅垂面),其水平投影有积聚性,所以不管该光平面与墙面、屋面的交线形状如何,直线 AB 的落影均在此 45° 的光平面积聚投影(直线)上。

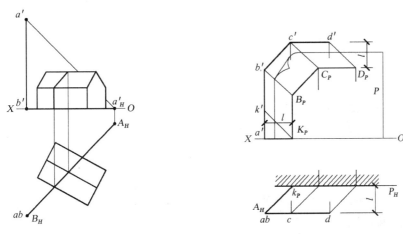

图 13-14　投影面垂直线的落影　　图 13-15　投影面垂直线和平行线在其平行面上的落影

(8)投影面平行线在它所在平行的承影面(投影面及其平行面)上的落影必与该直线的同面投影平行,而且当该直线为另一投影面的垂直面时,还反映了该直线至该承影面的距离。如图 13-15 所示,折线 AB 段为铅垂线,CD 段为侧垂线,它们在正平面 P 上的落影 $K_P B_P$ // $a'b'$,$C_P D_P$ // $c'd'$,而且反映了这两条直线段至 P 面的距离 l;而由于 BC 段为正平线,$B_P C_P$ 虽平行于 $b'c'$,却不反映 BC 到 P 面的实际距离。

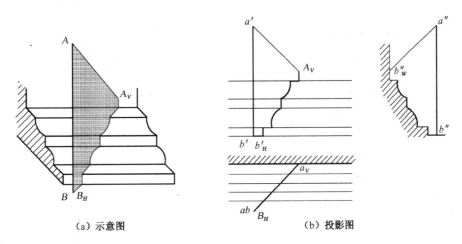

(a)示意图　　　　　　　　　(b)投影图

图 13-16　铅垂线在侧垂组合承影面上的落影

（9）某一投影面垂直线落影于另一投影面垂直的平面（或由多个平面、曲柱面形成的组合承影面）上时，该落影在第三投影面上的投影，必与该组合承影面的积聚性投影形状相对称。

图 13-16(a)表示了铅垂线 AB 在一组由侧垂线所形成的组合承影面（线脚）上落影 $A_V \cdots B_H$ 的示意图。从图 13-16(b)可见，该落影的正面投影 $A_V \cdots b_H$ 与其侧面投影（即组合承影面的积聚投影）的形状 $a''_w \cdots b''$ 相对称。这是由于过铅垂线 AB 的光平面是两投影面 V、W 之间 $90°$ 夹角的铅垂分角面，所以，将它与组合承影面（线脚）相交所得的交线再分别投射到与它都是 $45°$ 倾角的投影面 V 和 W 上时，所得的正面投影和侧面投影必然是形状相同、方向相反，亦即是成形状相对称的图形。

13.4 平面图形的落影

平面图形的落影实质上是组成该平面图形的点与线落影的集合，落影的轮廓线（即影线）一般用细实线表示，其可见范围可用灰色网点填充。

1）多边形平面的落影

当以平面为承影面时，多边形平面的影线就是该多边形各条边的落影，作图时只要找出多边形各顶点在同一承影面上的落影，然后用直线依次连接起来即可。如果各顶点的落影不在同一承影面上，则要视实际情况找出其折影点。

图 13-17 所示为 $\triangle ABC$ 在两投影面上的落影。图中是利用顶点 B 的虚影来求出 AB、BC 边落影的折影点的。

（1）当多边形平面平行于某投影面，例如 V 面，或某承影面（例如铅垂面 P）时，其落影与其 V 面的投影的形状大小相同（如图 13-18(a)、(b)所示）。

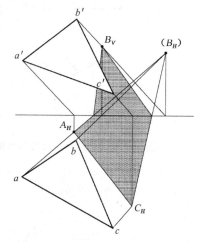

图 13-17 多边形平面的落影

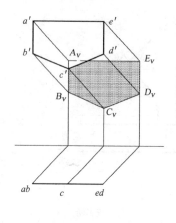

（a）平行于 V 面时

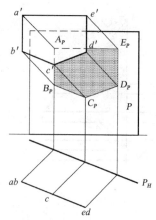

（b）平行于铅垂面 P 时

图 13-18 平行于承影面的平面的落影

（2）当多边形平面垂直于投影面，例如垂直于 H 面时，有如图 13-19 所示的三种情况。

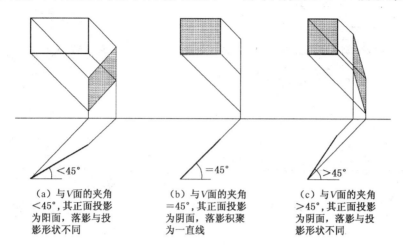

（a）与 V 面的夹角
<45°，其正面投影
为阳面，落影与投
影形状不同

（b）与 V 面的夹角
=45°，其正面投影
为阴面，落影积聚
为一直线

（c）与 V 面的夹角
>45°，其正面投影
为阴面，落影与投
影形状不同

图 13-19　铅垂面在 V 面上的落影及阴阳面区分

为了获得明显的视觉效果，对可见的阴面一般也用灰色填充。

2）圆形平面的落影

（1）当圆形平面平行于投影面时，它在该投影面上的落影为全等的圆形。作图时可先找出其圆心的落影，然后再按该圆形的半径画圆即可（图 13-20）。

（2）当圆形平面不平行于投影面时，其落影一般为椭圆。

图 13-21 所示为一水平圆在 V 面上落影。其要领是利用圆的外切正方形来辅助作图，即先求出圆的外切正方形的落影——平行四边形，然后求出四个切点 1、2、3、4 及对角线上的四个交点 5、6、7、8 的落影，最后将它们依次光滑相连即可。

（3）求作建筑阴影时，往往会遇到要求作半个水平圆在正立面墙上落影的情况，此时可按图 13-22 所示的方法画出（其中 d 为圆弧半径的 0.7 倍）。从该图中又可以看出，由于半圆上五个点及其落影均处于某种特殊的位置，故此例还可以进一步按图 13-23 所示的方法进行单面作图（如果此图中的点 $4'$ 利用上图所示的尺寸 d 来定位，还可将辅助作图用的半圆省去）。

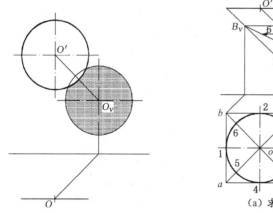

图 13-20　正平圆在 V 面上的落影

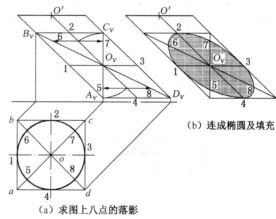

（b）连成椭圆及填充

（a）求图上八点的落影

图 13-21　水平圆在 V 面上的落影

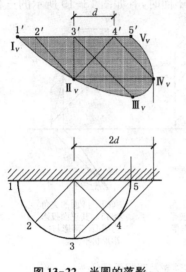

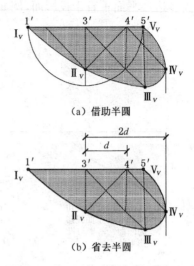

(a) 借助半圆

(b) 省去半圆

图 13-22　半圆的落影

图 13-23　半圆落影的单面作图

13.5　立体的阴影

13.5.1　平面立体的阴影

1）棱柱的阴影

图 13-24 所示是四棱柱轴测图中的阴影和投影图中的落影。从图 13-24(a)可知，四棱柱在常用光线下，上底 $ABCD$、前表面 $ABEF$ 和左侧面 $ADNE$ 为受光的阳面，其余为阴面；阳面和阴面的交线 $F—B—C—D—N—E—F$ 为阴线。由于四棱柱的下底属于 H 面，故实际上只需求出两条铅垂线 BF 和 DN、一条正垂阴线 BC、一条侧垂阴线 CD 的落影即可。该四棱柱的落影一部分在 H 面上，一部分在 V 面上。图 13-24(b)是它的投影图。可见铅垂线在 H 面

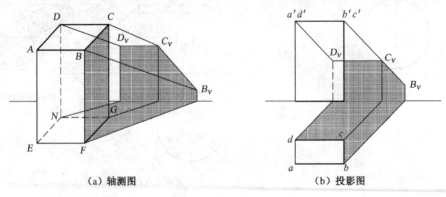

(a) 轴测图

(b) 投影图

图 13-24　四棱柱的阴影

上的落影是45°线;侧垂线在V面上的落影与该直线的同面投影保持平行。

2）棱锥的阴影

图13-25为置于H面上的三棱锥的阴影。由于三棱锥各棱面均不是投影面垂直面,故不便于直观判别出哪些面是阳面,哪些面是阴面。为此,通常是先作出锥顶S在锥底所属的平面H上的落影S_H(本例为虚影)之后,再过锥顶的落影S_H返回来作出棱锥在H面上落影的外围影线,这样就可以得出棱锥表面上的阴线所在了。于是就可判别出棱锥表面的阴阳面,如图13-25所示。

图13-25　三棱锥的阴影

13.5.2　曲面立体的阴影

本节只将圆柱的阴影进行介绍,圆锥及圆球的阴影可参考相应的书籍。

由于圆柱面是光滑的,因此圆柱面上的阴线由光平面与柱面相切所产生。如图13-26所示,光平面与圆柱面相切的直素线,就是该圆柱面上的一条阴线。由于切于圆柱面的光平面有两个,故圆柱面上可有两条阴线,它们把圆柱面分成阳面和阴面各一半。圆柱体的上底为阳面,下底为阴面。

图13-26(b)是直立圆柱的阴影。作图时,首先在水平投影中作两条45°线与圆柱的水平投影相切于a、c两点,过这两点作投影连线就可得出圆柱正面投影中两条阴线的投影。其中$a'b'$为可见,用实线表示;$c'd'$为不可见,用虚线表示(或不予画出)。接着再作上底圆落在H面的影,其中只有半个圆周属于影线。

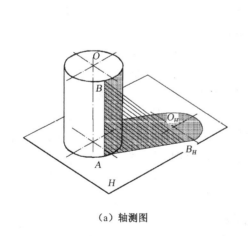

（a）轴测图

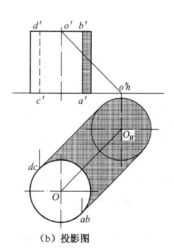

（b）投影图

图13-26　直立圆柱的阴影

图13-27表示用45°线与圆弧相交的方法求直立圆柱阴线的单面作图。图中表示了两种作法,其结果都是一样的。如果采用数学的方法定位则更为简单,如图形下方的比值所示。

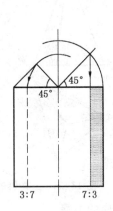

图 13-27　单面作图时圆柱

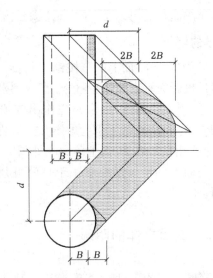

图 13-28　圆柱在 H、V 面阴线定位上的落影特征

图 13-28 则表示了直立圆柱的落影分别落在 H、V 面上的情况。该图表明,圆柱在 V 面上的落影,其左、右两条平行的影线(即两条阴线的落影)之间的距离等于正面投影中两阴线之间距离的两倍,以及其他一些特征。熟悉了这些特征,对掌握圆柱落影的单面作图是很有作用的。

13.6　建筑形体的阴影

13.6.1　方盖盘与圆柱面组合体的阴影

图 13-29 所示是带长方形盖盘的贴墙半圆壁柱。图 13-30 是带小檐的凹入墙内的半圆壁龛。在常用光线的照射下,两个图例中的侧垂线 BC 都是阴线,此阴线除了有一部分落影于墙面外,都有一部分落影于凸出或凹进墙面的半圆柱上。根据前面图 13-16 的分析可知,该侧垂线落在凸出或凹进墙面的半圆柱面上的影,都是与承影的半圆柱面成形状相同、方向相反的半圆形。此半圆中心 o' 的位置,根据前面图 13-15 所示原理,必定在中轴线的与 $b'c'$ 距离为 m 的位置上。其余部分的作图不再赘述。

13.6.2　带圆形盖盘的半圆壁柱的阴影

图 13-31 是带半圆形盖盘的贴墙半圆壁柱。该盖盘的下底边缘是阴线,其中有一段落影与柱面上另一部分落影于墙上;圆形盖盘自身也有一部分为阴面。由于盖盘的底部阴线是圆弧,承影面又是圆柱面,故其落影只能利用圆柱面 H 面投影的积聚性,求出影线上的若干点之后以光滑曲线相连。为作图准确起见,应全部求出半圆壁柱影线上的特殊点,如最高点 C_1、盖盘最前点落影 D_1、最低最右点 E_1、最左点 B_1 等。

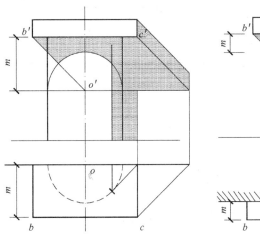

图 13-29　带方盖的贴墙半圆壁柱　　　图 13-30　带小檐的半圆壁龛

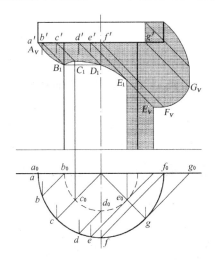

图 13-31　带半圆形盖盘的贴墙半圆壁柱

13.6.3　窗口的阴影

图 13-32 所示为几种不同形式的窗口。作图前,首先要明确立面上哪里是凸起的,凸起处到承影面之间的距离是多少? 哪里是凹入的,凹入的深度又如何? 然后根据光线的方向,判别出阴阳面和阴线所在。一般情况下,分别以外墙面及位于内墙面的窗扇平面作为承影面,求出那些与之平面或垂直的阴线的落影。

从上述例子可以看出,落影宽度 m 反映了以内墙面为承影面时窗口的深度;落影宽度 n 反映了窗台、窗套或雨篷凸出墙面的距离;落影宽度 s 则是 m 与 n 的总和,反映窗套或雨篷凸出内墙面的距离。

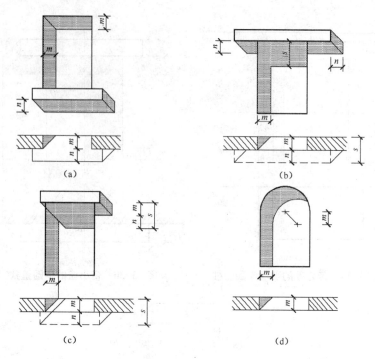

图 13-32　几种窗口的阴影

13.6.4　门洞的阴影

图 13-33 所示为几种不同形式门洞的阴影，其中图 13-33(b)所示门洞的雨篷是倾斜的。

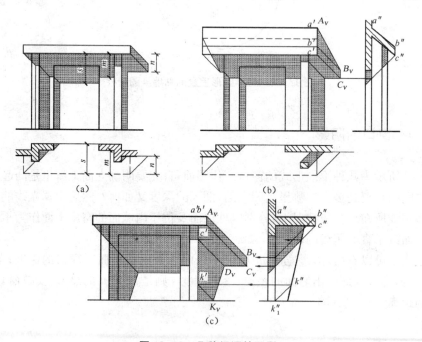

图 13-33　几种门洞的阴影

作图时,如同求窗口的阴影一样,首先要弄清楚哪些地方是凸起或凹入的,并应判别出阴阳面及阴线的所在;然后逐一求出各处的落影。

由于门洞的构造相对窗口来说较为复杂,故有些地方需要利用返回光线法才能求解。例如图13-33(c)翼墙上点 K 的落影 K_V 就是。具体作法是由 k''_1 反求出 k''、k',再依光线的投影方向作45°线而求得 K_V。

13.6.5　台阶的阴影

图13-34所示为两侧有矩形挡墙的台阶。左挡墙的阴线是铅垂线 BA 和正垂线 BC;铅垂线 BA 的 H 面落影为45°直线,正垂线 BC 的 V 面落影也为45°直线。通过分析可知,点 B 的实影 B_t 落在第二级台阶的踢面上(落影 B_t 如果利用侧面投影求作更易理解)。又由于平行于承影面的直线,其落影仍与自身平行,所以不难得出这两条阴线分别在踏面和踢面的落影。至于右挡墙的阴影显而易见,无须赘述。

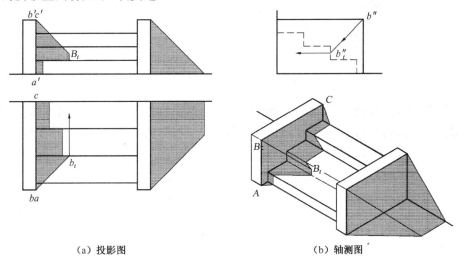

（a）投影图　　　　　　　　　（b）轴测图

图 13-34　台阶的阴影

13.6.6　坡顶房屋的阴影

图13-35所示为坡顶房屋的阴影。

作图时先作出正门人字屋檐封檐板上的点 B 在山墙上的落影 B_0,过 B_0 作 $a'b'$ 及 $b'c'$ 的平行线即得山墙上封檐板的落影 A_0B_0 及 B_0C_0 的一部分(C_0 落在堂屋的外墙上,图中因在落影区内因此没有标出)。再作点 D 的落影 D_0,它也落在堂屋的外墙上;而点 E_0、F_0 则落在堂屋的窗口内。其余请读者自行分析。

求烟囱的落影有两种方法:

(1) 过烟囱棱线 M 的 H 面投影作45°直线与屋脊相交得一点 k,求出 k' 后就可确定出 V 面投影中烟囱落影的方向,于是过 m' 作45°光线就可得落影点 M_0,进而完成整个烟囱落影的作图。

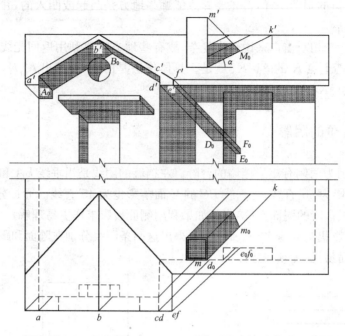

图 13-35 坡顶房屋的阴影

（2）点 M_0 亦可利用坡顶的底角 α 直接定出烟囱落影的方向（其道理可根据图 13-16 的结论推理而得，即此落影的方向与所在坡顶的侧面积积聚投影成方向相反的对称图形）。

14 透 视 投 影

14.1 透视的基本知识

14.1.1 透视的概念

透视投影(又称透视图,简称透视)是用中心投影法将物体投射在单一投影面上所得到的图形,其形成过程大致如图14-1所示。从投射中心向形体引一系列投射线,投射线与投影面所有交点的集合即为形体的透视投影。透视投影归纳了人单眼观看物体时在视网膜上成像的过程。

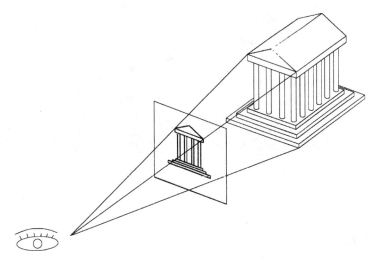

图 14-1 透视投影的形成

透视图和轴测图都是单面投影,不同之处在于轴测图使用平行投影法画出;而透视图是用中心投影法画出,具有较强的立体感,符合人们的视觉印象,所以在建筑设计中,通常用透视图作为表现图供评判和审定设计。

14.1.2　透视的特点

1）使用中心投影

透视图是应用中心投影法所得的投影图,投射线集中交于一点,而且一般不垂直于投射面;而多面正投影图则使用正投影,各投射线相互平行且垂直于投影面。

2）使用单面投影

透视投影是单面投影图,形体的三维同时反映在一个画面上;多面正投影是一种多面投影图,必须有两个或两个以上的投影图才能完整地反映出形体的形状。

3）不反映实形

透视图有近大远小等透视变形,一般不能反映形体的真实尺寸,不能作为正式施工的依据。在施工时一般使用多面正投影图,如平面图、立面图、剖面图,更能准确反映形体的三维尺度。

通过观察图 14-2,得到以下规律:

(1) 近大远小。等体积的构件,距画面越远,体积透视越小。

(2) 近高远低。等高的竖杆,距画面越远,透视越低。

(3) 近疏远密。等距离的竖杆,距画面越远,柱距透视越密。

图 14-2　某建筑效果图

14.1.3　透视的分类

透视图根据主向灭点的数量不同可以分为三种(如图 14-3):

(1) 一点透视(平行透视)。有一个主向灭点的透视图。如果物体有两组主向轮廓线平行于画面,这两组轮廓线的透视就没有灭点,而第三组轮廓线就必然垂直于画面,其灭点就是主点。

(2) 两点透视(成角透视)。有两个主向灭点的透视图。若建筑物仅有铅垂轮廓线与画面平行,而另外两组水平主向轮廓线均与画面相交,于是在画面上形成了两个主向灭点和,这两个灭点均应在视平线上,这样画出的透视图称为两点透视图。在此情况下,建筑物的两个主要方向均与画面成倾斜角度,故又称为成角透视。

(3)三点透视(斜透视)。有三个主向灭点的透视图。如果画面倾斜于基面,即建筑物的三个主向轮廓线均与画面相关,于是在画面上就会形成三个主向灭点。

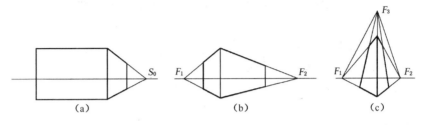

图 14-3　三种透视图类型

透视图常应用于建筑行业,绝大多数的建筑画都是以透视图的形式来表现的。用科学而又简单的方法确定建筑物的透视轮廓,在建筑设计中有着极其重要的意义。

14.1.4　透视的基本术语

透视图的相关术语和表达符号:如图 14-4 所示,为透视基本符号,其中:

画面(P)——绘制透视图的平面。通常只使用平面状画面,且一般垂直于基面,但也有曲面形状。

基面(H)——建筑物所在的水平面,相当于地平面。一般画面和基面相垂直。

基线(p—p 或 g—g)——画面与基面的交线。

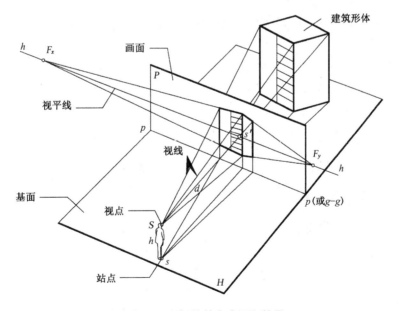

图 14-4　透视的基本术语和符号

视点(S)——投影中心。相当于人的眼睛。

站点(s)——视点 S 的水平投影。

视高(Ss)——视点到基面的距离。

视距(d)——视点到画面的距离,亦为主视线 Ss' 的长度。

视平线($h-h$)——过视点 S 的水平面与画面的交线。即过主点 s' 在画面上作水平线。

主点(s')——视点 S 在画面上的正投影。即过 S 作画面的垂直线与画面的交点(也称心点)。

主视线(Ss')——视点 S 与主点 s' 的连线。

灭点(F)——直线上无穷远点的透视。

14.2 点的透视

1)点的透视作图方法

视线与画面的交点称为视线迹点。通过求视线迹点来绘制透视图的方法,称为视线迹点法。视线迹点法是根据形体的正投影图求作透视图的一种方法,是作透视图的最基本方法。

其画法可分为两步:

(1)由视点引出一条通过已知点的视线。

(2)求此视线与画面的交点(迹点)。

如图 14-5 所示,已知空间内一点 $A(a'、a)$、视点 $S(s'、s)$、画面 P 和基面 H,求作点 A_0。根据视线迹点法,其作图步骤为:

(1)作空间视线 SA、Sa,得到这两条视线在画面上的正投影为 $s'a'$、$s'a_x$,在基面上的正投影均为 sa。

(2)作视线 SA、Sa 与画面 P 的交点 A^0 与 a^0,过基面上 sa 与画面位置线 $p-p$ 的交点 a_g 向上作竖直线与 $s'a'$、$s'a_x$ 交于 A^0、a^0 即为所求。

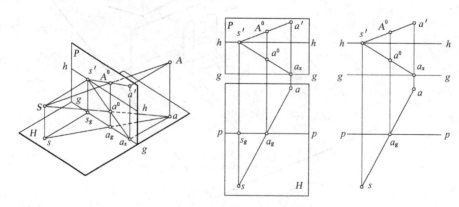

图 14-5　视线迹点法作点的透视

2）点的透视特性

显然,点的透视具有如下特性:

（1）点 A 的透视 A^0 位于通过点 A 的视线的正面投影 $s'a'$ 上。

（2）点 A 的基透视 a^0 位于通过基点 a 的底线的正面投影 $s'a_x'$ 上。

（3）点 A 的透视 A^0 与基透视 a^0 的连线垂直于基线 $g-g$,且通过上述视线的水平投影与画面位置线 $p-p$ 的交点 a_g。

14.3 直线的透视

直线的透视是通过直线的视线平面与画面的交线。一般情况下,直线的透视仍为直线,如图 14-6 中的直线 AB。因此直线的透视可用求直线上两点的透视的方法作出。当直线透过视点 S 时,其透视为一点。如图 14-6 中的直线 MN。

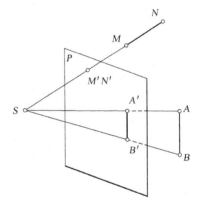

图 14-6 直线的透视

1）直线的透视特性

（1）画面上的直线,其透视为直线本身。如图 14-7(a)中 PQ 的透视 $P'Q'$ 与其本身重合。

（2）平行于画面的直线,它的透视与该直线平行;直线上的点分直线所成的比例,与该点的透视分直线的透视所成的比例相同。如图 14-7(a)中,画面平行线 AB 及其上的点 E,$A'B'/\!/AB$,$A'E':E'B'=AE:EB$。

（3）两互相平行的画面平行线,它们的透视也相互平行。图 14-7(a)中,$AB/\!/CD$,则 $A'B'/\!/C'D'$。

（4）两相交直线的透视也相交,透视的交点就是交点的透视。如图 14-7(a)中,AB 和 BD 交于点 B,它们的透视 $A'B'$ 和 $B'D'$ 也交于 B'。

（5）不平行于画面的直线,与画面有交点,该交点即为直线与画面的迹点。

图 14-7(b)中,直线 AB 的迹点为 N,设直线 AB 上无限远的点 F_∞,作为 F_∞ 点的透视,只要过视点 S 作视线平行于直线 AB,该视线与画面的交点 F 即为直线 AB 的灭点。

连接迹点与灭点的直线 NF 称为直线的全透视,直线的透视位于直线的全透视上。

（6）与画面相交的平行线有公共的灭点,亦即它们的透视都相交于这个灭点。如图 14-7(c)中,两平行直线 AN_1 和 BN_2 的透视 $A'N_1'$ 和 $B'N_2'$ 相交于同一灭点 F。

（7）从上述投影特性可得出如下推论:铅垂线的透视仍为铅垂线;平行于画面的水平线的透视仍为水平线;与画面相交的水平线的灭点,必定位于视平线 $h-h$ 上;垂直于画面的直线的灭点就是主点 S'。

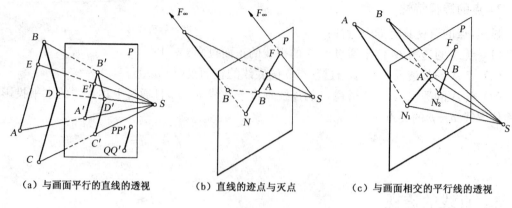

（a）与画面平行的直线的透视　　　（b）直线的迹点与灭点　　　（c）与画面相交的平行线的透视

图 14-7　直线的透视特性

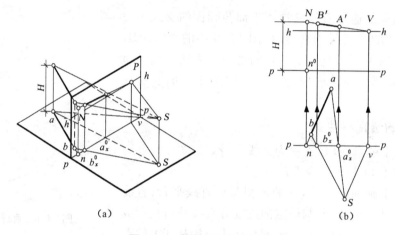

（a）　　　　　　　　　　　　　　　（b）

图 14-8　基面平行线的透视

2）直线的透视画法

【例 14-1】　作基面平行线 AB 的透视 $A'B'$，如图 14-6(a)。

【解】　（1）空间分析（如图 14-8(a)）

求迹点：延长 AB，求出迹点 N，N 在 $p—p$ 的上方，与 $p—p$ 的距离等于 AB 的高度 H。

求直线 AB 的灭点：过视点 S 作 $SV/\!/AB$，与视平线 $h—h$ 相交得灭点 V。

求全透视：将点 N 与 V 相连，得 AB 的全透视；再过视点 S 向点 A、B 作视线，与 NV 交得 A'、B'，连 $A'B'$ 即为水平线 AB 的透视。

（2）作图（如图 14-8(b)）

在基面上，延长 ab，与 $p—p$ 交得 n；由 n 作垂线，与 $p—p$ 交得 n^0，在画面上由 n^0 量取高度 H，作出 AB 的迹点 N。

在基面上，过站点 s 作 $sv/\!/ab$，于 $p—p$ 交得 v；由 v 作垂线，与 $h—h$ 交得 AB 的灭点 V。

在基面上，将 a、b 分别与站点 s 相连，sa 与 $p—p$ 交得 a_0x、b_0x；由 a_0x、b_0x 作垂线，与 V、N 连线交得 A'、B'，$A'B'$ 即为水平线 AB 的透视。

【例 14-2】　作基面垂线 AB 的透视 $A'B'$（图 14-9）。

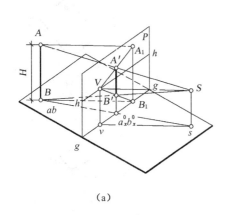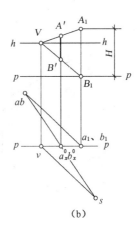

(a)　　　　　　　　　　　　(b)

图 14-9　作基面垂直线的透视

【解】　空间分析(如图 14-9(a))

① 过 AB 分别任作相互平行的水平线 AA 和 BB(BB 属于基面 H),与画面 P 交于 A_1 和 B_1,连接 A_1 和 B_1。

② 过视点 S 作视线 $SV /\!/ AA_1$,与视平线 h—h 交得 AA_1 和 BB_1 的灭点 V。

③ 分别将灭点 V 与 A_1 和 B_1 相连,再作视平线 SA 和 SB,SA 与 VA_1 交得 A',SB 与 FB_1 交得 B',直线 $A'B'$ 为基面垂直线 AB 的透视。

(2) 作图(如图 14-9(b))

① 在基面上,过 ab 任作一直线,作为水平线 AA_1 和 B_1 相重合的基投影,与 p—p 交于 a_1、b_1 作垂线,与 p—p 交于 B_1,由 B_1 向上量取高度 H,得 A_1。

② 在基面上,过站点 s 作 $sv /\!/ aa_1$,与 p—p 交得 v。由 v 作垂线,与视平线 h—h 交得 AA_1、BB_1 的灭点 V。

③ 在画面上,将点 V 分别与 A_1 和 B_1 相连;在基面上,将 s 与 ab 相连,与 p—p 交于 a_x^0 和 b_x^0;由 a_x^0 和 b_x^0 作垂线,分别与 VA_1 和 VB_1 交得 A' 和 B'。直线 $A'B'$ 即为所求。

14.4　平面的透视

一般情况下,多边形的透视仍为边数相等的多边形。只有当平面通过视点时,其透视才积聚为一条直线。因此,作平面图形的透视,归根到底就是作该平面图形轮廓线的透视。

1) 平面图形的透视特征

如图 14-10(a)所示,已知一矩形 $ABCD$ 位于基面上,为方便作图,设顶点 $A(a)$ 在基线 p—p 上,即令透视 A^0 与 a 重合,过视点 S 分别作视线平行于矩形的两组平行边而与视平线 h—h 相交,于是求得两个灭点 F_x、F_y。显然,利用这两个灭点即可分别作出矩形两条边 AD、AB 的全长透视 A^0F_x、A^0F_y,然后过站点 s 作视线的水平投影 sb、sd 与基线 p—p 相交,再过交点 b_p、d_p 分别引竖直线求出两条全长透视上的点 B^0、D^0,最后,再分别过 B^0、D^0 作透视线,

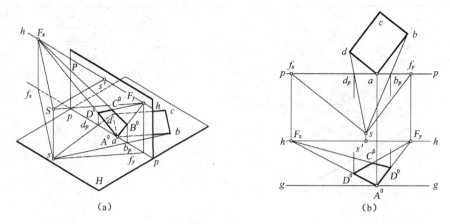

图 14-10　矩形的透视特征及画法

这样就可完成矩形透视 $A^0B^0C^0D^0$ 的作图。

在这个透视中,原来相互平行的轮廓线不再相互平行,原来长度相等的轮廓线也不再相等,而产生了近大远小的变化。此外,由于边长 AD、AB 分别为矩形的长度(x 轴)和宽度(y 轴),故其灭点分别用 F_xF_y 表示,并称之为主向灭点,简称灭点。

2) 平面的透视画法

现以上述矩形的透视作图为例说明平面图形的透视画法,如图 14-10(b)。

(1) 在图纸上方画出基面 H 上所有的投影,包括基线 $p—p$ 及其上方的矩形 $abcd$,以及其下方的站点 s。

(2) 在下方根据给定的条件和要求在适当的位置上画出基线 $g—g$ 和视平线 $h—h$。

(3) 过站点 s 作 $sf_x//ad$、$sf_y//ab$ 分别与 $p—p$ 相交于 f_x、f_y,据此向下引竖直线,可求得位于视平线 $h—h$ 上的两个灭点 F_x、F_y。

(4) 由于点 a 在(基面 H 的)基线 $p—p$ 上,所以其透视 A^0 必在(画面 P 的)基线 $g—g$ 上;连接 A^0F_x、A^0F_y 得矩形两直线边 AD、AB 的全长透视。

(5) 画出视线的投影 sd、sb 分别与基线 $p—p$ 相交于 d_p、b_p,再分别过 d_p、b_p 向下引竖直线与全长透视 A^0F_x、A^0F_y 相交于 D^0、B^0,于是 A^0D^0、A^0B^0 分别为矩形两直线边 AD、AB 的透视。

(6) 最后,分别作透视线 B^0F_x、D^0F_y 相交于 C^0,于是得四边形 $A^0B^0C^0D^0$,此四边形即为所求的透视(这个透视实际上也是基透视)。

【例 14-3】 已知某建筑平面图,并给定 $p—p$ 和站点 s 的位置如图 14-11(a)所示,设视高为 h,试画出该平面图形的透视。

【解】 (1) 分析:建筑平面图亦即建筑物的水平投影,所以该平面图的透视即为建筑物的基透视,其作法与上述作法基本相同。

(2) 作图:如图 14-11(b)所示

① 将基线 $p—p$ 置于水平位置上画在图纸上方,并按图 14-11(a)给定的相对位置画出建筑平面图及站点 s,求出 f_x、f_y。

② 在图纸下方的适当位置画出一条水平的基线 $g—g$,在 $g—g$ 上对应于平面图中的顶点

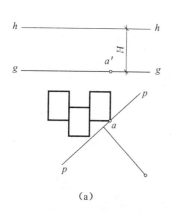

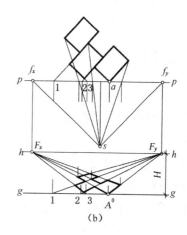

(a)

(b)

图 14-11 某建筑平面透视

a 定出一点 A^0;然后根据视高 h 画出视平线 $h—h$,并根据上述 f_x、f_y 定出两个灭点 F_x、F_y。

③ 进一步画出平面图主向轮廓线的全长透视 A^0F_x、A^0F_y;对平面图中部凸出的部位,可顺其方向用直线引至基线上得点 1、2、3,于是就可依次画出凸出部位的全长透视 $1F_y$、$2F_y$、$3F_x$。它们彼此相交,取其有效部分就可以得到该建筑平面图的透视(基透视)。

【**例 14-4**】 已知矩形铅垂面 $ABCD$ 的两面投影,并设定基线 $p—p$、视平线 $h—h$、站点 s 的相对位置如图 14-12(a)所示,试画出它的透视图。

【**解**】 (1)分析:从给题的两面投影可知该矩形铅垂面的底边 BC 属于基面(因 $b'c'$ 在 $g—g$ 上),但不与画面相交(因 bc 不与 $p—p$ 相交)。为了解决该铅垂面透视高度的度量问题,可设将该铅垂面向前延伸,借助它与画面 P 的交线——真高线,去解决作图。

(2)作图:如图 14-12(b)所示,将矩形的积聚投影 $abcd$ 向前延伸与 $p—p$ 相交,过交点引竖直线,于是可得出反映矩形真高的真高线 a_pb_p;再作 $sf_y // abcd$ 而与 $p—p$ 相交于 f_y,据此可在视平线 $h—h$ 上定出灭点 F_y。最后通过作图不难得出该矩形铅垂面的透视 $A^0B^0C^0D^0$。

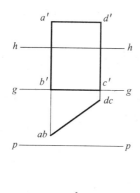

S^0

(a)

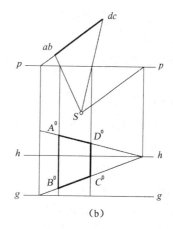

(b)

图 14-12 铅垂面的透视作图

14.5 立体的透视

以平面立体的一点透视和两点透视的画法为主。

1）一点透视

求平面立体的透视本质就是求立体表面上各种不同位置直线的透视。

【例 14-4】 作四棱柱的一点透视（图 14-13）。

【解】 将四棱柱 $abBA$ 面重合（平行）于画面，其透视反映实形（或相似形）；仅宽度方向四条棱线垂直于画面，其全透视交会于主点（灭点）。因此，根据已知的站点 s，基线 $p—p$，视平线 $h—h$ 及四棱柱的 $abBA$ 面和 $abcd$ 面，即可画出四棱柱的一点透视。

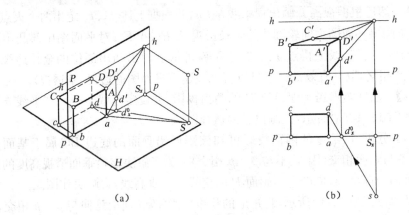

图 14-13 四棱柱的一点透视

步骤：

（1）在基面 H 上，将水平投影 $abcd$ 的 ab 边靠齐 $p—p$，在画面上画出 $abBA$ 面的实形，即得其正面透视 $a'b'B'A'$。

（2）在画面上连线 $A's'$、$B's'$、$a's'$（$b's'$ 为不可见，图中为画出），即得四棱柱宽度方向棱线的全透视。

（3）在基面上，连线 sd 与 $p—p$ 交于 d_x^0，自 d_x^0 作垂线，与画面上 $a's'$ 和 $A's'$ 交于 d' 和 D'，过 D' 作 $A'B'$ 的平行线与 $B's'$ 交于 C'。将所有可见轮廓加粗，即完成四棱柱的一点透视图。

2）二点透视

【例 14-5】 作四棱柱的两点透视（如图 14-14）。

【解】 将四棱柱的 $abBA$ 面与画面 P 倾斜成一个角度（一般为 30°）放置，且使四棱柱高度方向的一棱线重合于画面。四棱柱长、宽两个方向的棱线与画面相交，产生两个主向灭点。高度方向的棱线平行于画面，无灭点。先作出四棱柱底面的透视，再作出高度方向四条棱线的透视及顶面的透视，即可完成四棱柱的两点透视图。

步骤：

（1）作出已知的基线 $p—p$，视平线 $h—h$，站点 s。在基面上作出四棱柱的水平投影 $abcd$，

使 ab 与 $p—p$ 成 $30°$,如图 14-14(b)所示。

（2）在基面上过 s 分别作 ab 和 ad 的平行线,与 $p—p$ 交于 v_y 和 v_x,过 v_y 和 v_x 作 $p—p$ 的垂线与视平线 $h—h$ 交于 V_y 和 V_x,即长宽方向的灭点,如图 14-14(c)所示。

（3）求四棱柱底面的透视 $a'b'c'd'$,作图过程如图 14-14(c)中箭头所示。

（4）确定四棱柱的高度（如图 14-14(d)）。Aa 棱线与画面重合,$A'a'$ 为真高线（用来测定 Aa 高度的直线）,因此由 a' 垂直向上直接量取四棱柱的高度得 A',再分别由 b' 和 d' 引 $p—p$ 的垂线与 $A'V_y$ 和 $A'V_x$ 交于 B' 和 D',就画出了四棱柱的两点透视图。在作图中,常把四棱柱的 $adDA$ 面图画在旁边,以便直接量高,如图 14-14(d)中左边箭头所示。

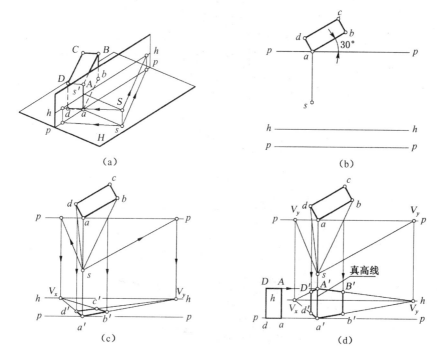

图 14-14 四棱柱的两点透视

3）建筑细部的透视

（1）台阶的透视

【例 14-6】 已知台阶的设计图如图 14-15 所示,试选画它的透视图。

【解】 （1）分析:从该台阶的造型特点和尺寸大小来看,宜使其长、宽、高三个方向的形状都能得到适当表达。为此,可将画面 P 通过它的一条侧棱 A,且令 α 角略小于 β 角,即所画的透视图将是正面形状的表达略为占优的两点透视。同时,选取视高 $h=1000$ mm,略高于台阶的高度,使台阶顶面也获得适当的表达。至于站点 s 的位置,根据站点位置选择的基本原则,令视距 $d\approx1.5 K$,且处于点 a 右侧的前方,以便更好地观察到台阶右侧的栏板。

（2）作图:如图 14-15 所示。

① 在已知的平面图（图 14-15(a)）中,过点 a 画出基线 $p—p$,使 α 角略小于 β 角,再在点 a 右侧选取一点 s',并在 s' 正前方 $d\approx1.5 K$ 处定出站点 s（K 为画幅的近似宽度）。

② 利用站点 s 求出基线 $p—p$ 上的五个点 f_x、f_y、m_x、m_y 和 s' 的相对位置,并把它们移置

到画透视图用的视平线 h—h 上，得 F_x、F_y、M_x、M_y 和 s' 五个点（图 14-15(b) 所示）。

③ 根据图 14-15(a) 所示的点 a、s' 之间的水平距离，在主点 s' 正下方的基线 g—g 上定出台阶顶点 A 的透视 A^0。过 A^0 作真高线并选画若干不同高度的全长透视（图 14-15(c)）。

④ 在基线 g—g 上点 A^0 的左侧量取宽度方向尺寸的一系列的点，过这些点分别作直线与量点 M_x 相连，它们分割全长透视 A^0F_x，便可得台阶两个踢面及后表面的透视位置。再利用从真高线上不同高度的点所画出的全长透视，便可依次求出各部位的透视高度（图 14-15(d)）。长度方向的透视作法与此相仿，请自行分析。

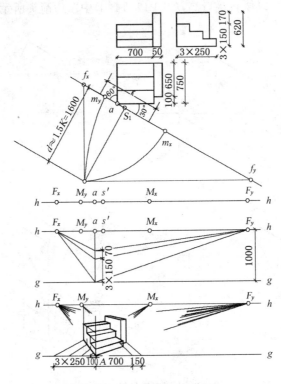

图 14-15　台阶的两点透视

（2）大门透视图

【例 14-7】 已知某公司大门的设计图如图 14-16 所示，试选画它的透视图。

【解】（1）分析：从图 14-16 可知，该大门体量较大，其正立面图能够较明显地反映出该大门的形状特征，考虑到人们通常正对着门口出入，故选画一点透视较为适宜。画图时还宜将画面 P 与建筑物的前立面重合，并将站点 s 设定在大门中部的前方，且视距约等于大门总宽。至于视高 h，可按人的平均身高 1.7 m 选取。

（2）作图步骤

① 先在投影图中选定透视参数，即在平面图中画出一条重合于大门前立面的基线 p—p，大致在其中部的正前方按 $d = 8000$ mm 定出站点 s。再设点 a 为坐标原点，在它的左边量 5000 mm 得点 b_1，于是 b_1b 为截取大门进深透视用的辅助直线。再过 s 作 $sd /\!/ b_1b$，便可在 p—p 上得出量点（一点透视的量点也称为距点 D）的投影 d。再按投影关系返回到立面图中去，得视高为 1700 mm 的视平线 h—h 上的主点 s' 和量点 D。

② 现按比例 1：100 画透视图。在图纸上画出基线 g—g、视平线 h—h，并在 h—h 上定出主点 s' 和量点 D，以及在 g—g 上参照投影图中的相对位置定出圆点 a^0。

③ 为了作图清晰和准确，在图纸的下方另画一条降低基线 g_1—g_1。在 g_1—g_1 上同样定出远点 a_1^0，在 a_1^0 的左侧按宽度尺寸 1000 mm、4200 mm、2800 mm 依次定出一系列的点，分别过这些点作直线与主点 s' 相连得一系列深度方向的透视线。再在 a_1^0 的左侧按进深尺寸 1500 mm、2000 mm、1500 mm 依次定出三个点，分别过这三个点作直线与量点 D 相连并与 $a_1^0 s'$ 线相交，于是就可得大门各处进深的透视位置，亦可画出该大门降低基线后的基透视。

④ 将降低基线后所求得的各处进深的透视返回到原基线 g—g 的上方，就得到实际作图用的基透视。最后，作真高线 6000 mm，并按 3500 mm、800 mm 定出屋面板的高度位置，就可逐步画出整个大门的透视。

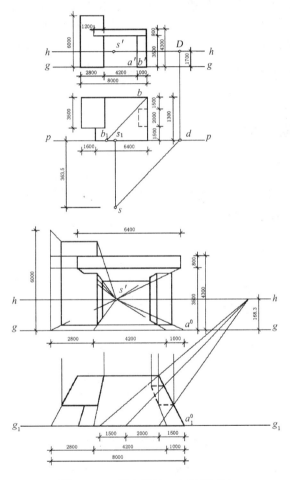

图 14-16 某大门的一点透视画法

14.6　建筑透视图的选择

当观察者处于不同位置观察同一建筑形体时,所获得的视觉印象是不同的。要想将建筑设计意图更好地用透视图表达出来,首先要对设计图进行详细的研究,加以充分想象,按照设计图中给定的位置和大小,根据透视的基本规律和作图方法,在图面上表达出来。实际工作中绘制建筑透视图,一般需要经过以下三个步骤:

(1) 根据建筑形象的特点和环境要求确定视点、画面和建筑形体之间的相对位置。

(2) 根据选定的画面和视点的位置,作出建筑形体基本轮廓的透视。

(3) 在建筑形体基本轮廓的透视上,完成建筑细部的透视图。

视点、画面和建筑形体是形成透视图的三个基本要素,三者之间的相对位置决定着建筑形体的透视效果,因此在画图前应先研究透视图定位的方法,这里主要是指确定画面位置和视点的选择。

14.6.1　画面位置的确定

为了方便作图,一般使画面通过建筑形体的一个转角,如图 14-17 中的 A 点。这就可以利用 A 点来确定建筑形体其他部位的相对位置,同时,建筑形体在 A 点处反映真高,从而便于画出建筑形体的透视高度。

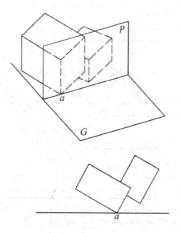

图 14-17　使画面通过建筑形体的一个点

如图 14-18,视点与建筑形体的相对位置不变,当画面前后平行移动时,画面越是靠近视点,透视图就越小;画面越是远离视点,透视图就越大。但画面的平行移动并不影响透视图中的建筑形象,只是放大或缩小了的图形。因此,用平行移动的方法,可以获得任意大小的建筑透视图。

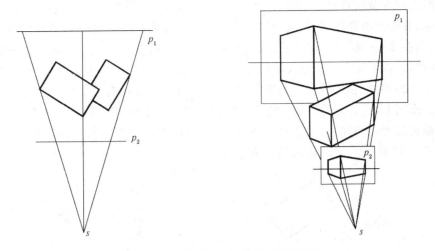

图 14-18 画面平行移动时的透视变化

画面与建筑形体主立面间的夹角,称为画面偏角。如图 14-19,画面偏角越小,则主立面的透视就越宽,透视收敛越平缓;画面偏角越大,则主立面透视就越窄,透视收敛越快。只有偏角选择适当,透视图中的建筑形象才会比例适当、主次分明。一般画面偏角以 30°为宜。

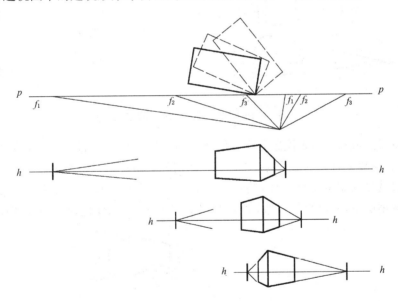

图 14-19 画面偏角对透视形体的影响

14.6.2 视点的选择

视点的选择包括确定站点的位置和视高的选定。

为了真实的再现建筑形象,对于一些艺术形象要求较高的建筑物,站点应该位于人们经常观看的位置,因此,在选定的站点位置观看建筑形体,应该符合人眼的视觉要求。实践证明:当人眼注视一个目标时,在主视线附近的物像十分清晰,而其周围的物像越是远离主视线就越是模糊,因此,人眼在观察外界物体时,存在一定的清晰范围,这个范围称为视场。视场的大小用角度来表示,在绘制透视图时,将这个视觉范围以人眼为顶点、以中心视线为轴的视锥来表示。据测定,视角在 $30°\sim40°$ 时视觉效果最好;视角超过 $60°$ 时,透视图就会出现失真现象,视角越大,失真越严重,以致完全不符合人眼的视觉印象,视角一般不宜超过 $90°$。

由图 14-20 可见,视角的大小与视距、观察宽度的比值大小有关。视角过大,意味着站点选得太近。事实上,这时人的眼睛只能详细地观察建筑形体的细部,而不可能看清楚建筑形体的全貌。视角过大,绘制的透视图就会出现严重失真,不符合人眼的视觉要求。一般视距 D 为观察宽度 L 的 1.5 倍,才能使水平视角保持在 $37°$ 左右。

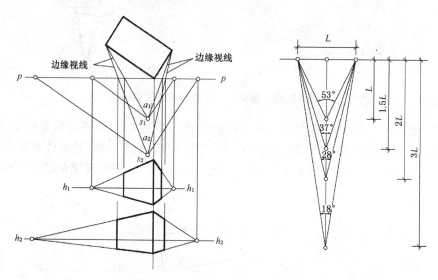

图 14-20　视距、画宽与视角的关系

站点选得过近或过远,都不能满足人眼视角的要求。因此,当建筑形体的宽度大于高度时,站点的位置只要使视距为观察宽度的 $1.5\sim2$ 倍就能使视角保持在 $37°\sim53°$ 范围内。

视高一般选用人眼的实际高度,约 $1.5\sim1.8$ m,以获得人们正常观察建筑形体时的视觉印象。在特殊情况下,视高得低一些,如图 14-21(a)所示,可以使建筑形体表现得更为雄伟壮

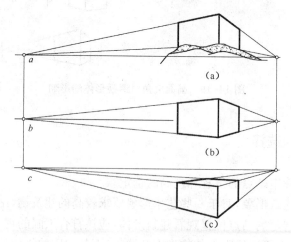

图 14-21　视高的选择

观,一般常用于绘制纪念性建筑的透视。视点选适中一些,如图14-21(b),可以使设计意图表达更为充分。在绘制鸟瞰图时,为了使视野开阔,表达充分,视高往往要选得很高,如图14-21(c)。但是这时要注意使透视图中的主体建筑仍然保持在正常视觉范围以内,必要时视角可以大于60°,但不要超过90°,否则透视图中的建筑形象会过于失真。

需要注意的是,切忌使视平线分上下建筑等高对称。

14.6.3 视点、画面的确定步骤

(1) 由选定的视点确定画面

首先定出站点 s,并向平面图引边缘视线 sa、sc,使其夹角约为30°~40°;然后在视线间引主视线 ss_g;最后作 $gg \perp ss_g$,最好使 gg 过建筑物平面图的一角,如图14-22中 b 点。

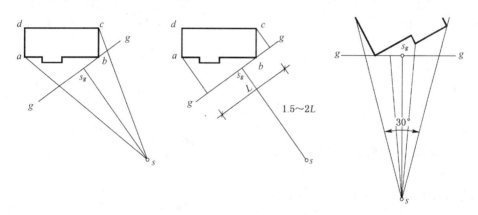

图14-22 视点、画面的确定步骤

(2) 由画面确定视点

如图14-22,首先过平面图上某一转角 b 作基线 gg,与建筑物成 θ 角,θ 角的大小根据需要而定,一般在30°左右;然后过转角 a、c 引 gg 的垂线,得近似画宽 L;在 L 内定主视线 ss_g,使 ss_g 垂直于 gg,且 $ss_g = 1.5 \sim 2.0 L$。

上述两种方法的确定,都必须保证主视线在两边缘夹角 φ 的中央 $\frac{\varphi}{3}$ 以内。

14.7 透视图的简捷作图法

14.7.1 透视图中的分割

1) 直线的分割

根据消失规律,透视图中的直线段可分为平行于画面的(无灭点)和不平行于画面(有灭

点)的两类。前者线段上各分点之间的比例关系保持不变,后者则改变。在具体求分割点时,无论变还是不变,都要应用平面几何中的平行线分割角边成比例的定理。

图 14-23 表示求作平行于画面的线段 a_1b_1 的分割点。

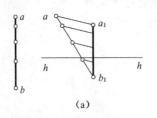 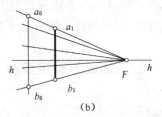

图 14-23　平行于画面的直线段的分割

方法一,如图 14-23(a)所示。方法二,如图 14-23(b)所示。作法如下:先在视平线 h—h 上任选一灭点 f,再作透视线 fa_1 和 fb_1,并把实长 ab 平移到所作透视线之间得 a_0b_0,然后过 a_0b_0 上的分割点作透视线消失于灭点 f,从而求出 a_1b_1 上的各分割点。

图 14-24 表示把一任意方向的水平线段 a_1b_1 进行三等分。作法如下:过 a_1 作辅助线平行于视平线 h—h,在其上自 a_1 任取三个单位长,得等分点 1、2、3;连点 3 和 b_1,得透视线,交视平线 h—h 于辅助灭点 f_0;再过其他等分点作头视线消失于辅助灭点 f_0;再过其他等分点作头视线消失于辅助灭点 f_0,与 a_1b_1 相交得交点,就把 a_1b_1 分成三等份。

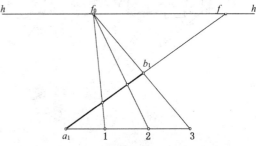

图 14-24　分水平线 A_1B_1 成三等份

2) 平面的分割

透视图中平面的分割是通过转化成直线的分割来完成的,主要分为以下两种情况:

(1) 分割透视立面

已知立面 ABCD 的透视 $A_1B_1C_1D_1$,如图 14-25 所示,并使 $A_1B_1＝AB$,要求按实际尺寸将此立面作垂直和水平分割。

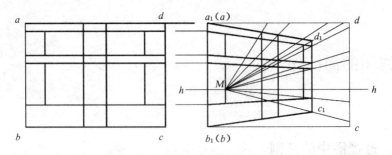

图 14-25　作立面的垂直和水平划分

首先过 A_1 点作水平线,并把立面上 AD 的垂直分割点不改变地移动到水平线上(A 重合于 A_1),连接点 D、D_1 交视平线于灭点 M,连接 MC_1 交过 BB_1 点的水平线于 C,显然 DC 垂直于

h—h;再把立面的水平分割点不改变的移动到 DC 上,利用辅助灭点 M,就可将透视立面 $A_1B_1C_1D_1$ 进行垂直和水平分割。

（2）等分透视立面

如图 14-26 所示,对透视立面进行任意等分。先要把立面作水平分格,再通过对角线与水平线的交点,作垂直分割。

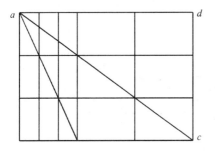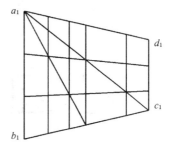

图 14-26　对透视立面作任意等分

若要对透视立面进行对分,可以利用对角线的交点,即矩形中心点。图 14-27 是对透视立面进行对分。作法是:作对角线 A_1C_1 和 B_1D_1 得交点 M_1;过 M_1 作直线平行于 A_1D_1,此直线即为二等分线。这样可对立面进行垂直或水平的对分。

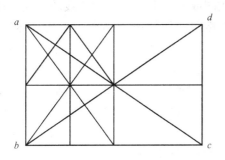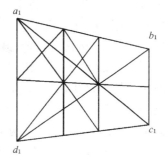

图 14-27　对透视立面作对分

14.7.2　辅助灭点法

当灭点过远,超出图幅时,需要采用辅助灭点法。

如图 14-28 所示主向 ab 的灭点 F_x 在图板外,主向 cb 的灭点 F_y 在图板内,为求作墙身 ab 的透视,过墙角点 a 作一条辅助线。

方法一:利用主点作图,作辅助线 ad 垂直于画面,如图 14-28(a)所示,那么 ad 的透视 a_1d_1 就应消失于主点 p'。

方法二:利用已知灭点 F_y 作图,作辅助线 ae 平行于 bc,如图 14-28(b)所示,那么 ae 的透视 a_1e_1 也应消失于这个主向灭点 F_y。有了所作辅助线的透视后,再利用视线法,就可定出 a 点的透视 a_1。至于 a 处墙高的透视,显然不能利用原来的真高线,而要在点 d_1(或 e_1)处另立真高线,再配合主点(或灭点 F_y)求得。

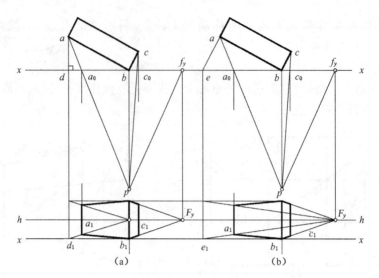

图 14-28　辅助灭点法的基本作图

14.7.3　网格法

网格法常用于绘制某一区域建筑群的鸟瞰图或平面上具有复杂曲线的建筑单体透视图。其方法是:先在建筑平面 m 上画一个等分的方格网(间距根据图面情况自定),然后作出方格网的透视,再定出平面图的透视位置,最后根据真高线作出各部分的透视,补充完成透视图。

本书以建筑群鸟瞰图为例,介绍网格法作图的步骤。

(1) 在总平面图上,如图 14-29(a)所示,选定位置适当的画面,作出画面线 $x—x$,再作出间隔适宜的方格网,使其中一组线平行于画面,另一组线垂直于画面。

(2) 在画面上,如图 14-29(b)所示,按选定的视高,画出基线 $x—x$ 和视平线 $h—h$,在 $h—h$ 上定出灭点 p',在 $x—x$ 上,等间距定出垂直于画面的格线的交点 1、2、…。这些点与 p' 点的连线就是垂直于画面的一组格线的透视。再作出方格网对角线的透视 $0a'_1$,它与 $1p'$、$2p'$…纵向格线相交,由这些交点作 $x—x$ 的平行线,就是平行画面的另一组格线的透视。从而得到方格网的一点透视。

(3) 根据总平面中建筑物和道路在方格网中的位置,定出它们在透视网格中的位置,如图 14-29(b)所示画出整个建筑群的透视平面图。

(4) 定出建筑的高度。过 O 点作一条铅垂线,即真高线。在真高线上取 L_1 高,并连接 p',延长建筑透视平面的水平线与网格边缘相交后再作铅垂线,即得建筑物的透视高度,如图 14-29(b)所示。其他各个墙角线的透视高度均按此法求取。

(5) 最后完成建筑物的轮廓线。

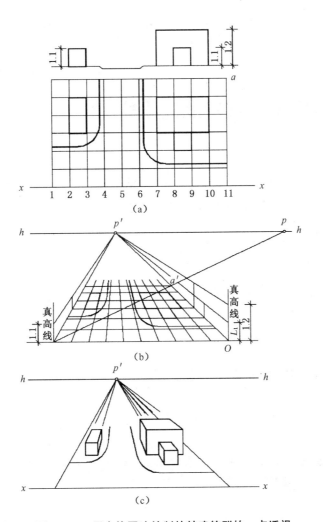

图 14-29 用方格网法绘制的某建筑群的一点透视

15

AutoCAD 绘图基础

本章主要介绍 AutoCAD 2010 的基本操作,包括常用的二维绘图命令、基本的绘图工具、图形编辑命令、图形的尺寸标注和文字的注释等内容,使学生能掌握 AutoCAD 软件的主要功能,利用其绘制工程图形。

15.1 AutoCAD 2010 基本概念与基本操作

15.1.1 AutoCAD 2010 工作界面

点击 AutoCAD 2010 图标即进入 AutoCAD 2010 的图形界面(图 15-1)。

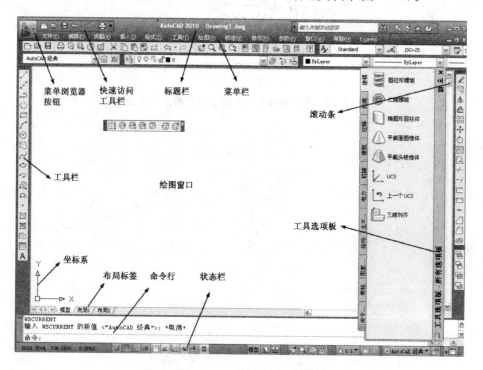

图 15-1 AutoCAD 2010 的图形界面

AutoCAD 2010 遵循 Windows 界面设计标准,采用了多窗口式的图形用户界面,其典型的工作界面主要由标题栏、下拉菜单栏、标准工具栏、对象特性工具栏、绘图工具栏、修改工具栏、绘图区域、十字光标、坐标系图标、状态栏、命令行以及若干按钮和滚动条组成(如图 15-1 所示)。

1）标题栏

标题栏位于 AutoCAD 2010 工作界面的顶部,用于显示应用程序名和当前的图形文件名。

2）菜单栏

菜单栏包含了 AutoCAD 2010 缺省的十二个菜单项。在使用时,单击菜单栏标题,便可弹出相应的下拉菜单。每一个下拉菜单内包含有许多菜单项,有的菜单项的右边显示一个实心黑色三角,则标志还包含下一级子菜单;有的菜单项后面带着一个省略号,表明激活该菜单将在屏幕上弹出该命令的对话框。用户可以通过修改默认的菜单文件 acad. mnu 来定制以上菜单项。

3）工具栏

工具栏由一系列图标按钮组成,每一个图标代表一条 AutoCAD 命令,点击图标即可调用相应的命令。工具栏的显示可通过菜单"视图/工具栏"来控制。

AutoCAD 2010 的缺省配置包括标准工具栏、对象特性工具、绘图工具栏与修改工具栏。标准工具栏包含一些常用的 AutoCAD 命令按钮及一些文件管理按钮。对象特性工具栏用于快速查看或修改图形对象的属性,如图层、颜色、线型、线宽等。绘图工具栏与修改工具栏用于绘图操作与编辑图形对象。

4）绘图区域

绘图区域主要用于图形的显示与编辑。

5）状态栏

状态栏用于显示当前绘图的状态。在状态栏上的左侧有一组数字,它反映的是当前光标的坐标,其余按钮从右到左分别代表的是是否显示线宽、当前的绘图空间、动态输入、动态 UCS、对象捕捉追踪、对象捕捉、极轴追踪、正交模式、栅格显示以及当前是否启用了捕捉模式等功能和信息。

6）命令行

命令行用于执行 AutoCAD 的命令并显示提示信息,其缺省设置为三行正文区域。

15.1.2　命令输入格式

在 AutoCAD 中,所有的操作都是通过相关的命令来执行的,其命令调用的方式取决于输入工具,一般情况下,输入工具主要有鼠标和键盘。所以,在命令调用时,既可以利用鼠标从下拉菜单或工具栏上拾取,也可以直接从键盘上输入命令。当利用键盘方式输入时,其输入格式为:

命令:输入命令名 ↙
命令提示信息<缺省值>:输入命令选项或参数 ↙

AutoCAD 的每个选项都包含一个或多个大写字母,用户可利用大写字母来选择对应的功能。所有的选项放在方括号"[]"里,各选项之间用符号"/"分隔,尖括号"<>"内出现的数值表示 AutoCAD 给出的缺省值,当用户直接回车响应时,则默认该值为当前值。在执行命令时,必须严格按照 AutoCAD 命令提示逐步响应,每当输入完数值或字符,都要按回车键以示确认,在执行命令的任何时候都可按 Esc 键来中止当前命令进程。

15.1.3　绘图环境设置

在手工绘图时,首先要选定图纸幅面、绘图比例与绘图单位等,然后选择各种绘图工具进行绘图。同样,在使用 AutoCAD 绘图前,首先要设置坐标系、绘图单位、绘图范围、图层、颜色、线型、线宽等绘图环境,然后再使用绘图命令绘图。

1)设置绘图单位

调用方式:菜单"格式/单位"

命令:UNITS↙(命令亦可输入小写字母)

命令执行后,AutoCAD 弹出如图 15-2 所示"图形单位"对话框,用户可在该对话框内设置长度单位的类型:建筑制、小数制、工程制、分数制、科学制,缺省设置为小数制;精度值缺省设置为0.0000,精确到小数点后四位;角度单位的类型有:十进制、度/分/秒制、百分度、弧度制、勘测制。缺省设置为十进制,精度是 0.0000。此对话框还可设置零角度方向(其缺省设置指向右方)与设计中心块的图形单位。

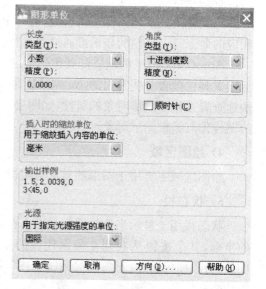

图 15-2　"图形单位"对话框

2)设置绘图区域

绘图区域即图纸幅面的大小,在 AutoCAD 中用一个矩形区域来表示绘图区域。

调用方式:菜单"格式/绘图范围"

命令:LIMITS↙

指定左下角点或[ON/OFF] <0.0000,0.0000>:(指定矩形区域左下角点)

指定右上角点或 <420.0000,297.0000>:(指定矩形区域右上角点)

当用户选择 ON,则用户确定的绘图边界有效,绘图时不允许超出绘图边界;选择 OFF,确定的绘图边界无效,允许用户绘图时超出绘图边界。缺省绘图区域是 420×297(A3 幅面)。

3)坐标系设置

AutoCAD 提供了两种类型的坐标系:一种是世界坐标系(WCS);一种是用户坐标系(UCS)。世界坐标系是一个符合右手法则的直角坐标系,这个系统的点由唯一的 X、Y、Z 坐标确定,它是 AutoCAD 默认的坐标系。为了便于绘图,AutoCAD 允许用户建立自己的坐标系,即用户坐标系。

调用方式:菜单"工具/新建 UCS"或 UCS 工具条(图 15-3)

命令:UCS↙

输入选项[指定 UCS 的原点]或[面(F)/命名(NA)/对象(OB)/上一个(P)/视图(V)/世界(W)/X/Y/Z/Z 轴(ZA)]<世界>：

"新建 UCS"命令中子命令的含义说明：

"世界"命令：从当前的用户坐标系恢复到世界坐标系。WCS 是所有用户坐标系的基准，不能被重新定义。

"上一个"命令：从当前的坐标系恢复到上一个坐标系统。

"面"命令：将 UCS 与实体对象的选定面对齐。要选择一个面，可单击该面边界内或面的边界，被选中的面将亮显。UCS 的 X 轴将与找到的第一个面上最近的边对齐。

图 15-3　UCS 工具条

"对象"命令：根据选取的对象快速简单地建立 UCS，使对象位于新的 XY 平面，其中 X 轴和 Y 轴的方向取决于选择的对象类型。该选项不能用于三维实体、三维多段线、视口、多线、面域、椭圆、射线和多行文字等对象。对于非三维面的对象，新 UCS 的 XY 平面与绘制该对象时生效的 XY 平面平行，但 X 轴和 Y 轴可做不同的旋转。

"视图"命令：以垂直于观察方向(平行于屏幕)的平面为 XY 平面，建立新的坐标系，UCS 原点保持不变。常用于注释当前视图时使文字以平面方式显示。

"原点"命令：通过移动当前 UCS 的原点，保持其 X 轴、Y 轴和 Z 轴方向不变，从而定义新的 UCS。可以在任何高度建立坐标系，如果没有给原点指定 Z 轴坐标值，将使用当前标高。

"Z 轴矢量"命令：用特定的 Z 轴正半轴定义 UCS。需要选择两点，第一点作为新的坐标系原点，第二点决定 Z 轴的正向，XY 平面垂直于新的 Z 轴。

"三点"命令：通过在三维空间的任意位置指定三点，确定新 UCS 原点及其 X 轴和 Y 轴的正方向，Z 轴由右手定则确定。其中第一点定义了坐标系原点，第二点定义了 X 轴的正方向，第三点定义了 Y 轴的正方向。

X/Y/Z 命令：旋转当前的 UCS 轴来建立新的 UCS。在命令提示信息中输入正或负的角度以旋转 UCS，用右手定则来确定绕该轴旋转的正方向。

4) 图层的设置

在 AutoCAD 中，每一个图形对象都具有其相应的颜色、线型、线宽等属性，这些非几何特征的属性一般是通过图层来管理和设置的。

(1) 图层的概念及特点

图层就像一层无厚度透明的图纸，各层之间完全对齐叠在一起，它们具有相同的坐标系、绘图界限、显示时的缩放比例，并在同一个图形文件中。每个图层都具有颜色、线型、线宽及打印样式等属性，并且处于某种指定状态，如打开/关闭、冻结、解冻、锁住、解锁等。

AutoCAD 中的图层结构具有以下特点：用户可以在一幅图中指定任意数量的图层，每个图层上图形对象的数量也没有限制；每一个图层都有其相应的图层名及其指定的线型、颜色。当开始绘制一幅新图时，AutoCAD 自动生成一个名为"0"的默认图层，该层的属性可以被修改,但不能删除;用户只能在当前图层中绘图;用户可以对图层进行打开/关闭、冻结、解冻、锁定/解锁等操作,以决定图层的可见性与可操作性。其作用是可以高效、方便地管理和修改不同类型或者复杂的图形。

(2) 图层特性管理器

用户在使用绘图中图层功能之前,首先要设置图层的各项特性,如颜色、线型、线宽等。

调用方式:菜单"格式/图层"或工具条图标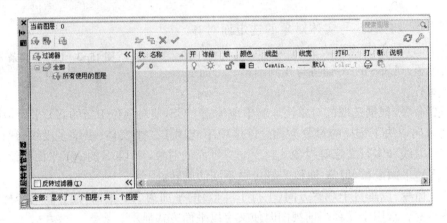

命令:LAYER、LA ✓

命令调用后,AutoCAD弹出"图层特性管理器"对话框(图 15-4)。在该对话框内可创建新的图层、删除图层、选择当前图层、显示控制、设置图层的属性等。

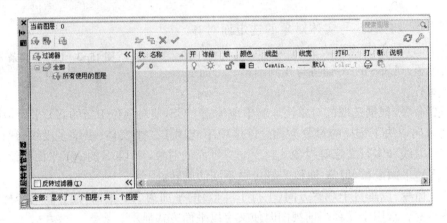

图 15-4 **"图层特性管理器"对话框**

主要选项说明如下:

"命名图层过滤器"选项:用于设置是否在图层列表中显示与过滤规则相同的图层。当复选框"反向过滤器"打钩时,则说明在列表框内显示与过滤规则相反的图层;反之,将"应用到对象特性工具栏复选框"选中。

新建/删除/当前:

N——建立新图层。缺省设置图层名为"图层 1",用户可以修改层名。图标 。

C——设置用户选定的图层为当前图层。也可双击图层名设置当前层。图标 ✓ 。

D——删除用户选定的图层。但当前层、依赖外部参照的图层以及包含有图形对象的图层和 0 层不能被删除。图标 ✖ 。

显示细节:显示所选图层的详细信息,并可进行设置和修改。

保存状态/恢复状态:保存状态用于保存图形中所有图层的图层状态和图层特性设置;恢复状态用于恢复命名图层的状态。

图层列表区:显示已有图层及其特性,并可修改图层特性。

• 控制图层状态

打开或关闭图层——如果图层被打开,则该层上的图形可以在图形显示器上显示或在绘图仪上绘出。如被关闭,则图层仍是图形的一部分,但不能被显示或绘制出来。

冻结或解冻图层——图层被冻结,则该层上的图形既不能在图形显示器上显示或在绘图仪上绘出,也不参与图形之间的运算。被解冻的图层刚好与之相反。对于复杂的图形而言,这种设置可以加快全图的显示速度,但当前图层不能被冻结。

锁定或解锁图层——AutoCAD 允许用户锁定图层,被锁定图层上的图形可以显示,但不能对其进行编辑和修改。

• 设置图层的颜色

如果要改变图层的颜色,用鼠标单击相应的颜色图标,则在屏幕上弹出"选择颜色"对话框(图 15-5),其中包含了 255 种颜色。其中 1~7 号为标准颜色,它们是:1 表示红色,2 表示黄色,3 表示绿色,4 表示青色,5 表示蓝色,6 表示洋红,7 表示白色(如果绘图背景的颜色是白色,7 号颜色显示成黑色)。用户可以在"颜色"编辑框中输入颜色号,也可以用鼠标直接在调色板上拾取某种颜色。

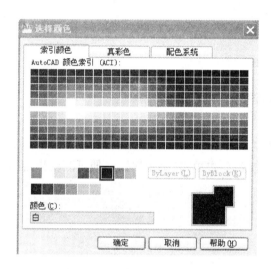

图 15-5 "选择颜色"对话框

图形对象的颜色可以在图层中设置,也可以在对象特性工具栏(图 15-6)设置。在工具栏"颜色"下拉列表框中,"随层"表示实体的颜色与所在图层的颜色一致;"随块"表示实体的颜色与所在图块的颜色一致;如果选择某一具体颜色,则随后所绘制实体的颜色即该颜色,与所在图层、图块的颜色无关。

图 15-6 对象特性工具栏

• 设置所选图层的线型

AutoCAD 为用户提供了 60 种标准线型,放在 acadiso. 1in 文件里,其缺省设置只在文件中加载了连续线型(Continuous),用户在使用其他线型时,首先要加载该线型到当前图形文件中。使用时,单击该层的线型选项,弹出"选择线型"对话框(图 15-7),单击框中"加载"按钮,弹出"加载或重载线型"对话框(图 15-8),框中列出了 AutoCAD 预定义的标准线型,拾取要加载的线型,单击"确定"按钮返回对话框,在加载后的线型列表中选择该线型,单击"确定"按钮,即可在指定图层上设置该线型。线型设置也可在对象特性工具栏设置,设置方法同上。

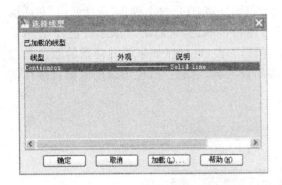

图 15-7 "选择线型"对话框

图 15-8 "加载或重载线型"对话框

- 设置图层线宽

AutoCAD 缺省的线宽设置是 Default。使用时,单击该层的线宽选项,在弹出的"线宽"对话框(图 15-9)中选择一种线宽,再单击"确定"按钮,便可改变指定图层的线宽值。

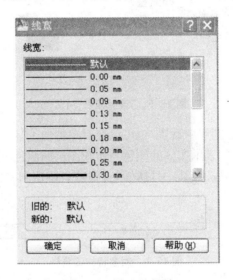

图 15-9 "线宽"对话框

- 设置图层的打印样式

显示可供选用的打印样式,即打印图形时各项属性的设置。

15.1.4 图形文件的管理

1) 新建图形文件

调用方式:菜单"文件/新建"或标准工具栏图标 ☐

命令:NEW ↙

AutoCAD 2010 创建新图形时会弹出"选择模板"窗口。新建图形文件的缺省名是 Draw-ingl. dwg,用户可以修改文件名。

2) 打开已有的图形文件

调用方式:菜单"文件/打开"或标准工具栏图标 📂

命令:OPEN ↙

命令激活后,AutoCAD 弹出"选择文件"对话框,通过浏览框内的文件,可以快速选择要打开的文件。

3) 保存图形文件

调用方式:菜单"文件/保存"或标准工具栏图标 💾

命令:SAVE ↙

命令激活后,AutoCAD 弹出"图形另存为"对话框,选择一个合适的路径,并在"文件名"文本框中输入文件名。用户通过对 AutoCAD 系统变量 SAVETIME 的设置还可实现每隔多少分钟自动存盘一次,缺省设置为 120 分钟。

15.1.5   辅助绘图工具

AutoCAD 提供给用户一些辅助绘图工具,如捕捉、栅格、正交等,以帮助用户方便、准确地在屏幕上给点定位,绘制和编辑图形。这些辅助绘图工具的打开与关闭,可通过点击状态栏上相应的按钮来实现。

1) 捕捉和栅格显示工具

该栏草图设置是用于设置"捕捉"和"栅格"的样式。

"捕捉"的调用方式:菜单"工具/草图设置"

命令:SNAP ↙

为了准确地在屏幕上定位,用户可以利用栅格捕捉工具将十字光标锁定在屏幕上隐含的栅格点上。如图 15-10,其中"启用捕捉"复选框用以控制栅格捕捉功能是否打开;捕捉 X 间距和 Y 间距用以设定 X 或 Y 方向的捕捉间距;角度、X 基点和 Y 基点文本框用以设置栅格的旋转角度和旋转基点;"捕捉样式与类型"选项卡用以设置捕捉类型和方式,捕捉类型有栅格与极轴两种,捕捉方式有矩形与等轴测两种。

栅格是显示在屏幕上一系列排列规则的点,它类同于自定义的坐标纸,为用户提供了一个辅助的绘图空间。它显示的区域就是用户定义的绘图范围,其栅格点的间距和数量可由用户设置。

"栅格"调用方式:菜单"工具/草图设置"

命令:GRID ↙

命令激活后,弹出"草图设置"对话框,选择"捕捉和栅格"标签(图 15-10),其中"启用栅格"复选框用以控制是否显示栅格;栅格 X 轴间距和 Y 轴间距用来设置 X 方向和 Y 方向的栅格间距;如果它们的值为 0,则 AutoCAD 自动将其间距设置为捕捉栅格间距。

图 15-10　"草图设置"对话框(一)

2) 极轴追踪(SNAP)

所谓极轴追踪,是指当 AutoCAD 提示用户指定点的位置时(如指定直线的另一端点),拖动光标,使光标接近预先设定的方向(即极轴追踪方向),AutoCAD 会自动将橡皮筋线吸附到该方向,同时沿该方向显示出极轴追踪矢量,并浮出一小标签,说明当前光标位置相对于前一点的极坐标。用户可以设置是否启用极轴追踪功能以及极轴追踪方向等性能参数,设置过程为:选择"工具/草图设置"命令,弹出"草图设置"对话框,打开对话框中的"极轴追踪"选项卡,如图 15-11 所示(在状态栏上的"极轴"按钮上右击,从快捷菜单选择"设置"命令,也可以打开对应的对话框)。

图 15-11　"草图设置"对话框(二)

3）正交模式工具

正交模式的使用可以控制在绘制直线时光标沿 X 轴或 Y 轴方向平行移动。用鼠标单击状态栏上 ORTHO 按钮或按 F8 键即可控制正交模式的开或关。

4）对象捕捉工具

在利用 AutoCAD 绘图时，用户可以使用对象捕捉工具迅速而准确地捕捉到图形对象的几何特征点，如圆的圆心、直线的中点、端点等。

调用方式：菜单"工具/草图设置"或标准工具

命令：OSNAP✓

命令激活后，弹出"草图设置"对话框，选择"对象捕捉"标签（图 15-12），其各选项功能如表 15-1 所示。

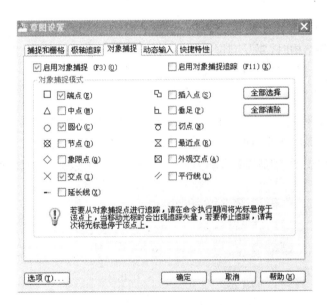

图 15-12　"草图设置"对话框（三）

表 15-1　对象捕捉模式功能表

捕捉模式	功　　能
端点	捕捉对象的端点
中点	捕捉对象的中点
圆心	捕捉圆或圆弧的圆心
节点	捕捉一个对象点
象限点	捕捉圆或圆弧的最近象限点（0°,90°,180°,270°）
交点	捕捉对象的交点

续表 15-1

捕捉模式	功　能
延伸	捕捉指定对象延伸线上的点
插入点	捕捉文本对象和图块的插入点
垂足	捕捉与对象的正交点
切点	捕捉与圆或圆弧相切的点
平行	捕捉与对象平行路径上的点
最近点	捕捉对象上距光标最近的点
外观交点	捕捉图形对象的交叉点

15.1.6　显示控制

在用 AutoCAD 绘图时,所绘制的图形都显示在视窗中,如果想清晰的观察一幅较大的图形或查看图形的局部结构时,要受到屏幕大小的限制。为此 AutoCAD 提供了多种显示控制命令,通过移动图纸或调整显示窗口的大小和位置来有效地显示图形。

1)缩放显示

ZOOM 命令用于对屏幕上显示的图形进行缩放,就像照相机的变焦镜头一样可放大或缩小当前窗口中图形的显示大小,而图形的实际尺寸并不改变。

调用方式:菜单"视图/缩放"或"缩放"工具栏(图 15-13)或标准工具栏图标

图 15-13　"缩放"工具栏

命令:ZOOM

指定窗口角点,输入比例因子(nX 或 nXP)或

[全部(A)/中心(C)/动态(D)/范围(E)/上一个(P)/比例(S)/窗口(W)/对象(O)]/<实时>:

主要选项说明:

指定窗口角点——定义一个矩形窗口来控制图形的显示,窗口内的图形将占满整个屏幕。

输入比例因子——图形以中心为基点按给定的比例因子放大或缩小,缩放时是以全部缩放时的视图为基准;如果比例因子后加"X",则相对当前视图缩放;如果比例因子后加"XP",则相对图纸空间缩放。

A——在当前视窗中显示全部图形,包括超出绘图边界的部分。

C——在指定图形的显示中心缩放。

D——动态缩放。选择 D 以后,在屏幕上将显示有三个矩形框:淡绿色的矩形框(点线框)表示当前显示范围;蓝色矩形框(点线框)标记出当前图形边界范围;黑色视图框(实线框)用于控制图形的显示。当视图框中包含一个"×"标志时,可以把它移到需要显示图形的地方,然后按一下鼠标左键,框内"×"消失,在视图框的右侧将出现一个方向箭头,表示可以通过拖放鼠标改变窗口的大小,如果再单击鼠标左键,又将出现"×"标记,回到移动视图框状态。一旦在"×"标志的窗口下按回车键,将按最后定义的窗口大小显示图形。

E——显示整个图形,使图形充满屏幕。

P——恢复当前显示窗口前一次显示的图形。

除此之外,还可以从标准工具条上单击"实时缩放"图标,采用实时缩放,此时屏幕光标变为放大镜符号,当按住鼠标左键垂直向下拖动光标可以缩小图形显示,相反,如果按住鼠标左键垂直向上拖动光标可以放大图形显示,其缩放比例与当前绘图窗口的大小有关。

2）平移显示

调用方式:菜单"视图/平移"或标准工具栏图标 🖐

命令:PAN ↙

平移显示是在不改变图形显示缩放比例的情况下,通过在屏幕上移动图形来显示图形的不同部分。单击标准工具条上的平移按钮,光标变成手形,按住鼠标的左键,移动鼠标,屏幕上的图形会随光标的移动而移动,以显示所需观察部分的图形。

15.2   二维绘图命令

AutoCAD 为用户提供了一整套内容丰富、功能强大的交互式绘图命令集。其中二维绘图命令是绘图操作的基础,一个较为复杂的平面图形都可以看作由简单的点和线构成,均可使用 AutoCAD 二维绘图命令绘制出来。

绘图命令的调用方式大致有两种:直接在命令行的"命令:"提示下输入需绘制图形的命令快捷键;从"绘图"菜单或"绘图"工具栏(图 15-14)中调用绘图命令。

图 15-14   "绘图"工具栏

15.2.1 点的绘制

1）坐标的输入方式

大部分 AutoCAD 命令在执行过程中都需要精确定位,需要输入参数或点的坐标。坐标一般可分为绝对坐标与相对坐标两种,其中绝对坐标是以原点(0,0,0)作为基点来定位的;而相对坐标是以上一个操作点作为基点来确定点的位置。其表达方式有以下几种:

(1) 直角坐标法

点的绝对直角坐标与相对直角坐标输入格式是:X,Y,Z 与 @X,Y,Z

(2) 极坐标法

绝对极坐标与相对极坐标输入格式是:距离<角度与@距离<角度

其中,距离为当前点与原点(或前一点)连线长度,角度为该连线与 X 轴正方向的夹角。

(3) 球面坐标法

球面坐标输入格式: 距离<角度1<角度2

其中,距离为点与相对点(原点或先前点)连线的距离;角度1为该连线在 XY 面上的投影与 X 轴正方向的夹角;角度2为该连线与 XY 面的夹角。

2）绘制点

绘制一个点对象。

调用方式:菜单"绘图/点/单点"或绘图工具条图标 ·

命令:POINT ↙

指定点:(输入点的坐标) ↙

AutoCAD 为用户提供了各种形式与大小的点,可以通过改变系统变量 PDMODE 和 PDSIZE 的值或打开"格式"菜单中的"点样式"对话框(图 15-15)来设置点的标记图案及点的大小。

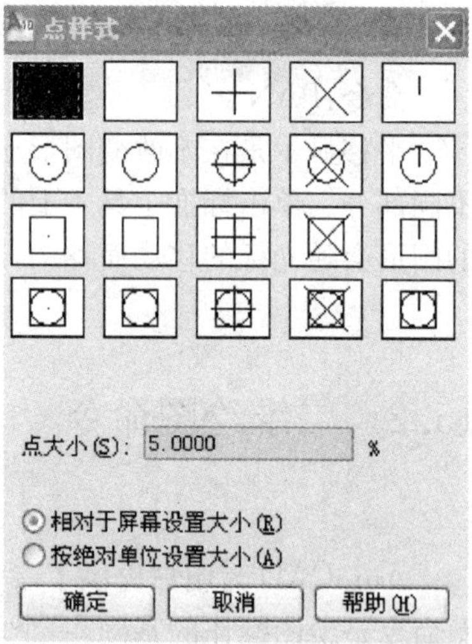

3）绘制等分点与测量点

如果要在指定的图形对象上绘制等分点或测量点,可从命令行直接输入 DIVIDE 或 MEASURE 命令。为了使点标记明显,可先设置点的标记图案及大小,然后再绘制等分点与测量点。

图 15-15 "点样式"对话框

15.2.2 直线的绘制

1）绘制直线段

调用方式:菜单"绘图/直线"或绘图工具栏图标 ╱

命令:LINE ↙

指定第一点:(输入直线段的第一点坐标) ↙

指定第二点或[放弃(U)]:（输入直线段的第二点坐标）

指定下一点或[闭合(C)/放弃(U)]:

主要选项说明:逐步输入直线的端点,可以绘出连续的直线段。以 U 响应,表示取消先前画的一段直线。以 C 响应,表示将绘制的折线首尾相连,成为封闭的多边形,并退出此命令。用此命令绘制的连续线段的每一个线段都是一个独立的实体,具有独立的属性。

2）射线、构造线及多线的绘制（表 15-2）

表 15-2　射线、构造线及多线的绘制

命令	调用方式	功能及选项	主要选项说明
RAY	菜单:"绘图/射线"	绘制射线	用 RAY 绘制的射线具有单向无穷性
XLINE	菜单:"绘图/构造线" 工具栏图标↗	功能:绘制双向无限延长的构造线,可用于绘图的辅助线 选项:指定点或[水平(H)/垂直(V)/角度(A)/二分角(B)/偏移(O)]	指定点—绘制通过指定两点的构造线; H—绘制通过指定点的水平构造线; V—绘制通过指定点的铅垂构造线; A—按指定角度绘制构造线; B—绘制等分一个角或等分两点的构造线; O—绘制与指定线平行的构造线
MLINE	菜单:"绘图/多线" 图标↘	功能:绘制由多条互相平行的直线组成的一个对象 选项:指定起点或[对正(J)/比例(S)/样式(ST)]	J—确定多线随光标定位方式。Auto-CAD 将给出顶线、零线和底线三种定位方式; S—确定多线相对于定义线宽的比例; ST—选择当前多线样式

15.2.3　圆与圆弧的绘制

1）圆的绘制

调用方式:菜单"绘图/圆"或绘图工具栏图标 ⊙

命令：CIRCLE

指定圆的圆心或[三点(3P)/两点(2P)/切点、切点、半径(T)]:

AutoCAD 中绘制圆的方式主要有六种（图 15-18）：

圆心、半径——根据输入的圆心和半径创建圆。

圆心、直径——根据输入的圆心和直径创建圆。

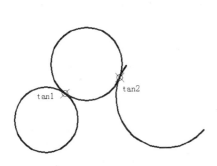

图 15-16　绘圆（一）

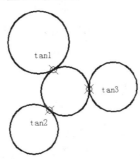

图 15-17　绘圆（二）

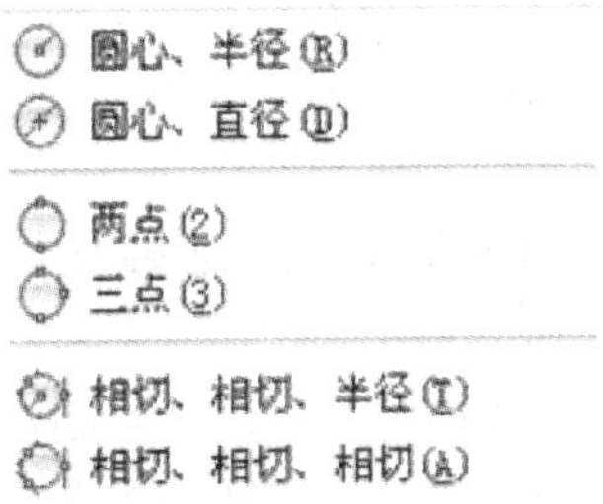

圆心、半径(R)
圆心、直径(D)

两点(2)
三点(3)

相切、相切、半径(T)
相切、相切、相切(A)

图 15-18　绘制圆的方式

2P——输入直径上两个端点创建圆。

3P——输入圆周上的三个点创建圆。

A——绘制与三个图形对象相切的圆(图15-16)。

T——通过指定与两个对象相切并给定圆的半径创建圆(图15-17)。

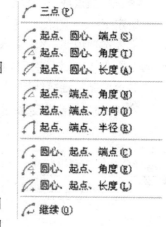

2)圆弧的绘制

调用方式:菜单"绘图/圆弧"或绘图工具栏图标

命令:ARC ↙

指定圆弧的起点或[圆心(C)]:

主要选项说明:AutoCAD提供了十一种画圆弧的方式(图15-19),缺省使用三点法,即指定圆弧的起点、圆弧上一点和圆弧的终点。此外,还可利用圆心角、弦长等方式创建圆弧(如图15-20)。

图 15-19 画圆弧的方式

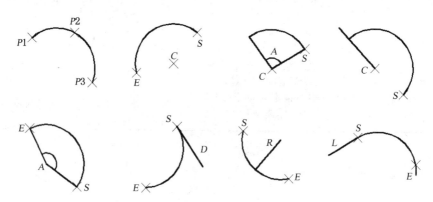

图 15-20 圆弧的绘制

3)椭圆与椭圆弧的绘制

调用方式:菜单"绘图/椭圆(椭圆弧)"或绘图工具栏图标

命令:ELLIPSE ↙

指定椭圆的轴端点或[圆弧(A)/中心点(C)]:

选项说明:

指定椭圆的轴端点——以一轴上的两个端点和另一半轴长度创建椭圆。

C——以椭圆中心、某一轴上的一个端点和另一半轴长度创建椭圆。

A——选择绘制椭圆弧方式。

15.2.4 二维多义线的绘制

PLINE命令用于绘制由不同宽度的直线或圆弧段组成的连续线段(图15-21)。AutoCAD把多义线看成一个单一的实体,并可用多义线编辑命令 PEDIT 进行编辑。

调用方式:菜单"绘图/多义线"或绘图工具栏图标

命令：PLINE ↙

指定起点：(输入起始点坐标) ↙

当前线宽为 10.0000：(显示当前线宽)

指定下一点或［圆弧（A）/半宽（H）/长度（L）/放弃（U）/宽度（W）］：(输入终止点坐标) ↙

图 15-21　二维多义线

主要选项说明：

指定起点——输入直线段的端点，并以当前线宽绘制直线段。

H/W——指定当前直线或圆弧的起始段、终止段的半宽或全宽。如果起始点与终止点的宽度不等，则可以绘制一条宽度变化的直线，可用于绘制箭头。当 AutoCAD 的系统变量 fillmode＝1 时，线宽内部填实；fillmode＝0 时，线宽内部为空心。

U——取消先前绘制的一段直线或圆弧。

L——指定要绘制直线的长度。与先前所绘制的直线同方向或圆弧相切。

A——切换到绘圆弧状态，其各选项功能类似于用 arc 命令画弧。

15.2.5　样条曲线的绘制

用户可以使用 SPLINE 命令绘制通过一系列给定点或接近给定点的光滑曲线。这种曲线适于表达具有不规则变化曲率半径的曲线，如地形轮廓线等。

调用方式：菜单"绘图/样条曲线"或绘图工具栏图标 ∿

命令：SPLINE ↙

指定第一点或［对象（O）］：(输入样条曲线的第一个控制点) ↙

指定下一点：(输入样条曲线的下一个控制点) ↙

指定下一点［闭合（C）/拟合公差（F）］＜起点切向＞：

当设定拟合公差值 Fit tolerance＝0 时，样条曲线将通过每一个控制点；当设定该值为非 0 时，样条曲线仅通过起始点和终止点。如果选择 close，样条曲线将封闭成一个环形。样条曲线的形状受边界点(起始点和终止点)处切线方向的影响，当输完最后一个控制点时，Auto-CAD 对于开口曲线，则要求分别给定起始、终止点处切线方向；对于封闭曲线，将提示输入起始(也是终止)点处切线方向。

15.2.6　多边形的绘制

1）矩形的绘制

调用方式：菜单"绘图/矩形"或绘图工具条图标 ▭

命令：RECTANGLE ↙

指定第一个角点或［倒角（C）/标高（E）/圆角（F）/厚度（T）/宽度（W）］：

主要选项说明：

指定第一个角点——给定矩形的两个对角点来创建矩形。

C——绘制倒直角矩形，并设置倒角的距离。

F——绘制倒圆角矩形,并设置圆角的半径。

E/T——创建具有深度和厚度的矩形。

W——创建具有宽度的矩形。

2) 正多边形的绘制

调用方式:菜单"绘图/正多边形"或绘图工具条图标 ⬠

命令: POLYGON ↙

输入边的数目<4>:(输入多边形边数)

指定正多边形的中心点或[边(E)]:(输入正多边形中心点) ↙

输入选项[内接于圆(I)/外切于圆(C)]<I>:

可以选择以圆内接法(I)或圆外切法(C)绘制正多边形,其中 edge 项是由边长及其方向、边数确定正多边形。

3) 多边形区域的填充

此命令用于填充三角形或四边形的基本区域。每当填充完一个这样的区域,AutoCAD 将默认该区域的最后两点为下一个基本区域的第一、二点,然后继续提示输入第三、四点,直到按回车或空格键结束此命令。如果为多边形区域,可将其划分为多个三角形或四边形,然后再进行填充。

15.2.7 文字注释

文字是工程图样中不可缺少的一部分,在进行各种设计时,不仅要绘出图形,还要标注一些文字,如图形对象的注释、标题栏内容的填写和尺寸标注等。AutoCAD 提供了强大的文本标注与文本编辑功能,本节主要介绍 AutoCAD 2010 的文本标注与编辑。

1) 设置文字的样式

AutoCAD 2010 图形中所有的文字都有其相对应的文字样式,文字样式包括文字的字体、字高和特殊效果等特征,它是用来确定文字字符和字符外观形状的。

调用方式:菜单"格式/文字样式"

命令: STYLE ↙

命令激活后,AutoCAD 弹出"文本样式"对话框(图 15-22)。其中,"样式名"控件组可用于新建、修改、删除字体样式。"高度"文本框内用于设置字体的高度,如果在文本框内给定高度值,则在标注文本过程中不提示输入字高。如高度值设为 0,表示字高在标注过程中设置。"效果"控件中的各组选项用于控制字体的特殊效果。

2) 单行文本标注

在 AutoCAD 中,可以使用 TEXT 或 DTEXT 命令都在图形上添加单行文字对象。

调用方式:菜单"绘图/文字/单行文字"

命令:TEXT ↙

当前文字样式:Standard

当前文字高度:2.5000

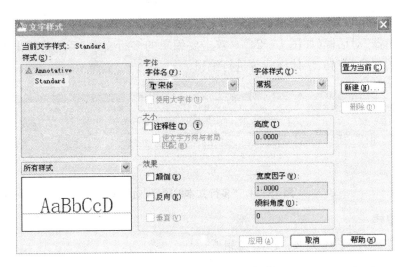

图 15-22　"文本样式"对话框

指定文字的起点或[对正(J)/样式(S)]:

主要选项说明:

指定文字的起点——指定文字标注的起始点。AutoCAD 继续提示用户输入字高、文字的旋转角以及输入文本内容。

样式——选择已有的文字样式。缺省使用"Standard"样式。

对正——指定文本的对齐方式。AutoCAD 提供了十四种文本对齐方式:对齐(A)、布满(F)、居中(C)、中间(M)、右对齐(R)、左上(TL)、中上(TC)、右上(TR)、左中(ML)、正中(MC)、右中(MR)、左下(BL)、中下(BC)、右下(BR)(图 15-23)。其中,A 表示文字的高、宽比例不变,将其内容摆满指定两点所在范围内;F 表示文字高度不变,通过自动调节文字宽度来摆满指定两点所在范围内;C 表示以文字串的中点对齐排列;R 则以文字串的最右点对齐排列文本;缺省选项 L 是以文字串的最左点对齐排列;M 表示以文字串的垂直、水平方向的中点对齐排列;选项中的缩写 T、M 和 B 分别指在顶、中和底线上定位,L、C、R 则分别表示以左、中、右对齐排列文字串。

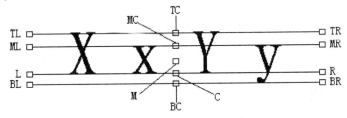

图 15-23　文本对齐方式

3) 标注多行文字

在 AutoCAD 中,除了可以使用写单行文字的命令在图形中添加文字以外,还可以使用 MTEXT 命令标注多行文字。

调用方式:菜单"绘图/文字/多行文字"或工具栏图标 **A**

命令: MTEXT ↙

命令激活后,用户需要在屏幕上指定一个矩形框作为文字标注区域,然后 AutoCAD 打开"多行文本编辑器"对话框(如图 15-24)。双击要编辑的多行文字,系统将弹出多行文字编辑器,可对文字的内容、字高、字体样式等进行编辑。

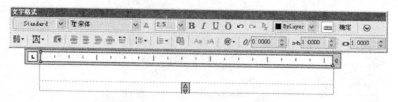

图 15-24 "多行文本编辑器"对话框

4)文字编辑

调用方式:菜单"修改/对象/文字/编辑"

命令:DDEDIT ↙

选择注释对象或[放弃(U)]

5)特殊字符的输入

AutoCAD 2010 还配有特殊字符的选择输入,打开方法如图 15-25 所示。

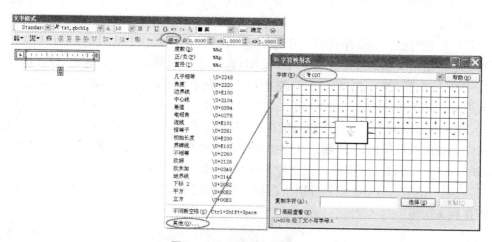

图 15-25 "编辑文字"对话框

15.3 图形的编辑

图形编辑是指对图形对象进行修改、移动、复制或删除等操作,AutoCAD 提供了强大的图形编辑功能,用户可以在"修改"工具栏(图 15-26)中激活或从命令行输入图形编辑命令。

图 15-26 "修改"工具栏

15.3.1　构造选择集

用户在编辑图形对象时,AutoCAD 通常会提示"选择对象:",此时十字光标变成小方框(拾取框),提供给用户选择图形对象,这种操作过程称为构造选择集。下面介绍几种常见的选择集构造方式(表 15-3)。

表 15-3　选择集的构造方式

构造方式	功　　能
直接拾取	缺省方式,用"拾取框"在屏幕上逐个点取对象,被选中的图形呈虚线显示
Windows/Crossing	定义一个矩形窗口,窗口的大小由两个对角点确定 W—窗口以内的对象将全部被选中;C—窗口内以及与其相交的所有对象都被选中
默认窗口	直接将"拾取框"移到屏幕上的某个位置,单击鼠标左键,在"Other corner:"提示下,拖拽鼠标拉成一个矩形窗口,再单击鼠标左键得到一个定义窗口。当从左向右定义窗口时,AutoCAD 按 Windows 方式拾取对象;当从右向左定义窗口时,则按 Crossing 方式拾取对象
ALL	选择当前文件中全部可见的图形对象
Last	选择当前文件中用户最后创建的图形对象
Undo	除去选择集中最后一次选择的对象

15.3.2　删除与恢复

ERASE 与 OOPS 命令用于删除图形对象和恢复图中最后一次用 ERASE 命令删除的图形对象。

15.3.3　取消与重做

UNDO 与 REDO 命令用于取消已经执行的命令操作和恢复用 UNDO 取消的命令操作。

15.3.4　复制图形

1) 简单复制

COPY 命令用于将选定的对象复制到指定位置,且原对象保持不变。还可以多重复制。

调用方式:菜单"修改/复制"或修改工具栏图标

命令: COPY ↙

选择对象:(选择需复制的对象)

指定基点或[位移(D)/模式(O)]<位移>:

主要选项说明:

指定基点或位移——指定要复制对象的基点或按指定两点所确定的位移量来复制对象。

指定模式——输入复制模式选项[单个(S)/多个(M)]<多个>：

若选择多重复制方式,可对所选对象进行多次复制。

2) 镜像复制

MIRROR 命令用于将选定的对象按指定的镜像线做镜像复制。

调用方式:菜单"修改/镜像"或修改工具栏图标 ◿◺

命令:MIRROR ↙

命令提示用户输入镜像线上的两点,然后选择是否删掉原对象来执行镜像操作。

3) 等距复制

OFFSET 命令用于相对于已存在的对象创建平行线、平行曲线或同心圆。

调用方式:菜单"修改/偏移"或修改工具栏图标 ◳

命令:OFFSET ↙

指定偏移距离或[通过(T)/删除(E)/图层(L)]<通过>:

主要选项说明:

指定偏移距离——输入复制对象的偏移距离,然后选择需复制的对象并点取复制的方向。

T——指定复制对象通过的一个点。

E——选择是否要在偏移后删除源对象。

L——输入偏移对象的图层选项[当前(C)/源(S)]<源>。

4) 阵列复制

ARRAY 命令用于将选定的对象按照矩形或环形阵列方式进行多重复制。

调用方式:菜单"修改/阵列"或修改工具栏图标 ▦▦

命令:ARRAY ↙

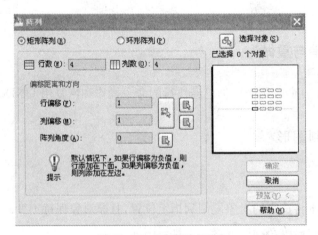

图 15-27 "阵列"对话框

命令执行后,AutoCAD 弹出"阵列"对话框(图 15-27)。根据对话框,用户首先选择矩形阵列或环形阵列方式,如果选择矩形阵列,需输入行数和列数、行偏移距离、列偏移距离及阵列角度;若选择环形阵列方式,须输入圆形阵列中心、复制对象的数目以及复制的总角度。

15.3.5　平移图形

调用方式:菜单"修改/移动"或修改工具栏图标 ✛

命令:MOVE ↙

命令行提示用户选择需移动对象,对象选择完毕后回车,继续提示用户指定平移的基点或平移位置的起点与终点。

15.3.6　旋转图形

调用方式:菜单"修改/旋转"或修改工具栏图标 ⟳

命令:ROTATE ↙

命令行提示用户选择需旋转的对象,对象选择完毕后回车,继续提示用户指定旋转的基点,然后输入旋转的角度或以参考角度方式旋转图形。

15.3.7　缩放图形

调用方式:菜单"修改/缩放"或修改工具栏图标 ▭

命令:SCALE ↙

命令行提示用户选择需缩放的对象,对象选择完毕后回车,继续提示用户指定缩放的基点,然后指定一个绝对缩放的比例因子或输入两个长度值,并自动算出缩放比例。

15.3.8　修整图形

1)修剪

TRIM 命令可以在一个或多个对象定义的边界上精确地剪切对象。剪切边界可以是直线、圆、圆弧、多义线、椭圆、样条曲线、构造线、填充区域、浮动的视区和文字等。

调用方式:菜单"修改/修剪"或修改工具栏图标 ⊹⊢

命令:TRIM ↙

选择剪切边...

选择对象或＜全部选择＞:(选择要裁剪的线)

选择对象:(选择裁剪的线或参照线)

选择要修剪的对象,或按住 Shift 键选择要延伸的对象,或[栏选(F)/窗交(C)/投影(P)/边(E)/删除(R)/放弃(U)]:(选择需剪切的对象) ↙

主要选项说明:

P——确定剪切的空间,有四种方式提供给用户选择。

E—— 该项确定是否对剪切边界延长后再进行剪切。

操作过程如图 15-28。

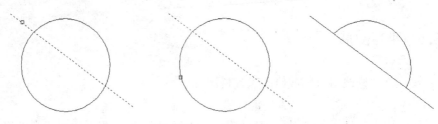

图 15-28　修剪操作过程

2）打断

BREAK 命令用于删除对象的一部分或将一个对象分成两部分。

调用方式：菜单"修改/打断"或修改工具栏图标

命令：BREAK ↙

命令行提示用户选择需断开的对象，对象选择完毕后，AutoCAD 以拾取点为第一点，继续提示用户指定第二点，然后剪断并删除这两点间的图形。如果以 F 响应，用户需重新输入第一点、第二点，然后剪断并删除这两点间图形。

3）倒角

（1）倒直角

CHAMFER 命令是利用一条斜线来连接两个不平行的对象。

调用方式：菜单"修改/倒角"或修改工具栏图标

命令：CHAMFER ↙

（"修剪"模式）当前倒角距离 1＝0.0000，距离 2＝0.0000

选择第一条直线或［放弃(U)/多段线(P)/距离(D)/角度(A)/修剪(T)/方式(E)/多个(M)］：

主要选项说明：

选择第一条直线——选定倒角的第一条边，然后再选定倒角的另一条边。

P——对整条二维多义线作相同的倒角。

D——给定一条边的倒角距离，然后再给定另一条边的倒角距离。

A——以给定第一条边的倒角长度和倒角线的角度的方式进行倒角。

T——确定倒角对象是否要被修剪。

E——确定输入修剪方法［距离(D)/角度(A)］。

各选项含义如图 15-29。

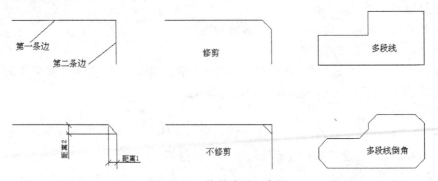

图 15-29　修剪选项示意图

（2）倒圆角

FILLET 命令用于用指定半径的圆弧来连接两个对象。

调用方式:菜单"修改/圆角"或修改工具栏图标 ◻

命令:FILLET ↙

其各选择项的功能与 CHAMFER 类似。

15.3.9 二维多段线编辑

PEDIT 命令用于编辑由 PLINE 命令绘制的多义线,包括打开、封闭、连接、修改顶点、线宽、曲线拟合等操作。

调用方式:菜单"修改/对象/多段线"或"修改Ⅱ"工具栏图标 ◿

命令:PEDIT

选择多段线或[多条(M)]:(选择需编辑的多义线)

选择对象:找到几个 ↙

输入选项[闭合(C)/打开(O)/合并(J)/宽度(W)/编辑顶点(E)/拟合(F)/样条曲线(S)/非曲线化(D)/线型生成(L)/反转(R)/放弃(U)]:

主要选项说明:

C/O——将开放的多义线闭合或将闭合的多义线断开。

J——把直线、圆弧或其他多义线与正在编辑的多义线合并成一条多义线。

W——修改多义线的线宽。

E——对多义线进行顶点编辑。用户可以实现选择上一个或下一个顶点为当前编辑顶点、断开多段线、插入新的顶点、移动当前顶点、重新生成多段线、拉直两点之间的多段线等功能。

F——用一条双圆弧曲线拟合多义线。

S——用一条 B 样条曲线拟合多义线,其控制点为多义线各顶点。

D——拉直多义线所有曲线段,包括 F、S 所产生的曲线。

L——重新生成多义线,使其线型统一规划。

15.3.10 多线编辑

MLEDIT 命令是用于编辑由 MLINE 绘制的多线。当图形中有两条多线相交,可以通过此命令所提供的多种方法来控制和改变它们的相交点,如交点为十字形或 T 字形,并且十字形或 T 字形可以被闭合、打开或合并。

调用方式:菜单:"修改/对象/多线"

命令执行后,AutoCAD 弹出"多线编辑工具"对话框(图 15-30),框中各图标形象地给出了几种编辑功能,用户可以用鼠标直接选择,然后再点取需编辑的多线。

图 15-30 "多线编辑工具"对话框

15.4 图块与图案填充

15.4.1 图块设置

用户在绘制工程图形时,经常要重复绘制一些图形,如建筑制图中的标高符号、门窗符号和一些图例等。为了提高绘图效率,节省磁盘空间,通常将需要重复绘制的图形预先定义成块,需要时将图块作为一个整体插入到图中任何位置。

1)定义图块

块是一组特定对象的集合,其中各个对象可以有自己的图层、颜色、线型、线宽等特性。一旦这组对象定义成块,就变成了一个独立的实体,并被赋予块名、插入基点、插入比例等信息。在 AutoCAD 中创建块的命令是 BLOCK。

调用方式:菜单"绘图/块/创建(M)…"或绘图工具栏图标 🖼

命令:BLOCK ↙

命令激活后,弹出"块定义"对话框(图 15-31),其中"名称"下拉列表框用以输入或选择块名。块名及定义均保存在当前图形文件中,如果将块插入到其他图形文件中,必须使用WBLOCK 命令;"基点"选项组是用以设置块的插入基准点,用户可以采用两种方式设置基点:用鼠标点取或在 X、Y、Z 框中输入基点坐标;"对象"选项组是用来确定构成图块的图形对象;"插入单位"用于选择插入时所需的单位。

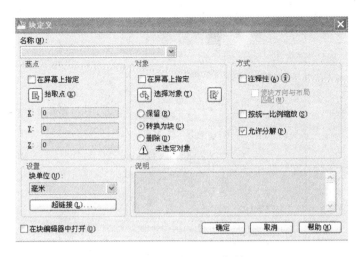

图 15-31　"块定义"对话框

2）插入图块

INSERT 命令用于将用户定义的图块插入到当前图形中。

调用方式：菜单"插入/块…"或工具条图标　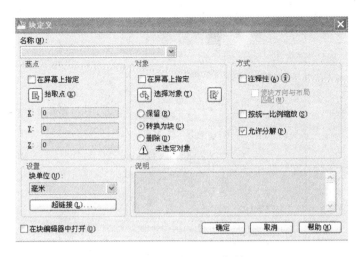

命令：INSERT ↙

命令执行后，用户可以在弹出的"插入"对话框（图 15-32）里，指定要插入的块名、所在文件的路径、插入基点、缩放比例和旋转角度。在插入时，可以直接输入插入块的基点坐标，块沿 X、Y、Z 方向的缩放比例以及旋转角度；或选择在屏幕上指定的方式。

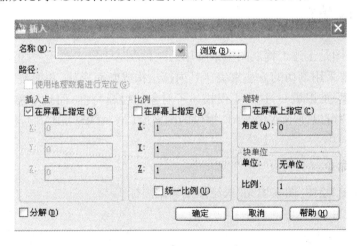

图 15-32　"插入"对话框

3）图块存盘

WBLOCK 命令用于将图形对象或图块保存到一个指定的图形文件中，以调用该块。命令激活后，弹出"写块"对话框（图 15-33）。

"块"单选框用于在右边的列表框中选择一个图块，保存为图形文件。

"整个图形"单选框用丁把当前整个图形保存为图形文件。

图 15-33 "写块"对话框

"对象"单选框只把属于图块的对象保存为图形文件。

"基点"用于指定图块插入基点的坐标。

"对象"指定要保存到图形文件中的对象,有三种保存方式。

"目标"选项组用于指定块或对象要输出到的文件的名称、路径以及块插入的单位。

15.4.2 图案填充

剖视图与剖面图是土建工程制图中最常用的一种表达手段。对于一些复杂的建筑构件和水工建筑物,往往要采用剖切的方法来表达其内部结构或断面形状,并把被剖切到的部分用相应的剖面符号(图案)加以填充,这样不仅描述了对象的材料特性,而且增加了图形的可读性。在填充图案时,用户可以使用 AutoCAD 提供的图案库(ACADISO. PAT),也可以使用自己创建的图形。

1) 图案填充命令

调用方式:菜单"绘图/图案填充"或绘图工具条图标 ▨

命令:BHATCH ✓

命令执行后,屏幕上弹出"图案填充和渐变色"对话框(图 15-34),其中包括"快速"和"高级"两个选项卡,用于确定填充图案、填充边界、设定填充方式等内容。

(1)"图案填充"选项

AutoCAD 提供有三种类型图案:预定义图案、用户定义图案和自定义图案。预定义图案是指 AutoCAD 提供的标准图案,它们均保存在 ACAD. PAT 或 ACADISO. PAT 文件中。用户自定义图案是用户以当前线型定义的一种简单图案,它只能生成一组平行线或两组相互垂直的平行线。自定义图案是指用户为某一种特定图形所设计的图案,它可以存放在 ACADI-SO. PAT 文件中,也可以存放在某个指定的图案文件(. PAT)里。

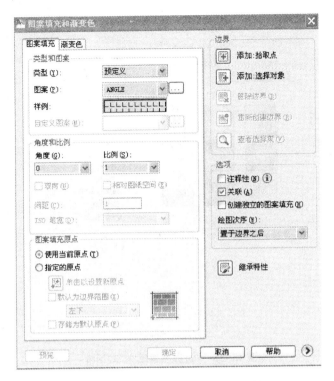

图 15-34　"图案填充和渐变色"对话框

框中列出了所有的预定义图案,用户可以从中选取所需要的图案,或单击列表旁边的"…"按钮打开"填充图案选项板"或样例,从中选择某一种标准图案。

在"图案填充"选项卡中,"比例"选项是用于设置填充图案时的比例值,"间距"和"角度"选项是设置填充图案中线条的间距和填充图案的旋转角度。

(2)"渐变色"选项

单击"渐变色"选项卡,弹出如图 15-35 所示对话框,可以选择单色渐变和双色渐变两种填充方式。

(3)确定填充边界

填充边界是指由直线、双向构造线、多义线、圆、圆弧、椭圆、椭圆弧、块等对象构成的封闭区域。定义填充边界有以下几种方式:

"添加:拾取点"——通过用拾取内部点的方式自动确定填充边界。当用户单击"拾取点"按钮后,命令窗口中提示用户在填充区域内部任意拾取一点,拾取某区域内部点后,AutoCAD将自动检测到包围该区域的边界并在屏幕上加亮显示边界集,然后按回车键结束选择,返回到"图案填充"对话框,按"确定"按钮开始填充。操作过程如图 15-36 所示。

"添加:拾取对象"——以定义选择集的方式选择图形对象来确定填充边界。可用于选择诸如文字类的对象,使得在填充图案时不覆盖所选文字。此选项要求选择的对象应该是封闭的,如多义形、圆、椭圆、矩形等。

"删除边界"——当选择该项时,AutoCAD 提示用户指定某个边界,然后废除。

"查看选择集"——该选项用于察看已经定义的边界情况。

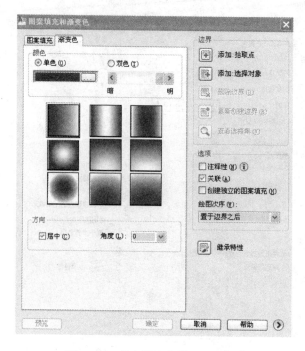

图 15-35　"边界图案填充"对话框

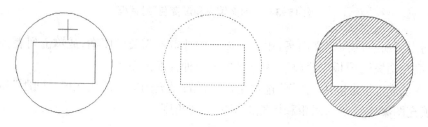

图 15-36　图案填充过程

"继承特性"——用于将一个已存在的关联填充图案应用到另一个要填充的边界中,此边界内填充图案的名称、比例、角度等参数与关联填充图案的参数一致。

2)编辑填充图案

创建填充图案以后,用户可以通过 HATCHEDIT 命令对填充图案进行编辑,如修改填充图案、改变图案的比例和角度、修改填充方式等。

调用方式:菜单"修改/对象/图案填充(H)...▨"

命令:HATCHEDIT ↙

在 AutoCAD 中用填充命令生成的图案是一个图形对象,图案中的每个点和线条均为一个整体,用户不能对图案中某些条线进行修改,只有采用二维图形编辑命令 EXPLODE(炸开)将图案分解成多条线段的组合,才能对其中线条进行编辑。

15.5　尺寸标注

15.5.1　尺寸标注样式

尺寸样式用以控制尺寸标注的外观和格式,如尺寸的测量值单位格式与精度、尺寸箭头的形状与大小、尺寸文字的书写大小和方向、是否标注带有公差的尺寸等。AutoCAD 为用户提供的缺省样式是 Standard。

1) 尺寸标注样式管理器

AutoCAD 为用户提供了一个标注样式管理器(图 15-37),用于创建、修改、替换和比较尺寸样式。

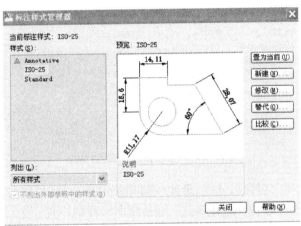

图 15-37　"标注样式管理器"对话框

命令调用方式:菜单"格式/标注样式..."或"标注"工具条图标

命令:DIMSTYLE

各主要选项功能如下:

置为当前——将用户选择的尺寸标注样式设置为当前样式。

新建——新建尺寸样式。单击"新建"按钮,弹出"创建新标注样式"对话框(图 15-38),在"新样式名"编辑框中输入新建样式的名称,并在"基础样式"列表框中选择新标注样式的基础样式(缺省为 ISO—25),表明新样式将继承指定样式的所有外部特征。在"用于"列表框中指定新样式的应用范围。

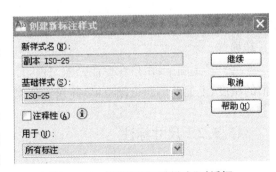

图 15-38　"创建新标注样式"对话框

261

修改——修改当前样式中的标注。

替代——允许用户建立临时的替代样式,即以当前样式为基础,修改某种标注。

比较——用于比较两个样式之间的差异。

2)编辑尺寸样式

当用户选择了修改或替代选项时,AutoCAD 将弹出如图 15-39 所示的"修改标注样式"对话框,该对话框中有六个选项卡,每个选项卡的内容和功能简述如下。

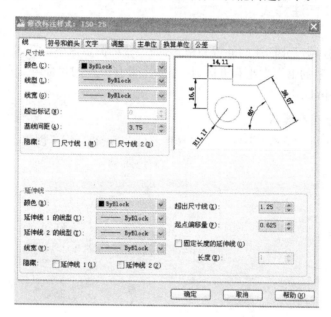

图 15-39 "修改标注样式"对话框

"线"选项卡:此选项卡包含尺寸线、延伸线的相关设置。"符号和箭头"包含尺寸箭头、圆心标记、折断标注、弧长符号、半径折断标注、线性折断标注的设置。

"文字"选项卡:此选项卡用于设置尺寸文字的样式、外观、书写方向、位置以及对齐方式等属性。

"调整"选项卡:该选项卡可以调整尺寸界线、箭头、尺寸文字以及引线间的相互位置关系。

"主单位"选项卡:AutoCAD 把当前标注的尺寸单位称主单位,并在该选项卡中提供了多种方法来设置其单位格式和精度,同时还可设置标注文字的前缀和后缀。

"换算单位"选项卡:此选项卡是用来设置尺寸标注换算单位的格式和精度。通过换算,可以将一种单位转换到另一种测量系统中的标注单位,如公制标注和英制标注之间相互转换等。

"公差"选项卡:用户在标注公差之前,首先要选择一种合适的标注格式,然后再设定公差值的精度、上偏差值和下偏差值,并设置公差文字与标注测量文字的高度比例等。

15.5.2 尺寸标注

AutoCAD 提供了多种类型的尺寸标注,如线性型、坐标型、角度型、半径型、直径型、基准型、连续型和引线型,以适用于建筑图、机械图、土木图、电工图等不同类型图形的尺寸标注。

调用方式:菜单"标注"或"标注"工具栏(图 15-40)

图 15-40 "标注"工具栏

命令:DIM ↙

(1) 标注线性型尺寸

线性型尺寸是指标注两点之间的直线距离尺寸,又可分为水平、垂直和旋转三种基本类型。

调用方式:菜单"标注/线性"或工具条图标 ⊢⊣

命令:DIMLIN

指定第一条延伸线原点或<选择对象>:(指定点) ↙

指定第二条延伸线原点:(指定点) ↙

指定尺寸线位置或[多行文字(M)/文字(T)/角度(A)/水平(H)/垂直(V)/旋转(R)]:

主要选项说明:

指定延伸线原点或<选择对象>——用户可以指定两条尺寸界线的起点或回车选择需标注的对象,如果用鼠标选中对象,AutoCAD 将自动测量指定边的起始点和终止点的长度。

M——选择多行文本编辑方式以替换测量值。

T——选择单行文本编辑方式以替换测量值。

A——指定一个角度来摆放尺寸文字。

H/V——确定标注水平或垂直尺寸。

R——指定尺寸线的旋转角度。

(2) 标注对齐尺寸

使用对齐标注时,尺寸线与尺寸界线起点的连线平行,适合于标注倾斜的直线。

调用方式:菜单"标注/对齐"或工具条图标 ⟍

命令:DIMALI ↙

其各选项的功能类似于 DIMLIN 命令。

(3) 标注坐标型尺寸

DIMORD 命令可以标注图形中任意一点的 X 或 Y 坐标值。

调用方式:菜单"标注/坐标"或工具条图标 ⟟

命令:DIMORD ↙

(4) 标注半径/直径型尺寸

DIMRAD 或 DIMDIA 命令用于标注指定圆弧、圆的半径或直径尺寸。

调用方式:菜单"标注/半径(直径)"或工具条图标 ⊘⊘

命令:DIMRAD ↙

选择圆弧或圆:

指定尺寸线位置或[多行文字(M)/文字(T)/角度(A)]:

用户可以响应 M、T 或 A,来输入、编辑尺寸文本或其书写角度,也可直接给定尺寸线的位置,标注出指定圆或圆弧的位置。

（5）标注角度型尺寸

DIMANG命令可以标注两直线间夹角、圆弧中心角、圆上某段弧的中心角以及由任意三点所确定的夹角。

调用方式：菜单"标注/角度"或工具条图标 ◁

命令：DIMANG↙

选择圆弧、圆、直线或＜指定顶点＞：

当图形对象为直线时，标注两条直线间的角度；当图形对象为圆弧时，标注圆弧的角度；当图形对象为圆时，标注圆及圆外一点的角度；缺省情况标注图形上三点的角度。

（6）标注基线型尺寸

基线型尺寸是指以某一条尺寸界线为基准线，连续标注多个同类型的尺寸（图15-41）。

调用方式：菜单"标注/基线"或工具条图标 ┝┥

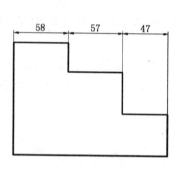

图15-41　基线型标注

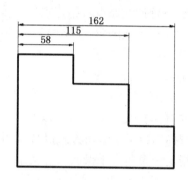

图15-42　连续型标注

命令：DIMBASE↙

指定第二条延伸线原点或［放弃（U）/选择（S）］＜选择＞：

主要选项说明：

指定第二条尺寸界线的起点——直接确定另一个尺寸的第二条尺寸界线的起点，然后AutoCAD继续提示确定另一个尺寸的第二条尺寸界线的起点，直至标注完全部尺寸。

U——取消此次操作中最后一次基线标注的尺寸。

S——该缺省项表示要由用户选择一条尺寸界线为基准线进行标注。

（7）标注连续型尺寸

连续型尺寸也是一个由线性、坐标或角度标注组成的标注组（图15-42），标注后续尺寸将使用上一个尺寸的第二条尺寸界线作为当前尺寸的第一条尺寸界线，适用于一系列连续的尺寸标注。

调用方式：菜单"标注/连续"或工具条图标 ┝┼┼┥

命令：DIMCONT↙

指定第二条延伸线原点或［放弃（U）/选择（S）］＜选择＞：

在标注基准型或连续型尺寸时，图形中必须存在线性、角度或坐标尺寸，否则应选择Select来标注。在标注进程中，AutoCAD总是继续提示本类型的标注，直到键入S，再按回车键结束操作。如果要取消刚刚标注的尺寸，可选择U响应。

（8）标注引线

在设计图中，对于一些小尺寸或者有多行文字注释的尺寸及图形，可采用引线旁注的形式来标注。引线样式可进行设置。

命令：QLEADER ↙

指定第一个引线点或[设置(S)]<设置>：↙

（9）标注圆心标记

在 AutoCAD 中，用户可以用 DIMCENTER 命令，对圆或圆弧标注圆心或中心线。圆心标记与中心线的尺寸格式在"新建标注样式"对话框中设置。

调用方式：菜单"标注/圆心标记"或工具条图标 ⊕

15.5.3 编辑尺寸对象

AutoCAD 可以对已标注尺寸对象的特性进行修改。

1）DIMEDIT 命令

用于编辑尺寸标注中的尺寸文字、尺寸线、尺寸界线的属性。

调用方式：菜单"标注/倾斜"或工具条图标

命令：DIMEDIT ↙

输入标注编辑类型[默认(H)/新建(N)/旋转(R)/倾斜(O)]<默认>：

主要选项说明：

H——缺省把尺寸文字恢复到默认的位置。

N——更新所选的尺寸文本。

R——改变尺寸文本行的倾斜角度。

O——调整线性尺寸界线的倾斜角度。

2）DIMTEDIT 命令

用于对已标注的尺寸文字的位置和角度进行重新编辑。

调用方式：菜单"标注/对齐文字"或工具条图标

命令：DIMTEDIT ↙

选择标注：

为标注文字指定新位置或[左对齐(L)/右对齐(R)/居中(C)/默认(H)/角度(A)]：

默认时，AutoCAD 允许用户用光标来定位文字的新位置。其他选项的功能如图 15-43 所示。

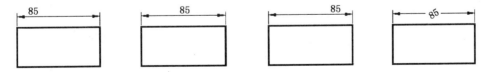

图 15-43　选项示意图

参考文献

[1] 乐荷卿,陈美华.土木建筑制图(第 4 版).武汉:武汉理工大学出版社,2011

[2] 何斌,陈锦昌,王枫红,建筑制图(第 6 版).北京:高等教育出版社,2010

[3] 于习法,周佶.画法几何与土木工程制图(第 2 版).南京:东南大学出版社,2013

[4] 陈宜虎,张敏.画法几何与土木工程制图.武汉:武汉理工大学出版社,2014

[5] 中华人民共和国住房和城乡建设部.房屋建筑制图统一标准(GB5 0001—2010).北京:中国计划出版社,2011

[6] 中华人民共和国住房和城乡建设部.总图制图标准(GB/T 20103—2010).北京:中国计划出版社,2011

[7] 中华人民共和国住房和城乡建设部.建筑制图标准(GB/T 50104—2010).北京:中国计划出版社,2011

[8] 国家技术监督局,中华人民共和国建设部.道路工程制图标准(GB 50162—92).北京:中国计划出版社,1993